雨水公园

雨水管理在景观设计中的应用

（澳）迈克·怀特 编　　张光磊 张瑞莉 译

广西师范大学出版社
·桂林·

images
Publishing

图书在版编目(CIP)数据

雨水公园:雨水管理在景观设计中的应用/(澳)怀特编;张光磊,张瑞莉 译. 一桂林:广西师范大学出版社,2015.3(2017.1 重印)

ISBN 978 - 7 - 5495 - 6326 - 5

Ⅰ. ①雨… Ⅱ. ①怀… ②张… ③张… Ⅲ. ①城市公园－理水(园林)－景观设计 Ⅳ. ①TU986.4

中国版本图书馆 CIP 数据核字(2015)第 016738 号

出 品 人:刘广汉
责任编辑:肖 莉 李 丽
装帧设计:吴 茜

广西师范大学出版社出版发行

(广西桂林市中华路22 号　　邮政编码:541001)
(网址:http://www.bbtpress.com)

出版人:张艺兵

全国新华书店经销

销售热线:021 - 31260822 - 882/883

上海利丰雅高印刷有限公司印刷

(上海庆达路 106 号　邮政编码:201200)

开本:635mm × 1 016mm　　1/8

印张:33　　　　　　字数:30 千字

2015 年 3 月第 1 版　　2017 年 1 月第 3 次印刷

定价:268.00 元

前言 1

迈克·怀特

这本书关注公园景观设计中的雨水利用，并且以全新的视角记录了这项艺术。人们逐渐接受雨洪管理技术，它将成为城市可持续发展的新途径，建设生态城市的新方法。本书中的文章，创造性的将雨水设计的众多关键技术资料整合在一起，涵盖了雨水利用设计的各个方面以及在不同场地上的运用。

水，是所有生态系统赖以生存的绝对限制性条件，其中包括人类生态系统中的城市社区、农业生产以及工业生产过程。在全球范围内，如何利用自然以及人工系统中的水，一直都是文明发展的核心。此外水的循环法则，支撑了人类社会所有的运作。城市只能在有水源的地域出现，食物只能在水源充足的地带生长，生态系统更以适当的方式，适应当地水资源的发展方向。这些生态系统都依赖于稳定且可预期的水资源供给。即使是可用水资源的格局、年份或季节分布发生了微小的变化，也可能会导致系统上的巨变。

气候变化同时带来了天气规律全球性的大规模变化，导致越来越多的季节波动以及极端天气的剧烈交替。人们十年前对于气候变化的预言现在看来可能过于保守了，正在变暖的地球为我们带来了新的威胁，新的挑战。如何建设成环境、如何适应未来发展、如何建立弹性的系统式设计领域的新需求。

这就需要进行很多"逆向工程"，以及"忘掉"很多建立于 20 世纪，业已陈旧的设计和工程原则。现在我们需要的是回归古老文明的价值观，回归人们在历史中用以延续东西方文明的知识和经验，就是如何去经营水资源与大地。这需要作为设计师以及建成环境管理者的我们，转变自己的价值观。而这本书正是展示了设计师们如何采取行动，如何带着全新的责任感进行设计。

在现代西方社会，雨水几乎是被视为废弃物来对待的。需要排出、疏导以及像废水一样处理的麻烦物。现代社会总是忽略那些古老悠久文明的经验教训和那些在世界各地都以不同形式出现过，针对水资源的迁移、排导、利用和辅助工程系统。在这些地方，人们往往直接依赖自然降水，而不是那些从遥远地方而来的看不见的引入水源。这本书展示了这些优良系统的技术基础，以及它是如何被现代城市景观设计加以利用的。

正是因为这些教训，景观设计、城市设计、土木工程设计以及修建生态设计中的技术设计部门已经重新开始学习。这在书中众多令人激动的案例中得到了很好的展示。

本书第一部分的详细说明，可以帮助设计者理解其他人是如何将基于雨水的景观系统为重点，切入设计之中，以及设计师是如何结合这些原则，创造出弹性的、可持续性景观。

本书的第二部分向读者展示了大量的设计案例。这些案例都以雨水的收集、储存再利用为设计主题，体现了雨洪管理的设计理念可以应用于很多场地和设计之中。

前言 2

本杰明·费希尔

人类的生存繁衍与水息息相关，但从古至今，人类对水却是爱恨交织。洪水海啸令人类防不胜防，这种自然力常常恣意妄为，展示出无情的破坏力，人类对此的恐惧已是由来已久。人类怕水，但却离不开水。水不仅是生命之本，同时也深深影响着人类对艺术与精神思想层面的追求。人类文明上的发展与没落，很大程度上取决于如何处理与水之间的关系，水能造福人类，也能危害人类。人与水之间究竟如何才能形成良性关系？从古至今这都一直是人类探讨与协调的问题。从整体上看，对于水害，人类已经告别了消极规避、惶恐不安的阶段；也不再满足于采取粗暴强硬的治水方式，经过反思，人类已经认识到这类方式难以为继；后来，人类逐渐发现自己并没有能力完全控制水害。终于，人类开始致力于在人为的自然环境中恢复大自然本身的功能与活力。这就表明，我们必须摒弃那些一直沿用却又徒劳无益的种种方式。我们要努力转变思路、集思广益。恢复大自然本身的功能与活力，就用水而言，我们就要在城镇开发与改造中根本性地扭转过去的用水方式，这会涉及到在规划、投资、设计、建设、运行及扩展人为自然环境所采取的种种方式都要转变。进行这样的改变，我们并无经验，但我们现在已经具备了所需能力。

有人曾说，工程设计是人类的本性。工程设计的产生是为了解决问题，而工程设计是通过试错方式构建自身的结构体系，以应对来自城市化的挑战。本质上，工程学的发展是人类对自然简单而朴素的追求，是非常人性化的。土木工程学产生于环境工程学之前。传统上，城市排水系统是由土木工程师完成的，被其称为 "雨水管道"。然而，近年来决策者逐渐关注 "普通降水"，而不仅仅是危害较大的 "大暴雨降水"。两种降水之间有什么区别？土木工程师非常清楚如何解决大暴雨导致的雨水泛滥、排放不畅问题，却从不关注普通降水。大暴雨降水是普通降水的极端形式，天气恶劣、破坏力大。而普通降水虽然不引人注目，但产生的雨水量却远远大于大暴雨降水。这种说法似乎和人们的直觉不相符，但从概率论来看，普通降水的发生频率远高于大暴雨降水，因而普通降水产生的降水总量要远高于同一时期大暴雨产生的降水量。然而，纯粹的土木工程设计并不是为普通降水而设计，也就是说，对于普通降水，虽然降水总量很大，但我们的关注度却很低。

在世界上的部分国家和地区，对上述意义上的普通降水进行规划设计正悄然兴起。设计未来的城市雨水系统，要求城市的决策者和专业人士整合各行各业的智慧，来思考解决人类生存环境中存在的问题。实际上，部分西方国家，已经对雨洪综合管理进行了立法，以此促进雨水管理的普及和实施。中国在城镇化进程中有着其自身的特殊性，许多国外的经验不能照搬，但从国外的经验中我们可以获得启发，挖掘出合理价值。我们应该明白，雨洪综合管理并非高科技解决方案，但还是会给决策者与工程设计师的传统思维模式带来挑战。

要应对发展中的种种挑战，我们最需要的只是高科技技术措施吗？

有人认为中国的大部分地区长期面临水资源匮乏问题，因此雨水管理设计应该围绕蓄水及利用展开。这种看法真的合理吗？恰当的科技手段真的能收集、净化并存储雨季的降水供旱季使用吗？本文作者持不同看法，他认为更应受到关注的不该是那些既不切实际又耗费不菲的储水及循环用水方案，而应更多地考虑如何允许雨水自然地滋润城市绿地与恢复水系廊道健康。只有转变思维方式、打破学科界限与机构藩篱、提倡协作理念，在居民区中利用雨水浇灌绿地与建造引入雨水的生命水廊方案才能实现。设计景观不应只考虑美观，而应综合考虑水文特性、人类活动、城市美化等方面的需求。这样才能使城市像海绵一样吸纳宝贵的雨水资源。虽然这样的目标容易设定，但实际上，迄今为止还难以实现。随着中国在人居环境中寻求逐步提高设计标准与规范，设计师、工程师与建筑师需要不断地解放思想、更新理念、加强交流与合作。优秀的设计需要强烈且一以贯之的决心，这种决心从产生设计思路到形成方案再到实施设计方案要始终如一。随着思路的转变与人居环境建设方案的改善，人类一定会成功地培养与水资源之良性关系。

目录

引言

雨水公园是提高雨水和雨洪管理质量的关键性因素。园林区能吸收来于建筑物和地面的雨水径流，有效的保护当地溪流和水源的水质。通过景观设计降低径流污染，防止水土流失。当径流流经园林区域时，通过植被和土壤，水流渗透至土壤中，污染物质被土壤和植被过滤或被分解掉。景观设计师麦克·布里德拉夫曾说："景观设计师的角色是把人类成功的嫁给自然。"他的说法比美国景观设计师协会（ASLA）更加突出了景观设计师是如何运用综合的理念把建筑、土木工程和城市规划巧妙的结合以达到"设计美观性、实用性与土地融洽"。景观设计的功能性使它自然又富有创意的解决有关雨水污染和侵蚀问题。撇开不谈或逃避雨洪设施不仅将雨水视作麻烦也失去了创造美观景致的机会。因此建造雨水公园将逐步成为城市规划设计的重要部分之一。

1. 什么是雨水公园

雨水公园是为管理不同径流的雨洪，例如屋顶、车道、草坪和停车场等。雨水公园看起来跟普通的公园一样，但是它们所具有的功能更多。在暴雨期间，雨水公园充满雨水，水慢慢通过过滤层流入土壤而不是直接流入到排水道里。对比单一的一片草坪，雨水公园能够容纳和聚集 30% 以上的地表水。通过收集雨水，雨水公园能减少分散的污染源（例如路面沉积物、化肥、农药、宠物排泄物的细菌、侵蚀土壤、草屑、垃圾等），帮助保护当地水道清洁。

雨水公园的设计通常模仿旷野雨水滞留的原始状态以减少从防渗流域到排水沟的雨水量，处理轻量的污染。雨水进入土壤并流经地表较远或被植物吸收，以及蒸发回到空气中。雨水公园通常吸收所有流经的雨水，但是当遇到特大的强降水时，多余的雨水将会被引导流入排水渠中。通常建造雨水公园不需要对于现有的排水系统重新设计，只要空间允许可以根据不同的土壤类型进行建造。

雨水公园其他的特点区域包括生物滞留带、洼地和特别设计的树坑，这样可以更方便的收集到来于公路和其他铺砌区域的污染的水流。

2. 雨水公园的运行原理

雨水流入雨水公园，暂时储存于此。雨水公园中的植物会吸收一些雨水，其余的会渗入土壤。公园中一般会种植比普通草坪根系更深的草和花，所以水能够更深入的渗入土壤，最大限度的渗透和补给地下水。此外，由于径流被雨水公园收集而并非流入雨水排水沟，因此在土壤和植被的作用下，污染物得到分解和过滤。

雨水公园能以土地自然的形式运行，而且场地也可以成为主要设计因素，而不像在地表下面输送系统是独立运行。在规划设计的概念性设计阶段，雨水公园的各个部分就应该仔细考量，建议进行渗透、排水系统和循环路线的标注。创造人与自然和谐美观的相处。雨水公园的优势有：

（1）通过径流的过滤改善水质，提供本地化的防洪措施，雨水公园美观并且能够提供趣味种植体验。

（2）雨水公园能够保持野生动物和生物的多样性，在增加魅力和环保优质的方式下建造建筑物和创造周围环境，对于环境问题提供部分的解决方案。

（3）雨水公园提供了优化应用降水方法，降低雨水漫灌。

（4）雨水公园不同于普通的生物滞留池，雨水在 1-2 天可以渗透至土壤。雨水公园的优越性还在于极少的蚊虫滋生。

（5）大型的雨水公园景观设计可以节约建筑成本，降低维护，增强美感。

（6）设计和建设良好的雨水公园景观防止了施工后的土壤破坏和侵蚀。这些措施可以减轻城市热岛效应，改善空气质量，减少大气中碳含量。如果选择合适的树木和合理的植被布置与维护可以达到上述效果。

3. 雨水公园的组成部分

大型雨水公园通常包含一个生物滞留系统、干井、延伸滞洪池、渗透层、透水路面、沙土滤层、植被过滤带、植草洼地等。

第1章 生物滞留系统

生物滞留系统由土壤层和浅表性植被（优先考虑天然植被）构成。雨水通过流经具有过滤作用的植被土壤层而进入到滞留池系统，再由地下排水系统传送或自然渗入土壤层下部的故有土壤中。土层上的植被起到了拦截污染物，保持水流，固化土壤，控制水流渗入土壤的比率。一套滞留系统可以配置一个滞留低地或者一个狭长的沼泽洼地。总体来说，生物滞留低地的底部是平的，而生物沼泽洼地的底部可以有些坡度。土壤层表面上部的雨水深度通常比较浅。

1.1 设计目的和适用条件

生物滞留系统用作清除大范围的污染物，例如悬浮固体物、维护滋养物、金属、碳氢化合物以及雨水流中的细菌。如果该系统按照多阶段和多功能的方面去设计考虑，同样也可以用作降低水流的峰值率和增加雨水的渗透率的多样设施。

生物滞留系统也可以用于过滤来自民用或非民用水。来自于排水管道或沼泽洼地的总流水一定要加装适当的防蚀保护和热能散失措施。生物滞留系统越接近水流的来源始点越起到有效的作用。该系统可以不同尺寸，处理在一块区域内的不同排水区域的水流。该系统可以安置在草坪、中央区域、公园内景观岛、未开发使用的区域和某些特定的地段。

生物滞留系统在排水区域完全稳定运行了才能够起到一定作用。因此该系统的实施一定要在上游水流被移至该系统周围并稳定运行后再进行。水流的移动一定是连续的并稳定运行。相对于系统底部的季节性高水位的高度值对确保系统合理有效的运行是至关重要的。季节性高水位的高度设计值至少是低于生物滞留底部排水系统0.305米。对于没有底部排水的生物滞留系统，季节高水位设计值在植被土层下至少0.610米。除此之外，生物滞留系统下部现有土层对于能够通过植被土层充足的传输水流的渗透性也是非常重要的。

1.2 设计标准

生物滞留系统的基础设计参数包括储存量、厚度、特性、植被土层的渗透率，底部排水压力或底层土的渗透率。系统的土层上部应该有充足的储存量来保持没有溢出情况下的设计雨水量。土层本身的厚度和特性应该提供适当的污染物的清理能力，与此同时，土层的渗透性要能够到达在72小时内足够排掉所储存的水。除此之外，

根据生物滞留系统的类型，地下排水能力或底部土层渗透率要能够满足系统在72小时内排水。

（1）储存量、深度、持续时间

生物滞留系统应设计成能够处理和排出由设计雨水量所规定的雨水流量。设计雨水量的所能处理的最大水深应该是0.3米左右（平底滞留系统）和0.457米左右（坡底生物滞留系统最深处）。溢出水量设备口径的最小半径值为0.063米。

图1-1中显示，带有下部排水的生物滞留系统底部一定要高于季节最高地下水值最少0.035米，应该包括地下排水管和砂砾地下排水层。对于没有地下排水的生物滞留系统而言，季节最高地下水值在系统植被土层底部至少0.610米。正如上述标示，植被土层和其下的地下排水系统或故有底层土壤应设计成在72小时内能够完全排除设计雨量。

（2）渗透率

植被土层渗透率值应能够满足在72小时内排除设计雨水量。该渗透率值由区域情况或实验室测试结果得出。由于实际的渗透率可能与试验结果而有所差异，也可能由于土壤层的固化或处理雨水所留下沉积物的堆积而不断的降低，二者中应该取其一安全因素应用于测试渗透率从而制定设计渗透率。如果土壤层物质测试渗透率为0.101米/时，那么设计渗透率应为0.051米/时（即0.102米/时的一半）。这个设计率用来计算系统雨水设计排水时间。最大允许设计渗透率应在0.508米/时的渗透率下达到0.254米/时或更高数值。

（3）植被土壤层

植被土壤层为植被的生长提供水和养分。土壤的微粒通过化学正离子交换而吸收多余的污染物，带有微粒的土壤存在空隙，能够储存一定比例的径流量。

植被土层应该包含如下混合物（按重量计算）：85%-90%的沙子，其中不超过25%的细沙或非常细的沙子；不超过15%的泥沙和2%-5%的粘土。

全部的混合物应该添加 3%-7% 的有机物。在现场土壤混合搅拌的过程中，土壤混合物应该由土壤销售商或由国家认证的专业工程师授权或指导来开展工作。混合物质的酸碱 pH 值应该在 5.5-6.5 的范围内，放置在 0.305-0.457 米的升降设备中，同样应该考虑随着时间的推移需要增加混合物并做充分准备。生物滞留系统中悬浮固体的清除率应该取决于土壤植被层的厚度和所种植的植物类型。如图 1-2。

如上所示，土层物质的设计渗透率要足够满足在 72 小时内排掉设计雨水量的径流数值。过滤支护要沿着放置在植被土层的边缘来防止从周围土壤的泥土微粒流入植被土层。过滤支护在没有底部排水的滞留系统中不应放置于植被土层的底部，因为随着过滤支护材料过滤微粒，土层渗透性能会降低，影响植物生长。

（4）植被和砂土层

生物滞留系统中的植被起到清除雨洪流中营养物质和污染物质的作用。植被根部的环境阻止了污染物质并转化其他物质为无害的混合物。推荐尽可能的使用天然植物实材。种植计划的目的是为了营造一个模拟森林灌木群的山地类型。总的来说，树木应该集中放置在周边区域来减少频繁的淹没，用于潮湿环境和用来清除污染物质的灌木和草本植物应布置在湿润区域。每亩的植株数量平均为 1000 棵，树木之间的间距为 3.658 米，灌木之间距为 2.438 米，同样在生物滞留系统中也应该应用场地专用草。需要注意的是这些草的修剪和维护需要用轻量级的设备，以防止土壤种植层的密实和压紧影响雨水的渗入。

砂土层作为在植被土壤层、砂砾层和暗沟管道之间的过渡介质，厚度至少为 0.152 米并由清洁介质混凝土砂构成。为了确保系统的正常运行，砂土层必须要比植被土壤层的渗透速度至少快两倍。

（5）砂砾层和暗渠

砂砾层作为铺垫材料和输送介质在管道上下至少有 0.076 米的厚度，应该包括 0.013-0.038 米的干净碎石或豆型砾石。在植被土壤层下部和沙层下部的暗渠管道必须穿孔，此外所有剩余的暗沟管道包括清理管必须是未穿孔的。所有的接头必须确保安全和密封。清理管必须放置在暗沟穿孔部位的上游端和下游端并延伸至土壤植被层的表面。其余的清理管道应该按需布置，特别是在暗渠弯管处和连接处。

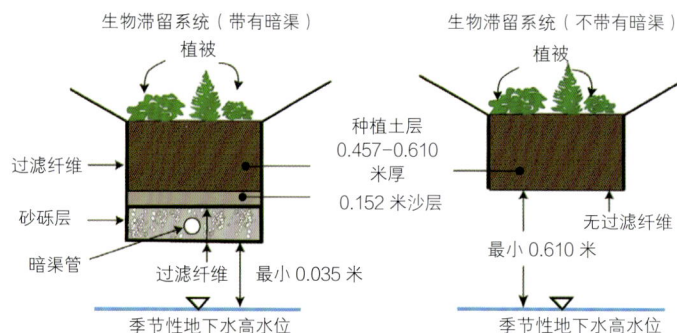

图表 1-1 生物滞留系统详图

图 1-2 生物滞留系统低地示意图

清理管可以用来排除障碍性储水或植被土层的障碍。如果清理管用于长期排水应小心防止杂物掉入管内。暗渠管道必须连接下游雨水管检修孔、集水池、渠道、沼泽洼地或者地表而不受瓦砾碎片或沉积物的阻塞，便于检查和维护，同样也禁止无故连接到下游水道。为保证系统的正常运行，砂砾层和暗沟穿孔管道应该具有比沙层渗透率设计值两倍的传输率。

（6）流入水流

雨洪流入滞留系统通过植被汇合成稳定主流（达到植被过滤标准和土壤侵蚀沉淀控制标准）。可以布置石头条带或石裙带在上游不透水表面的下游边缘，进一步调整分散水流流速和流动模式。其中水流不能设计成稳定的条带水流，结构性传输措施的应用（例如混凝土溜槽、管道、垫脚或其他类似方法）使所有流入生物滞留系统的入口都有适当的防侵蚀保护措施。

（7）溢出

所有生物滞留系统必须能够可靠的传输溢出流至下游排水系统。溢出能力必须与该现场排水系统现有的能力保持一致足以能够满足和保证雨洪安全、可靠、稳定的排泄量。溢出能力可由液压结构（例如排泄入口、收集区域或表面特征洼地沼泽或开放的渠道）现场条件而定。

（8）尾水

暗沟和溢流系统的液压设计以及任何雨洪控制出口一定要考虑下游水路、输送系统、或其他雨洪管理设施的尾水影响，其中包括在出口处最低水位的逆流，或溢流结构在低于洪流时对于设计洪流或在下游水道或雨洪管网中水流标高的危害。

（9）即时和非即时系统

生物滞留系统可以建设成即时或非即时的方式。即时系统可以接收来自所有上游的来水，为雨水质量设计和径流提供解决方案，并通过溢流从大的雨水量中传输水流。多用途的即时系统同样也提供储存和缓解较大洪流的作用来控制径流的质量。在这样的系统中，最低洪流质量控制出口的转化设定在或高于最大洪流质量设计雨水表面。在非即时生物滞留系统中，大部分或全部来自于雨水的径流大于洪流质量来设计雨水通过上游的导流来通过该系统。这不仅仅是降低了所需系统的存储量，同时也降低了系统长期污染负荷和相关维护维修量。

1.3 注意事项

（1）可选用的地表覆盖物

在植被土层表面的覆盖层为植被提供保湿、微生物、有机分解物来维持生长所需的环境。过滤层同样充当了对于悬浮微粒的过滤器和维系微生物的环境以帮助分解城市径流的污染物。值得注意的是覆盖层降低了土壤表面的渗透率。覆盖层应包括标准的 0.025–0.051 米丝状硬木屑或碎片，在 0.051–0.102 米深度，如果有缺失可以再次填充。然而，在应用该覆盖层之前应该考虑到因悬浮问题而造成的暴雨冲刷和蚊虫滋生。

（2）现场与施工注意事项

生物滞留系统规划应该考虑到所确定施工现场和邻近地区的地形、地质、生态特征。生物滞留系统不应该选择在已有树木种植区或喀斯特地貌地区。

在流域建设时期必须采取预防措施防止植被土层被施工机械夯实以及水流沉积物的污染问题。在洼地开槽或放置种植土壤时，应该尽可能的把施工机械布置在洼地外面。如果必须在洼地内部施工，那在选择机械方面一定要选择超大轮胎或链轨机械或者对土壤翻动较轻的机械设备。如果大量的泥沙进入到结构中，生物滞留系统很容易受阻，随之而来的是构建的失败。因此，生物滞留系统开展建设时，沉淀物的控制是需要很小心的。如果不可避免，开槽的沉积洼地至少在最终设计洼地底部标高以上 0.051 米，然后沉积物会聚集并在没有干扰到最终洼地底部的时候可以进行移除（注：这应当在引流区域内的所有其他施工完成并排水稳定后独立建立）。

如果流域的建设不能被推延至那时，那么洼地将不会被用作于沉淀物的控制，在施工的各个阶段，分流堤应该被放置在洼地周围的外缘来转移所有沉淀物和径流彻底的远离洼地。在流域面积内的所有施工完成后，这些分流防护堤才可以被移来。为了防止在洼地下面的土壤被夯实降低渗透能力，生物滞留系统渗透洼地的施工应该采用轻型推土设备，应优先考虑在洼地的外缘放置轨道或超大轮胎的机械。一旦达到施工的最后阶段，地面必须由螺旋式翻土机或耙进行深度修复，并用水平拖拽机或类似的分级工作设备进行平整。在生物滞留系统和其流域区域稳定运行时，植被土壤层的渗透率应该进行重新测试来确保达到假定计算值。除了系统内暗渠系统外，所应用于渗透作用的生物滞留系统在其流域下面的底土渗透率必须在施工后重新测试。

（3）预处理

预处理可以延长公园使用年限并提高雨水公园污染物的净化能力。预处理可以吸收较粗的沉淀物，延长整体使用寿命，通常是通过植被过滤器、前池，或所制造的处理装置来实现的。前池可以在一个流入点沉淀粗的沉淀物、垃圾和碎屑，从而简化和降低系统的维护频率。一个前池通常是设计雨洪量的 10%，应该根据不同的清理目的来按照不同的尺寸设计阻止不同沉淀物。

1.4 生物滞留系统维护

为了生物滞留系统能够有效的发挥作用，需要对其进行定期有效的维护。具体维护措施如下。这些要求必须包含在该系统的维护计划中。

（1）一般性维护

所有生物滞留系统中预期接收和／或捕捉碎片和沉淀物的部分都应该检查是否有阻塞，多余碎片和沉淀物聚集等现场，每年至少4次，在降雨量超过 0.025 米时也需要进行检查工作。这些部分包括底部、拦污栅、低流量渠道、出口结构、投石笼或裙带结构和清除装置。当公园彻底干燥时，沉淀物的去除工作应该立刻进行。处理杂物、垃圾、泥沙及其他废料应该在适当的处理地点或回收地点并符合所有现行的地方和国家法律规定。

（2）植被区维护

根据现场具体的条件对于植被进行有效的修剪工作。在生长季节，生物滞留系统外部的杂草应该每月割一次。生物滞留系统内的草和植物应尽量通过手持设备（例如手持修剪器）进行有效维护以便不使土壤硬化。对于植被区的侵蚀和水流冲刷等现象要每年做好检查工作。植被区要每年进行检查，对于不需要的扩张区域进行处理以便最小程度的干预植被土层的正常运行，剩下的植被需要清除。在栽种植被或修复植被时在第一个生长期内或直到植被成长成熟要对植被的健康状况进行每隔两周一次的检查。植被长成后，在其生长季或非生长季，每年至少两次对植被的健康状况、容积率和多样性等进行检查。植被的覆盖率要保持在 85% 左右。如果植被的损害大于 50%，该区域就要进行重新植种以符合原定规范，而且仍需进行如上所述的检查。为了保证植被健康而用化肥、机械处理、农药等措施则不应该适用于生物滞留系统。然而，植被的病虫害等问题则尽可能不用化肥和农药来解决。

（3）结构配套维护

所有结构性部件应该至少每年进行检查，包括开裂、沉陷、剥落、侵蚀和变质等问题。

（4）其他维护标准

系统维护计划必须保证在一定的时间内生物滞留系统地表下排水能够排泄最大的设计雨洪量。这个通常的排水时间应该被用来评估该系统的实际性能。如果系统排水量在通常的时间有明显的增加或减少；如果72小时内超过最大排水量，在此种情况下，系统的植被土壤层、暗渠系统，以及地下水和尾水必须进行评估并采取相应的措施来保证最大排水时间的要求，保证系统的合理功能。对在系统底部的植被土壤层应该每年检查两次，土壤层物质的渗透率也应该再次进行测试。如果在暴雨过后的72小时内雨洪不能够渗透，则必须采取有效的措施。

第 2 章 标准人工公园湿地

标准人工公园湿地被用于清除大型雨水公园中土地的多种污染物。雨水径流通过开放的沼泽系统，污染物被植物沉淀、吸收、过滤以达到清除的目的。当标准的人工湿地设计成一个即时系统的时候，其同样也用做降低径流速率。即时系统接收所有雨水和暴雨的上游来水，通过出口或溢出流对大雨量的降水进行处理和传输。在非即时系统中，大部分或全部的雨洪径流是通过上游改道通过雨水公园的。

除了污染物的清除和雨量的控制，标准人工公园湿地同样也为野生动物提供栖息地，可以增强雨水公园整体美感。然而，这些系统主要是为了雨水公园设计，在某些情况下不应该在天然的湿地内建设。

三类不同的标准人工公园湿地：池塘人工湿地、沼泽人工湿地和扩展预留人工湿地；分类取决于湿地不同部分对雨量的分配。

标准的人工湿地包括预处理区域和由两个部分或多个部分组成的综合区域，例如池塘区、沼泽区和半湿润区。现场的条件决定了标准人工公园湿地的选择。

- 池塘湿地（见图 2-1）

- 沼泽湿地（见图 2-2）

- 延伸预留湿地（见图 2-3）

标准人工公园湿地的种类主要根据每个部分不同的雨量分配而有所不同；这些雨量分配的不同如下表显示，见表 2-1。

2.1 设计目标与应用范围

在雨水公园景观设计中的非结构雨洪管理策略设计是为大的发展所提出的。标准人工公园湿地系统的设计用来帮助施行以下目的的最大化：景观低维护率的规定，鼓励保留应用本地的植被最大限度的减少使用草坪、化肥和农药。

2.2 基本要求

为确保雨水公园合理的运行，达到利用各个系统功能的使用寿命，标准人工公园湿地的设计达到以下是至关重要的。

（1）最小的排水面积

为维护植被和保证水流速度，三种类别的标准人工公园湿地都规定了最小流域面积。如果详细的分析表明了土壤底部的水或地下水是足够的，那么可以设计成较小的排水流域，此外水的预测量一定要包含在分析的数据中。

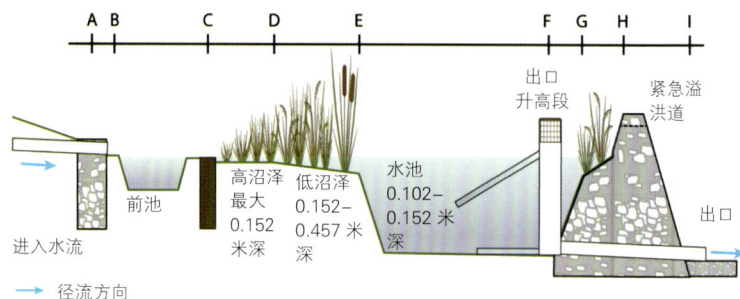

图 2-1 池塘湿地剖面图

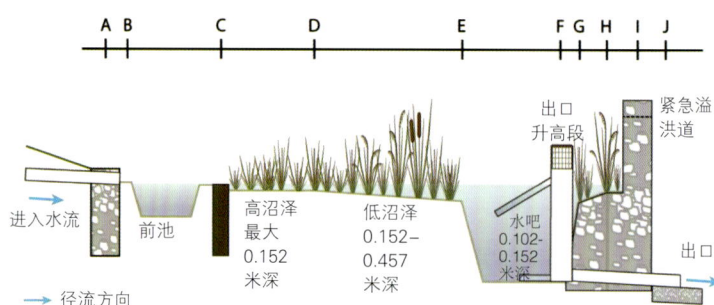

图 2-2 草丛湿地剖面图

图 2-3 草丛湿地设计图

表 2-1

设计组件	尺寸、雨水质量设计降水百分比、类别		
	池塘湿地	沼泽湿地	延长滞洪湿地
预处理区域	10	10	10
半湿润区域	不应用	不应用	50
高沼泽区域	10	25	10
低沼泽区域	20	45	20
水池	60	20	10

（2）预处理

在任何类型的标准人工公园湿地系统中必须采取预处理措施。预处理可以减少来流的速度并捕获较粗的沉积物和碎屑。由于没有与前池相关联的总悬浮固体清除率规定和要求，因此将其纳入到雨水公园设计中纯粹是为了更便于维护。前池可以用土、碎石或混凝土制成并符合下列要求：

• 前池的设计应考虑由水流流入水池对其造成的冲刷。

• 前池应提供 10% 的最小蓄水以便能够在清理期间容纳预期沉淀物。

• 为了便于维护和预防蚊虫，在 9 小时内能完成排水。前池在降雨后 72 小时内不应该有蓄水。

• 表面前池必须达到或超过预制冲刷孔的尺寸。如果用的是混凝土的前池，至少应该有两个排水孔以便于排出低水位的水。

（3）土壤与植被

土壤要具有足够的渗透能力来保持该系统的正常并维系植物的生长，而且土壤的改进或不透水线划定非常必要。

（4）水利原理

水流通过各个区域时流速并不对所经过的部分起到侵蚀作用，但是水流的冲力应足以使其到达最后区域、池区、径流所携带颗粒在此发生沉淀。

（5）安全措施

要安置安全壁架在池区的各个边上，每 1.219–1.829 米宽要建两个壁架，上部的壁架要安置在水平面以上 0.305–0.457 米间，下部的壁架放置在水平面以下 0.762 米。

（6）出口结构

标准人工公园湿地系统任何出口孔的最小直径为 0.064 米。在夏季，池区可以在暴雨和流出该区域的径流间起到了散热功能，否则该区域的水流将比下游水道自然的水流高出 10°F，不然这些温热的水将会对整个水流系统产生危害。热效应可以通过罩住出水口或在出口喷头处放置回流管而减少（如图 2-4）。这些出口的类型将会排出冷却的底层水。如果使用罩住的出口，那么出口的反向或顶部的高度应该在正常水平面高度下 0.025 米。

2.3 注意事项

（1）根据现场特征设计

图 2-5 中所示的问题的类型是设计者在根据现场特性选用标准人工公园湿地类型时应该考虑的，该图示中所显示的问题不是全部却很关键。正如前所述，如果进行了详细的分析表明底层水或地下水量充足，那么排水区的面积可以减小。雨水量的预计应该包括在分析中。

（2）现场限制

标准人工公园湿地受现场原有条件的限制，其中包括土壤类型、地下水或岩层的深度、可改造的流域面积和现场土地面积。中等颗粒的土壤（例如沃土或淤泥土）是较适于植被生长，能够保持表面的水分，允许地下水的排放和吸附污染物。在现场一些地方土壤的渗透率很高或一些地下水存在潜在污染，可以考虑应用具有渗透性的衬套作过滤。当设计带有衬套的标准人工公园湿地时，合理的安装对于性能的长久性起到至关重要的作用。

（3）植被

建造和计划植被对于策划标准人工公园湿地计划是非常重要的因素。

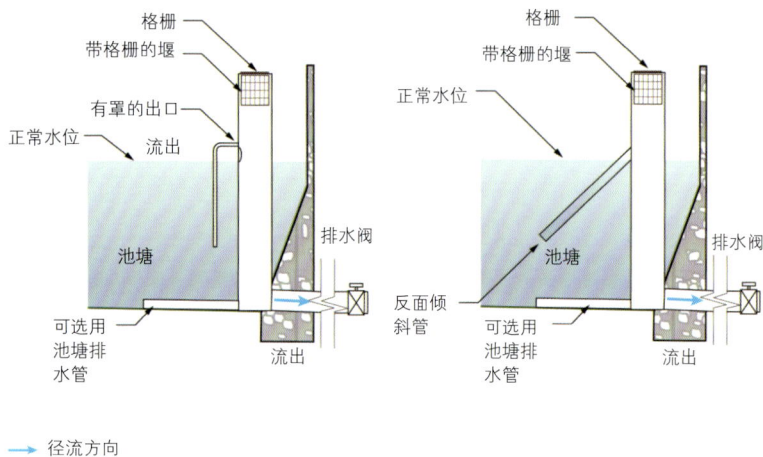

图2-4 缓坡排水结构图

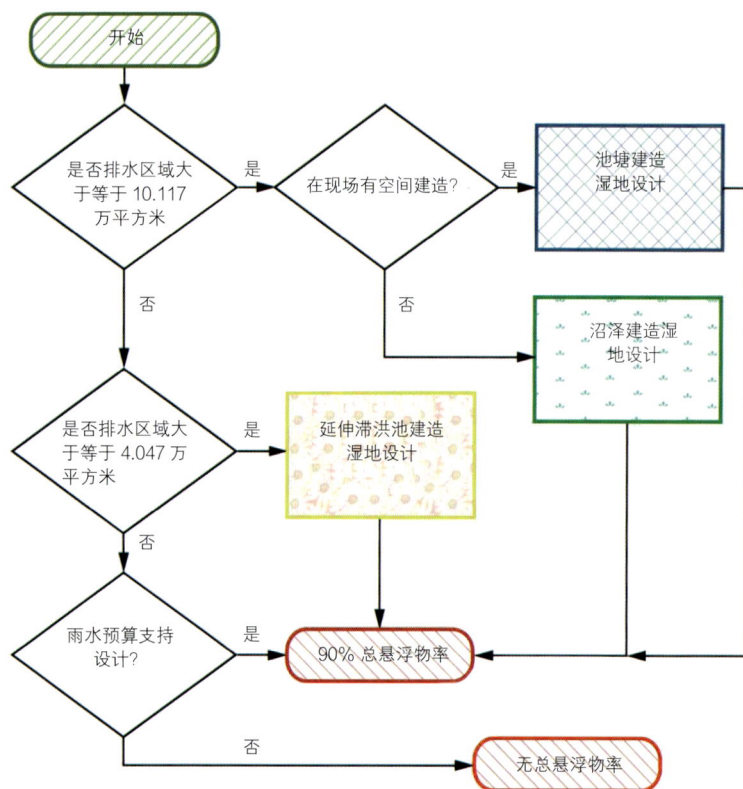

图2-5 决定湿地类型应考虑的因素

- 本地的植物种类作为优先考虑，但是对于某些植物能够确保组成一个健康的植物群体也应首要选择。

- 所选物种必须能够适应广泛应用，包括深水和水下等条件；此外，在设计非即时标准湿地系统时，应该考虑到大暴雨的分流对于植被的潜在影响。

- 在选择植物的时候应该注意物种的多样性，这样做能够降低单一植物病虫害风险。植物群通过湿地能扎根育种，湿地能够提高植物的多样性和生长速度，但是与此同时也会有一些杂乱植物进入。如果用湿地沼泽，在植物生长期结束之际应该收集并且保存植物种子并保持湿润。

- 在标准湿地的周边植种树应该考虑避免太阳光直射池塘，这样能够降低水温并且保证排出的水温度不会过高。

- 在植被种植的最初阶段应该禁止野生动物进入湿地系统。此外，采取预防措施，考虑增设围栏、诱捕田鼠和鸟类的迁移等问题。

2.4 维护

进行常规有效的维护对于确保系统有效的运行起到了至关重要的作用。此外应对所有相关联的雨洪管理设备进行维护。具体的维护需求如下所述，这些需求也应该编入维修计划中。

（1）一般维护

- 所有的部件每年进行一次检查，查看是否存在开裂、沉陷、剥落、侵蚀和老化等问题。

- 组件进行每年两次检查，是否存在堵塞等问题。

- 如果前池布置在预处理的区域，当沉淀物到达 0.152 米且占据前池体积的 10% 时或在暴雨后的 9 小时内为湿润状态时需要对其进行清理工作。

- 如果使用可选的底部排水管，它的尺寸一定能够满足在 40 个小时内排除池内的水，以便能够清除多余的沉积物。

- 在处理或循环利用杂物、垃圾、泥沙等废物，应遵守国家和地方废物管理规范。

• 维修和维护的阀门在雨水公园的运行中清晰的标出。此外，必须标明所有的阀门都必须保持关闭状态，如遇特殊状况才可以开启，例如暂时的水位降低或回流现象。

• 具有可关闭的阀门的排水系统需要允许湿地单元的水位降低或者回流，这些排水设计必须稳定且简易。

（2）植被区维护

• 栽种植被或增补植被时，需要每两周检查一次。

• 在植被生长季节需要检查，在植被非生长季节同样需要检查来确保植被的健康、种植密度和多样性。

• 植被的覆盖率应该保证在 85% 以上，如果损坏率超过 50% 需要根据原先规范进行重新植种。

• 根据现场的条件对湿地的植被进行定期的修剪，周边的草丛应该每个月修剪一次。

• 植被区域应该每年检查一次，查看是否存在侵蚀、冲刷、生长变形等问题，在对于原有植被产生较小影响的情况下对上述问题进行解决。主要植物的类型和分布要在半年内进行评估检查，并与原有物种之间达到适当的平衡实现原始设计的效果。

• 在不违背设计目的和效果的情况下，可以应用化肥、农药、机械手段以确保植被的优化。

2.5 排水时间

（1）对于来自不同的蓄水池排水达到正常的蓄水高度的时间应显示在雨水公园规划中。

（2）如果实际的排水时间与设计的排水时间不同，那么公园的设备组件应该提供一定的水利压力和措施使湿地系统回到设计的排水时间。

第 3 章 干井设计

干井是一个地表下的蓄水设备，接收来自雨水公园建筑物基础部分的雨洪流并暂时储存。干井中储存的水通过渗透的方式排到附近的土壤中。干井的构造可以是结构性的空间或是用骨料填充的坑沟。由于屋顶水流所携带的污染物降低，干井不符合直接悬浮固体物和营养物的清除要求。然而，由于干井的存储容量，它能够用来降低总的雨洪径流量的部分。

3.1 设计的目的与应用情况

干井可以用来降低屋顶雨水形成的雨水径流量。虽然屋顶下来的径流没有明显的污染源，但屋顶是重要的径流源头之一。干井也通过降低雨洪质量设计径流量由下游雨洪管理设备处理来间接的提高水流质量。干井也用做满足地下水的补给需求问题。

干井仅仅适用于路基土壤具有符合要求的渗透率的地点。具体的土壤渗透性如下所述。干井不应该用于以下的位置：

（1）工业和商业用地，溶剂和 / 或石油产品的装 / 卸载、存储；或杀虫剂装 / 卸载、存储。

（2）有害物质的储存实际大于"报告数量"的地区。

（3）干井的应用与补救工作或填埋计划不一致的地区。

（4）有毒物质泄露高风险区域，例如加油站和车辆维修厂。

（5）工业的雨洪流是暴露性的"源头材料"。"源头材料"意味着这些材料或机械设备放置在工业厂区，直接或间接的用做生产、加工或者其他工业用途，这些都被视为污染地下水的工业雨洪流。源头材料包括但不局限于原材料、中间制品、最终产品、废料、副产品、工业设备和燃料、润滑剂、溶剂以及处理所相关的清洁剂，制造或在雨水中的其他工业行为。

此外，干井不能安装在对于地下室产生渗水或进水等显著风险的区域，避免引起地下水的渗透或扰乱底下污水处理系统的地下管道结构。这些不利影响必须进行评估并由设计师规避。干井的放置和配备必须注意其施工不会对土壤造成夯实影响。

3.2 干井的设计

干井设计的基本参数是存储量和路基土壤的渗透率。干井必须有足够的存储量确保在没有溢流的情况下容纳正常雨量，而路基的渗透率必须能够在 72 小时内排掉所储存的水量。

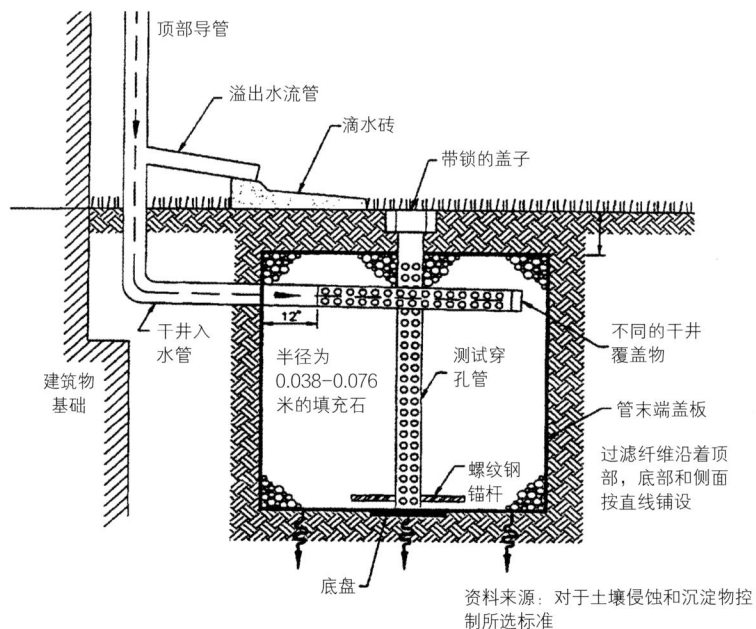

图 3-1 干井构成

（1）存储量、深度和持续时间

干井一定要设计成能容纳最大雨量产生的全部径流量。根据干井的应用目的，这将会成为地下水的补给或雨洪质量设计。干井一定要在 72 小时内全部的排出径流量。径流长时间储存会使干井失去功能性并导致厌氧状态，引起气味、水质和蚊虫滋生等问题。干井的底部应该在季节性高水位或岩层上至少 0.051 米，尽可能的在基部土壤以上水平的分配径流渗入。干井的施工应该在没有夯实的路基土壤上进行。所有对于干井的开槽工作一定要在基坑的外部进行。这种需求应该在设计干井的尺寸和存储体积予以考虑。

需要注意的是，使用干井时，对雨水的质量设计和雨水量分析至关重要。对于一些较大雨洪的情况下使用干井于雨水公园中，设计、施工、维护应由相应的机构审查和评审。

（2）渗透率

干井以下路基土壤最小的设计渗透率取决于干井的位置和最大雨水量容量。在其附近的土壤有足够的透气性，能够使渗透更合理，利用干井对于雨洪质量或数量控制是可行的。

值得注意的是，若应用干井是为了地下水的补给，所有比干井地下水补给大的径流要由分流结构或其上游装置引导。如果干井接收到水流和雨水流的污染物，必须使用 0.013 米 / 小时最小渗透率。在正常的运行过程中，来自于暴雨的小量水流占有雨水总量的小部分百分比是允许的。

除此之外，路基土壤的渗透率一定要满足能够在 72 小时内排出最大设计雨水量。该渗透率一定在现场或实验室得以确定。因为实际的渗透率可能会与检验结果不同，也可能由于土壤的固化或对雨水处理后留下沉淀物的堆积而随时间的推移而降低。这两个安全因素中至少有一个用于测试和决定设计渗透率。因此，如果路基的测试渗透率为 0.102 米 / 小时，那么设计渗透率要在 0.051/ 小时（也就是 0.102 米 / 时的一半）。这个设计渗透率用于计算干井最长排水时间。

（3）排水面积与溢出量

干井最大排水面积为 0.405 万平方米。所有的干井能够安全的输送溢出水量到下游排水系统。溢出量要与现场排水系统的其余部分保持一致，并足以在溢出情况下提供稳定的排水。下游的排水系统必须有能力从干井输送溢出水流。

3.3 维护

需要定期和有效的维护来保持干井性能。具体的维护要求如下介绍。这些要求必须包括在干井的维护计划中。

（1）一般维护

干井的检查应该每年进行四次，在每次降水超过 0.025 米时，也要对其进行检查。测试水位是测量渗透率和排水时间的主要手段。从受损或报废的干井中抽取储存的水也可通过试验来完成。应该对其提供适当的检查和维护。处理杂物、垃圾、泥沙，从干井中清除其他废料应该堆放在适当的位置或回收点并且符合当地和国家排放法规。

（2）其他维护

维护计划应该注明干井的最长排水时间。正常的排水时间应该用于评估干井实际的性能。如果在正常的排水时间上有明显的增加或超过 72 小时，必须采取适当的措施确保符合排放时间的要求和维护干井的正常运行。

3.4 注意事项

（1）土壤特征

对于现场适用性来说，土壤是非常重要的考虑因素。然而，对于最终设计和施工，土壤试验需要在原定干井准确的位置上，以便于确保不发生故障或干扰能够准确的测试出土壤情况。这些试验结果应考虑在干井的位置选择或底层土质分类和路基土的渗透性参考中。路基土质分析的最小深度为干井底部以下 1.524 米或地下水位。此外，干井土壤测试的结果应该与现场径流数据做比较，以此来确保数据合理和一致性。

（2）施工

对于干井来说，防止施工设备对其土质的夯实和路基土壤沉淀物的阻塞是至关重要的。在干井施工之前，对于施工地点要进行封锁以确保施工机械和堆积物料对路基土壤造成压实和破坏。在干井施工期间，预先应该采取措施防止路基土壤的压实和沉淀物的堆积。所有的开槽施工都应该用轻量级的施工设备且放置在基坑外部范围内进行。

为了防止路基土壤的夯实和沉积物的堆积，干井施工应该在全部施工区域暂时或稳定后进行。这种延期是必要的。正如上文所述，在工地其他区域施工期间应该封锁干井施工区域防止由施工机械和物料堆积而引起的土壤压实。

类似地，不建议将干井置于沉淀物堆积区。如果不可避免，那么在进行沉淀物盆地开槽时，应该在干井底部最终设计标高以上的 0.051 米处进行。在干井底部堆积的沉淀物应该在干井排水区域内所有的施工完成后并排水区稳定后再清除。以免影响路基土壤。

如果干井的施工不能够在其排水区域稳定之后开始，那么在各阶段施工期间，应该采取导水管或其他必要的措施，来导出干井区域的雨水和沉淀物。这些导水措施直到干井排水区域内的施工完成，排水区域稳定后才可以移除。石质填充骨料应该放在架子或夯实用的平板夯实器上，推荐使用 0.305 米厚的松散架子。施工前应该开会来讨论和评审具体施工需求和干井施工。

第 4 章 延伸滞洪池

延伸滞洪区是雨水的管理设备,用做暂时储存和削减雨水径流。在雨水公园中,滞洪池对所经过的径流进行污染物的处理工作。在本章所提的设计中,总悬浮物固体的清除率为 40%–60%,具体数量取决于雨水滞留的时间。在此介绍两种类型滞洪池:

• 表层滞洪池 (见图 4–1)

• 下层滞洪池 (见图 4–2)

图 4–1、4–2 显示了表层滞洪池剖面和平面图

底层滞洪池全部在地面以下。雨水可以存储在存储库、多孔管、或石质结构中。如果应用石质结构,非常难清理聚集的污染物,所有的径流必须预处理清除系统最大设计雨水径流量的至少 50% 总悬浮物。如果没有预处理的过程,那么石质结构将会由于沉淀物的堆积导致存储空间减少;额外储存空间的计算一定要基于系统期望使用寿命。

图 4–3 显示了石质结构滞洪池

在雨水公园中,滞洪池用于输送大量降水情况下的径流。

4.1 设计标准

在此介绍两种类型的滞洪池;以下的设计标准适用于所有的类型,为了确保正常的运行和延长系统寿命,必须能吸收 40–60% 的可悬浮颗粒。所有滞洪池的设计将符合这些标准。

(1)季节性高水位标高

表层延伸滞洪池的最低标高(不包括低水流渠)应该在季节地下水流高水位至少 0.305 米。在任何低水流渠的最低标高应该在季节高水位以上。在底下延伸滞洪池最低标高(包括任何管道和垫块物质)在季节高水位以上至少 0.305 米。

(2)储水时间

能够用来计算总悬浮物清除率的最小滞洪时间是 12 小时,最大滞洪时间为 24 小时。

(3)出口结构

滞洪池出口孔最小的半径为 0.064 米;防污栏安装在进入出口结构的位置。在设计它们工作状态时一定要避免液压控制对系统产生的影响,他们应该满足一下条件:

• 平行的柱之间的间距为 0.025 米,直到标高。

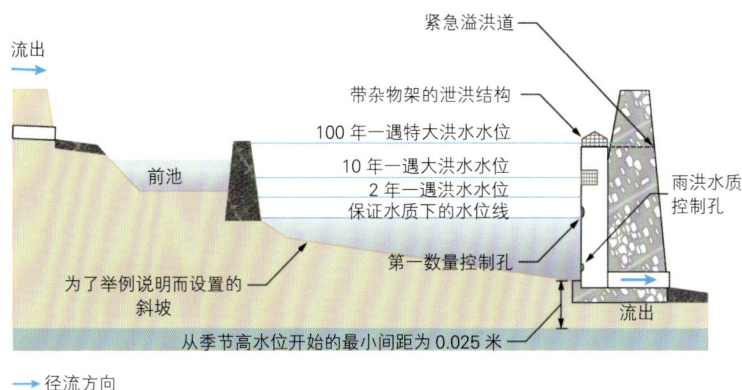

图 4-1 表层滞洪池剖面

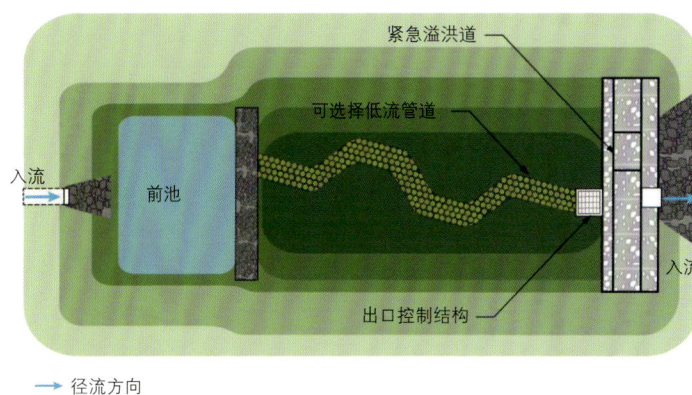

图 4-2 表层滞洪池平面

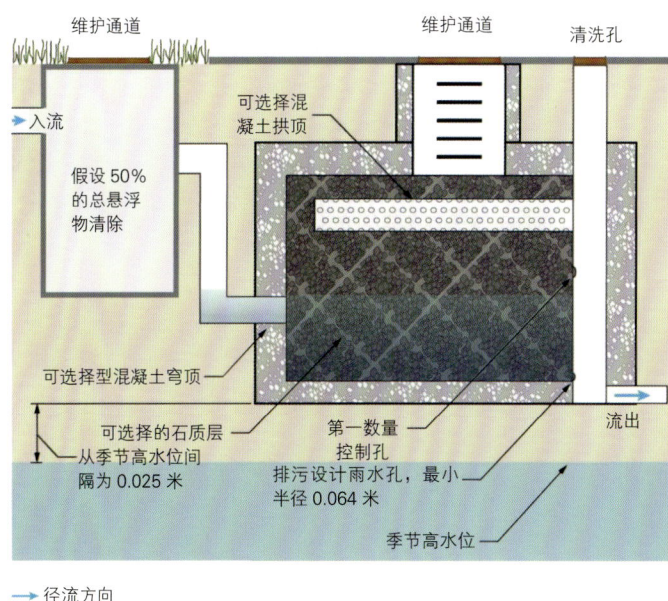

图 4-3 表层滞洪池剖面

• 最小的柱间距：0.025 米（按标高）。

• 最大的柱间距：孔半径的三分之一或坝宽度的三分之一，最大间距为 0.152 米。

• 最大平均流速（通过清洁架）：0.762 米 / 秒，在全部运行阶段和排水阶段，以通过清洁架开口状态的净面积计算。

• 坚固、耐用和耐腐蚀的材料施工建造。

• 可承受 1360 公斤 / 平方米的垂直载荷。

延伸滞洪池应该能安全输送溢出流至下游的排水系统。溢出流结构设计要能够充分的考虑到在溢出流的情况下提供安全、稳定的雨洪排水。安全可靠的排水在梯度地区能够有效降低侵蚀和涌水问题。因此，溢出流的排水一定要与当前实际情况一致。由液压结构提供一定的溢水能力例如排水入口、坝或收集池、表面特征例如沼泽或开口渠等视现场条件而定。

出口结构的液压设计、出口管、溢洪道和地下暗渠系统一定要考虑下游水道或设备的尾水影响问题。这包括其中在出口或溢出结构中最低逆流应低于雨洪区设计洪水接收雨洪的水位。

（4）植被区

• 栽种植被或增补植被时，需要每两周检查一次。

• 在植被生长季节需要检查，在植被非生长季节同样需要检查来确保植被的健康、种植密度和多样性。

• 植被的覆盖率应该保证在 85% 以上，如果损坏率超过 50% 需要根据原设计进行重新植种。

• 根据现场的条件对于湿地的植被进行定期的修剪，周边的草丛应该每个月修剪一次。

• 植被区域应该每年检查一次，是否存在侵蚀、冲刷、生长变形等问题，在对于原有植被产生较小影响的情况下对上述问题进行解决。主要植物的类型和分布要在半年内进行评估检查，并与原有物种之间达到适当的平衡。

• 在不违背设计目的和效果的情况下，可以使用化肥、农药、机械手段优化植被。

4.2 预处理

对于滞洪池的预处理是设计所需。地表延伸滞洪池系统，根据其管理的经验，预处理能够延长使用寿命和通过降低流速和拦截沉淀物来提高污染物的清理功能。

（1）结构性雨洪管理

没有与前池相关联的总悬浮清除率，因此将其纳入设计是为了便于维护的目的。前池可以由土、碎石建造，或由混凝土浇灌，且必须符合下列要求：

• 前池应该设计防止由前池水流流入接收盆地对其造成的冲刷。

• 前池提供 10% 最小蓄水量的水以便能够在清理期间容纳预期沉淀物的体积。

• 为了便于维护和预防蚊虫问题，排水应该在 9 小时内全部完成。在任何情况下，前池沉淀的 72 小时内应该没有蓄水。

• 表层前池必须达到或超过预制冲刷孔的尺寸。应该考虑国家制定的关于导管出口土壤侵蚀和沉淀物控制的保护标准问题。如果用的是混凝土的前池，至少应该有两个排水孔以便于排泄水平面较低的水。

（2）地下水

常规的滞洪池应该是深度在 0.914–3.658 米之间，然而，深度往往受地下水的条件或开槽正向引流的限制。基坑不能节流地下水，因为可能会导致径流蓄水量的损失而造成了蚊子滋生的环境，或难以维护池子的底部。

（3）地质情况

在设计一个综合延伸滞洪渗透池时，土壤的透气性是最重要的因素。如果的土壤具有低的渗透速度时，系统可能呈现积水问题；相反，如果土壤具有很高的渗透率，径流可能会渗入现有的地下水位。当设计一个综合的系统时，对于渗透池必须满足本章中所列的所涉及的设计标准。一个地区的基本地质情况是影响延伸滞洪区设计的另一因素。接近于土壤表层的基岩是需要考虑的重要因素，特别是在喀斯特地貌或类似地区进行公园设计。径流在流经或渗透在任何这个高度可溶性基岩时可能会导致其沉降或沉孔。因此，这种类型的岩石，在现场土壤具有透气性不能充分的防止径流渗透时，延伸滞洪池应该内衬不渗透物质或材料。

（4）径流道

延伸滞洪区是依靠沉淀的方式去除径流中的污染物。因此，该池的设计应该最大程度的满足沉淀的程度。流路的长度应该足够长并且配备长宽比为 2:1 至 3:1 的狭长池。然而，当设计一个池以最大限度的提高流路的长度时，径流速度应该考虑以确保流路的稳定性。更浅，具有较大表面积的池子比较深且较小表面积的池子具有更好的污染物清除率。

（5）清除额外污染物

一个延伸滞洪池的下段可以设计成一个湿地区域或提供一个永久的池子以清除额外的污染物。

（6）水深

通过减少积水深度来提高安全性，池底部和第一个雨水量控制出口（通常设定等于最大雨水量设计雨水表面）的标高之间的垂直距离应不大于 0.914 米。

（7）沉积物

随着时间的推移，设计合理的滞洪池会聚集相当数量的泥沙导致滞洪空间的减少，从而致使径流的质量和量数的有效控制降低。因此，根据不同的维护间隔，在滞洪池最大设计雨水储存量的增加方面应考虑以补给此预期的损失储存量。此外，在雨水公园滞洪池的设计时，应该考虑到沉淀物的检测和清除频率。

4.3 维护

为确保滞洪池的功能需要对其进行定期和有效的维护。此外，维护计划需要针对雨水公园中所有的硬件设备。

（1）一年至少一次对所有的结构性组件进行检查，是否存在开裂、沉陷、剥落、侵蚀和老化等问题。

（2）用作接收和/收集碎屑的组件必须每年两次检查是否存在阻塞问题。

（3）当池子完全干燥时，应该清除沉淀物。

（4）应适当的处置或回收垃圾、泥沙等废料进行处理，并遵守所有地方和国家的有关废弃物的法规。

4.4 排水时间

（1）在合适的时间应该对延伸滞洪池进行最大化排水和晾干。

（2）如果实际排水时间与设计排水时间不同，那么池子出口结构、暗渠系统、地下水和尾水的水位一定要进行评估并采取适当的措施来测量池子最长和最短的排水时间。

第 5 章 渗透池

渗透池是由高渗透性的土壤建造的供雨水暂时储存的设备。

渗透池对于雨水公园来说，相当于人体的肝脏。渗透池通常不具有结构性的出口来排放多余雨水。相反，出水流是通过池子周围的土壤来进行的。对于渗透池来说总悬浮物的清除率为 80%。值得注意的是，前文所提的干井是屋顶径流的一个专门渗透设备。如图 5-1。

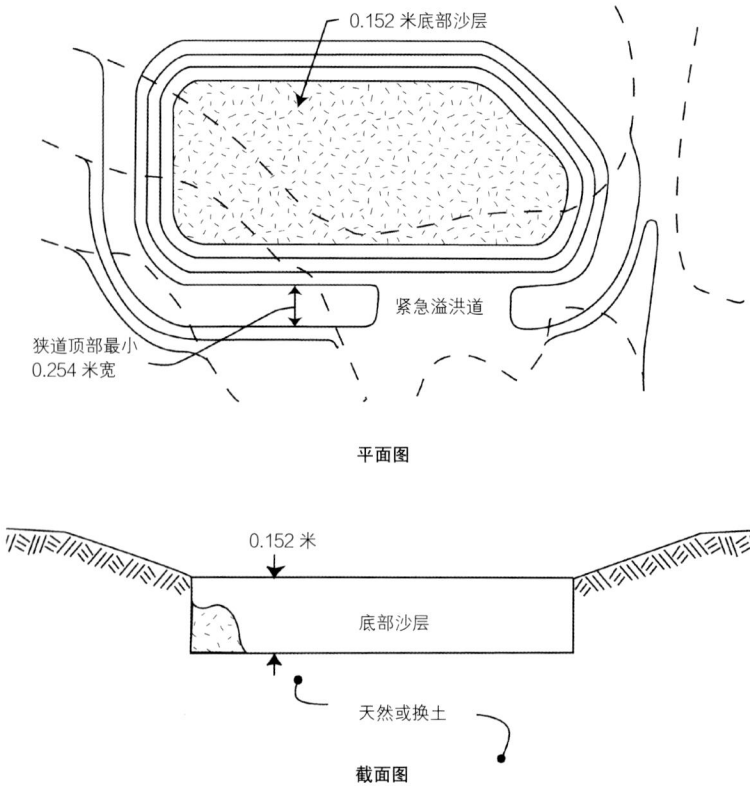

平面图

0.152 米底部沙层

紧急溢洪道

狭道顶部最小 0.254 米宽

0.152 米

底部沙层

天然或换土

截面图

图 5-1 渗透池的构成

5.1 设计目标与应用范围

渗透池用于清除污染物并使渗透的雨水回到地表。这种渗透方式能够降低由土地开发引起的径流峰值率的增加。污染物的清除是通过径流流经土壤以及土壤和土壤内部的生物化学反应来实现的。

渗透池的应用只有在土壤具有相应的渗透才可应用。渗透池不适用于高污染或沉积物堆积严重并且会对地下水产生污染的如以下区域。

（1）工业和商业用地，溶剂 / 石油产品的装卸、存储区域，或杀虫剂装卸、存储区。

（2）有害物质的存量实际大于"报告数量"的地区。

（3）有毒物质泄露高风险区域，例如加油站和车辆维修厂。

（4）工业的雨洪流是暴露性的"源头材料"。"源头材料"意味着这些材料或机械设备放置在工业厂区，直接或间接用做生产、加工或者其他工业用途，这些都被视为污染地下水的工业雨洪流。"源头材料"包括但不局限于原材料、中间制品、最终产品、废料、副产品、工业设备和燃料、润滑剂、溶剂以及清洁剂，制造或在雨水中的其他工业行为。

此外，渗透池不能安装在对于存在渗水或进水等显著风险的区域，避免引起地下水的渗透或干扰地下污水处理系统的管道。这些不利影响必须进行评估并由设计师规避。渗透池的选址和建造须注意不会对土壤造成夯实。此外，渗透池直到其所建造的流域面完全稳定后才可运行，在此之前上游的来水必须绕过渗透池改道并且等到渗透池的施工和养护完毕后才可以停止。

5.2 设计标准

（1）储存量、深度和存储时间

渗透池要设计成能容纳干井最大雨水产生的径流量。根据渗透池的应用目的，这将会成为地下水的补给或雨洪质量设计。渗透池要在 72 小时内全部排出径流量。径流长时间储存能够使渗透池失效并导致在厌氧状态下，气味、水质恶化和蚊虫繁殖的问题。渗透池的底部在季节性高水位或岩层上至少 0.051 米，尽可能的在基部土壤以上水平的分配径流渗入。

通过减少积水的深度来提高安全性。在渗透池中，池子底部与最大设计雨量表面之间的垂直距离应该不大于 0.61 米。正如以下所讨论的情况，渗透池必须在不会对路基土壤造成压实的情况下进行施工。因此，所有开槽用设备要放置在基坑的外部。该要求应该在设计渗透池尺寸和总的存储量时加以考虑。值得注意的是本书中所提到的渗透池的使用仅仅是针对雨水公园可以处理暴雨和中雨而言的。

（2）渗透率

渗透池下土壤最小渗透率取决于渗透池的位置和最大雨水量。在渗透池附近的土壤有足够的透气性时用渗透池进行雨水质量或径流量调控。

值得注意的是，渗透池的应用是为了地下水的补给所有大于渗透池地下水补给径流要由分流结构或其上游装置引导，如果渗透池接收到水流和雨水流的污染物，必须使用 0.013 米 / 时最小渗透率。在正常的运行过程中，来自于暴雨的小量水流占有雨水总量的小部分百分比是允许的。

除此之外，土壤的渗透率一定要满足能够在 72 小时内排出最大设计雨水量。该设计的渗透率一定要在现场或实验室得以确定。因为实际的渗透率可能会与检验结果不同，也可能由于土壤的固化或对雨水处理后留下沉淀物的堆积而随时间的推移而降低。两个安全因素中至少有一个用于测试渗透率，以此来决定设计渗透率。因此，如果土壤的设计测试渗透率为 0.102 米 / 时，那么设计渗透率要在 0.051 米 / 时（也就是 0.102 米 / 时的一半）。

（3）底部沙层

为确保设计渗透率，必须在渗透池的底部放一层 0.152 米的沙层（图 5-1）。沙层能够拦截淤泥、沉淀物和碎屑等可能阻塞渗透池底部。沙层也将淤泥、沉积物和碎屑等从渗透池中清除并对下一步的清除工作起到恢复作用。

（4）溢出

渗透池都能够安全稳定将溢出流排到下面系统中。

5.3 维护

为保证渗透池的性能需要进行定期和有效的维护。具体的维护要求如下介绍。这些要求必须包含在渗透池的维护计划中。

（1）一般维护

渗透池中过滤杂物和沉淀物的部分都应该检查是否有阻塞，多余杂物和沉淀物区域，每年至少进行四次检修，在降雨量超过 0.025 米时也需要进行检查工作。这些部分包括底部、拦污栅、低流量渠道、出口结构、投石笼或裙带结构和清除装置。当流域彻底干燥时，应立刻进行沉淀物的去除工作。处理杂物、垃圾、泥沙及其他废料应该在适当的处理地点或回收地点。

（2）植被区维护

根据现场具体的条件对植被进行有效的修剪工作。

在生长季节，杂草应该每月割一次。植被区的侵蚀和水流冲刷等现象要每年做好检查工作。每年进行一次植被区的检查，清除一些不需要的树木和杂草。在第一个生长期或植被成熟前要对植被的健康状况进行每隔两周一次的检查。

植被长成后，在其生长季或非生长季，每年至少两次对植被的健康状况和多样性等进行检查。植被的覆盖率要保持在 85％ 以上。如果植被的损害大于 50％，该区域要重新植种，而且仍需进行如上所述的检查。为保证植被健康不应该应用化肥、机械处理、农药等措施。所有的植被区域应该每年进行检查，对于杂乱植物进行清除，最小程度的影响植被区内原有植物和渗透池的下部土壤。

（3）结构部件

所有的结构部件至少每年要进行检查，是否存在开裂、沉陷、剥落、侵蚀、变质等问题。

（4）其他维护标准

系统维护计划必须保证在一定的时间内渗透池下部能够排泄最大的设计雨洪量。这个通常的排水时间应该被用来评估该系统的实际性能。如果系统排水量在通常的时间有明显的增加或减少；如果72小时内超过最大排水量，在此种情况下，系统的植被土壤层、暗渠系统，以及地下水和尾水必须进行评估并采取相应的措施来保证最大排水时间的要求，保证系统的合理功能。对在系统底部的植被土壤层应该每年检查两次，土壤层物质的渗透率也应该再次进行测试。如果在暴雨过后的72小时内雨水不能够渗透，则必须采取有效的措施。每年用轻型的设备帮助保持渗透率和翻犁硬化的土地。

5.4 注意事项

渗透池有可能出现许多实际操作上的问题。如果预计设计渗透池提供雨水水质处理时，应考虑土壤特点、地下水水位、区域敏感性和径流水质。在特殊地质情况如碳酸盐岩石和喀斯特地貌区需要对渗透池特别养护。

（1）因素

土壤是非常重要的场地因素。然而，对于最终设计和施工，土壤试验需要在原定过滤池准确的位置上，以便于确保不发生故障或干扰测试结果。这些试验应包括渗透池位置或底层土质分类和路基土的渗透性。路基土最小深度为渗透池下1.524米或与地下水线持平。

（2）施工

对于渗透池来说，防止施工设备对其土质的夯实和路基土壤沉淀物阻塞是至关重要的。在渗透池施工之前，对于施工地点要进行封锁以确保施工机械和堆积物料不对路基土壤造成压实的破坏。在渗透池施工期间，预先应该采取措施防止路基土壤的压实和沉淀物的堆积。所有的开槽施工都应该用轻量级的施工设备。所有的开槽都应该放置在基坑外部的特定范围内。为防止路基土壤的夯实和沉积物的堆积，渗透池施工应在全部施工区域稳定后开始。正如上文所述，在工地其他区域施工期间应该封锁渗透池的施工区域防止由施工机

械和物料堆积而引起的土壤压实。类似地，渗透池不能用做沉淀物堆积区。如果不可避免，那么在进行沉淀物盆地施工时，应该在渗透池底部设计标高以上的0.051米处进行。渗透池底部堆积的沉淀物应该在渗透池排水区内施工完成后并排水稳定后清除以不影响路基的土壤。当施工到渗透池最后阶段，渗透池的底部应该由旋式耕种机械或者圆式耙地机械深度翻犁，然后用平整设备进行土地平整。机械应尽量在池底外部进行运作。如果外部施工受阻，可以选择重量轻或胶轮设备施工。如果渗透池的施工不能够在其排水区域稳定之后开始，那么在各阶段施工期间，应该采取使用导水管或其他措施，来导出渗透池的径流和沉淀物。这些导水措施直到渗透池排水区域内的施工完成，排水区域稳定后才可以移除。石质填充骨料应该放在架子或夯实用的平板夯实器上。推荐使用0.305米厚的松散架子。施工前应该举行会议来讨论和评审具体施工需求和渗透池的施工规定。

（3）径流质量

流入渗透池的径流质量是衡量是否建造渗透池的有效标准，所以在设计渗透池时就应该作为一个重要的考虑因素。渗透池的构思必须考虑径流可能包含的污染物，这些污染物是否会影响地下水的质量。有些土壤对处理细菌、氮和磷的可溶物及其他污染物如道路盐和杀虫剂等能力有限。这些污染物会衰减土壤性质或直接渗透到地下水造成污染。不乐观的是，土壤通常对于这些污染物具有较少的抵御能力。那么在这些污染物进入渗透池之前进行预处理的工作是相当必要的。预处理的措施可包括营养物质过滤器、生物截留系统（渗透池取代暗渠的位置）以及一些砂滤设备。可选择在渗透池以下的土壤适当增加具有较高过滤可溶物质的土壤。

（4）预处理

根据最佳管理实践经验，预处理可以延长使用年限并提高雨水公园污染物的去除能力。预处理可去除较大的沉淀物，这将延长系统的使用寿命，这通常是通过植被过滤器、前池或所制造的处理装置来实现的。前池可以在一个径流流入点内截堵大的沉淀物、垃圾和碎屑，从而简化和降低系统的维护频率。根据不同的清理目的，按照

不同的尺寸对前池进行设计，从而截取不同沉淀物。如上所述，进入渗透池的径流必须进行预处理。该预处理可清除最大设计雨洪中总悬浮物的 80%。

（5）场地的敏感性

渗透池的规划应该考虑场地的地质和生态敏感区。敏感区包括淡水径流、附近饮用水供给区、高含水层区。渗透池选址应远离饮用水井 30.48 米，同时也远离建筑物基础以免产生漏水问题。在含水层补给区域应该采取措施确保良好的水质以保护渗透至地下水的补给。渗透池也应该远离化粪池系统防止化粪池系统故障和其他不利公园的干扰因素。

（6）缓坡

渗透池所在位置的地形对于其运行是重要的因素。理想状态下，渗透池的施工坡度不应该在大于 10% 的地区进行。池底的分级尽可能水平（斜率接近为零），以确保池子长与宽的平衡。对于渗透池以及部件的分层设计和景观设计要考虑便于修剪植被、清除泥沙等工作的进行。

第6章 透水地面设计

一般来说，透水地面比传统地面积水少。这种情况产生的原因是透水地面比传统路面具有更好的透水性，能够使雨水尽快的得以渗透。这种渗透性是铺设材料的本身所具有的或是因为铺设块之间具有的空隙。透水铺设被划分为三种基本类型，其区别主要取决于透水性路面层及以下部位是否存在径流存储区而划分。

这三种类型在表6-1中所示并加以文字说明。多孔铺设和透水铺设极其下部存储区域是通过储存和渗透的方式来处理雨洪量并根据此来设计雨水径流。因此，这些系统都采用了类似的渗透结构即总悬浮物清除率。

多孔铺设系统是采用多孔沥青或混凝土层铺设在均匀的碎石垫层上。碎石层铺设在未夯实过的路基上并暂时用作储存流经多孔沥青或混凝土垂直的径流。高的渗透率是由于采用了多孔的铺设材料，而不是使用传统的高标号混凝土。

除此之外，剩余的混凝土是用沥青或波特兰水泥粘剂粘合在一起的。由于没有用高标号混凝土，所以在常规铺设的情况下产生了很多空隙，致使那些径流可以通过铺设物并垂直流入下部碎石储存层所营造的空隙中。至此，径流渗入未经过夯实的路基土壤中（类似于渗透池）。碎石层的深度同样给多孔表层提供了结构性支撑。根据降水量和降水频度，来设计多孔铺设系统的储存区、渗透率和孔隙率。如图6-1。

带有储存系统的渗透垫的其储存层置于地表下，其功能类似于多孔铺设系统，并由此来取代多孔沥青或混凝土，系统的表面用混凝土块作为垫层，在其表面浇筑时产生一些空隙或以同样的方式相互密闭而形成空隙。这些空间使得多孔垫层能够收集水流并垂直通过垫块流入下部的碎石层中。与多孔铺设系统相同，径流储存在碎石层中时对垫层起到结构性支撑作用，随时间而渗透至下部为夯实的路基土壤中。

值得注意的是这两种多孔铺设系统和其他的渗透系统在功能上有类似之处，例如渗透池或干井。也就是说，径流量控制的根本途径是进入并通过下部的路基土壤。因此，径流量控制方面，多孔铺设或渗透铺垫可作为提供地表径流流入路基土壤的输送措施。此外，碎石储存层只是用来暂时储存流入的地表径流。由于如上原因，在设计和应用多孔铺设和储存渗透垫层时，受到同样设计、操作和所有基于渗透维护要求的限制。这些要求详细如以下设计标准：

除了径流量控制、多孔铺设和透水储存垫层系统外，当设计用储存量和渗透雨洪径流量时，还需提供在渗透过程中的雨洪质量控制，这与渗透池是一致的。此外，多孔或透水铺设层的表面为流经并进入储存层的径流提供了预处理。不带储存层的透水层是第三种类型。正如所述，这种类型的系统是没有碎石径流储存层。

表6-1 透水铺设系统类型

铺设类型	铺设系统描述	TSS 清除率
多孔铺设	多孔沥青或混凝土铺设，具有均匀级碎石的径流储存层	80%
储存式透水铺设	透水混凝土铺设，表层有空隙，具有均匀的碎石径流储存层	80%
非储存式透水铺设	透水混凝土铺设，表层有空隙、沙和碎石结构层	容量减少

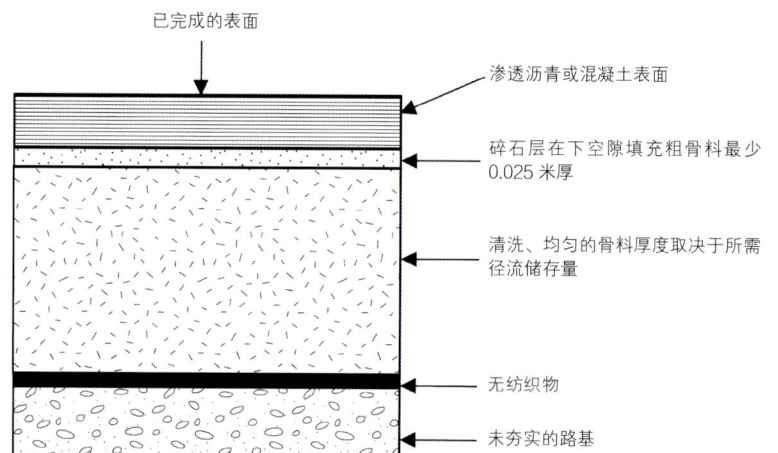

图6-1 可选择的无纺织物或石料层

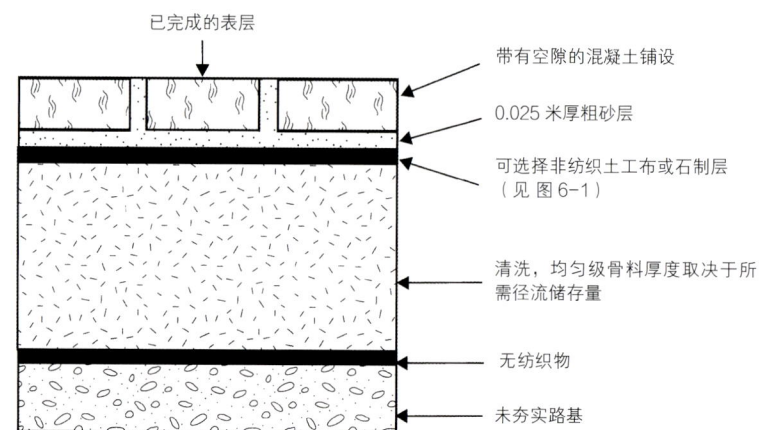

图6-2 带贮水地基的透水路面

相反，透水垫层是放在很薄的沙层和小颗粒碎石层上的，只起到结构支撑性作用，没有径流储存层。由于没有储存空间，这种系统防止储存和渗透比带有储存空间的多孔垫层或透水垫层具有相对较大的体积。然而，由于在垫层表面的空隙，尽管比具有储存空间的系统要小很多，但是仍可以收集表层水流并渗透穿过砂石层进入路基土壤。无储存空间透水垫层如图 6-2 所示。

6.1 设计目标与应用范围

在一般情况下，多孔垫层是用来降低径流率和径流量的，这些径流来自于不同物体表面，例如庭院、人行道、车道和停车场等。具有储存功能的多孔垫层系统实现了通过运输和储存径流以至于最终渗透至路基土壤中的整套体系。通过这些渗透过程，这些类型的多孔垫层系统能够处理径流的质量。其功能与透水垫层一样能够满足地下水补给的需求。不具有储存功能的透水垫层也可以降低径流率和径流量，其主要原因是与传统铺设相比而产生了相对少的地表径流。但是由于缺少储存层，它们不具备显著的雨水质量处理功能。然而，径流量和径流率的降低可以降低对于雨水质量设计径流量数值的处理，同样这些径流将由下游的雨水管理设备来进行处理。

如上所述，具有储存功能的多孔铺设和透水铺设充当了渗透设备的角色。因此，这种透水铺设系统在路基要求具有渗透率时可以采纳。具体的土壤渗透率要求在设计标准中列出。这种依赖于渗透，储存功能的多孔铺设和透水铺设不适用于高污染物、沉淀物和对地下水有潜在污染的区域。该系统具体不用于下述区域：

（1）工业和商业用地，溶剂和 / 或石油产品的装 / 卸载、存储；或杀虫剂装 / 卸载、存储。

（2）有害物质的储存实际大于"报告数量"的地区。

（3）有毒物质泄露高风险区域，例如加油站和车辆维修厂。

（4）工业的雨洪流是暴露性的"源头材料"。

"源头材料"意味着这些材料或机械设备放置在工业厂区，直接或间接的被用做生产、加工或者其他工业用途，这些都被视为污染地下水的工业雨洪流。源头材料包括但不局限于原材料、中间制品、最终产品、废料、副产品、工业设备和燃料、润滑剂、溶剂以及处理所相关的清洁剂，制造或在雨水中的其他工业行为。

此外，储存功能多孔铺设和透水铺设不能应用在对于地下室产生渗水或进水等显著风险的区域，避免引起地下水的渗透或干扰底下污水处理系统的地下管道结构。这些不利影响必须进行评估并由设计师规避。

渗透池的放置和配备必须注意其施工不会对土壤造成夯实影响。此外，渗透池直到其所建造的流域面完全稳定后才可运行。

系统的施工一定要拖延至流域稳定后开始或上游的来水要改道而行。这种改道必须持续下去直到施工稳定。为了减少对表面的剪切强度，所有透水铺设在相对不频繁使用的区域使用轻型机械。包括停车场、二级路、私家住宅车道、人行道、辅路、高尔夫球车道、防火用紧急通道和临时停车区域。

在一般的情况下，轻型机械将不用在交通高流量区域，例如道路、多用家庭和非住宅车道、主要停车场过道或其他类似区域，这些区域将根据需要使用重型机械和其他设备。透水铺设的使用规则是选择性的使用透水和不透水铺设。

在这些例子中，常规的铺设将被较繁重流量的交通所采纳。许多种混凝土和砖透水铺设系统可供选择。综合使用常规铺设和多孔铺设能够实现功能和美观的设计理念。最后，所有三种类型的透水铺设系统必须有维护计划。如果系统为私人拥有则应该通过规范、规定以及法律措施来防止更改、拆除等行为。

6.2 设计标准

透水路面的设计标准将根据所选择类型的不同而确定。

（1）储存量、深度、持续时间

储存式多孔铺设和透水铺设要设计成能处理由系统最大设计雨水所产生的全部径流量。根据系统应用目的，这将会成为地下水的补给或雨水质量设计。系统要在 72 小时内全部排出径流量。径流长时间储存能够使系统失效并导致在厌氧状态和水质问题。这些系统的底部在季节性高水位或岩层上至少 0.051 米，尽可能的在基部土壤以上水平的分配径流渗入。

正如以下所讨论，透水系统的施工一定要在没有对系统基础土壤造成压实的情况下进行。因此，所有开槽用设备要放置在基坑的外部。该要求应该在设计系统碎石储存层或砂石基础尺寸和总的存储量时加以考虑。值得注意的是本书中所提到的储存式多孔铺设和透水铺设的使用仅仅是针对雨洪质量设计暴雨和中雨而言的。对于较大型的暴雨，渗透池的设计、施工和维护等要求，需审批部门作出重要指示方可进行。因为无储存层的透水铺设不依赖于径流的渗透，该系统应用于所有频繁降雨的地区。

（2）渗透率

储存式多孔和透水铺设下部的土壤最小的设计渗透率取决于透水系统的位置和最大设计雨水量。利用储存层进行雨洪质量控制是可行的，在其附近的土壤有足够的透气性，能够使渗透更合理。对于储存式多孔铺设和透水铺设系统，在系统径流层下最小设计土壤透水率是 0.013 米 / 时。

除此之外，土壤的渗透率一定要满足能够在 72 小时内排出最大设计雨水量。设计渗透率一定在现场或实验室进行验证并确定。因为实际的渗透率可能会与检验结果不同，也可能由于土壤的固化或对雨水处理后留下沉淀物的堆积而随时间的推移而降低。两个安全因素中至少有一个用于测试渗透率以此来决定设计渗透率。因此，如果土壤的设计测试渗透率为 0.102 米 / 时，那么设计渗透率要在 0.051 米 / 时（也就是 0.102 米 / 时的一半）。

这个设计渗透率用于计算干井最大设计雨洪排水时间。由于其作为一个径流输送措施，多孔铺设系统的多孔面最小的渗透率至少是系统设计雨洪最大强度的两倍。在系统设计雨洪质量的情况下，渗透率为 1.825 米 / 时，这是雨洪质量设计的最大强度）。同样，填充式储存透水铺设系统中缝隙空间的最小渗透率也必须满足这个要求。然而，由于透水铺设系统中的空隙仅为整个系统表面的一部分，最小的比率必须根据整个系统表面、空隙的面积、空隙面积的比值相乘。因此，在一个透水铺设中如果用由 20% 空隙空间储存层的填充材料必须具有在最大设计雨水强度 10 倍的最小渗透率。雨洪质量的系统设计，比率应该是 0.813 米 / 时。因为没有储存层的透水铺设不依赖于显著的径流渗透，它的使用不要求最小基础土壤和空隙材料的渗透率。

然而，如下所述，其能够减少径流率和低于常规铺设所产生的径流量，其功效取决于这两个系统的特性。为了使透水铺设面达到设计渗透率值，所有的透水铺设系统的最大表面的坡度为 5%。

（3）预处理

预处理可以延长系统的使用寿命，并增加透水铺设系统对来源于除自身表面外的其他区域径流的污染物清除能力。预处理可以降低水流速度并吸纳较粗的沉淀物，这将延长系统使用寿命，并减少系统的维护。在透水铺设系统上游使用植被过滤可以到达这样的效果。

在系统的设计过程中可以安排一定的步骤对来自上游区域的径流进行限制流入系统的水流量。收集来自于停车场、车道、道路和其他同类场合的地表径流并将其直接输送至多孔铺设或透水储存层，为了使沉淀物不堵塞储存空间或损失补给能力，这样的径流应该进行预处理。预处理应该为系统最大设计雨水量提供总悬浮物 80% 的清除率，应该满足现场所有总悬浮物的清除要求。

但是，这种预处理的要求不适用于屋顶和其同类场所表面，而屋顶排水槽或导管（配有清洁器）可以将水直接引至储存层。预处理措施应该包括减少沉淀物和进入储存层的其他颗粒的清除。

（4）计算径流率

一般情况下，径流从储存式多孔铺设和透水铺设系统流至下游区域需要在两种情况下进行计算。第一种情况是超出了储存层的容量，即在该层中的水位上升至该系统的表层时。第二种情况是沉淀物的颗粒度超出了系统表面最小渗透能力。以上所提的渗透率将要用于讨论每种类型储存层的比率。一旦这样的情况发生一种或全部发生时，对于剩下雨水流至下游区域所产生的系统径流率可以减去雨水率的最小渗透率。

来自于不含储存层的透水铺设的径流需要在所有降水情况下进行计算，可以通过两种方法。第一种方法是基于加权平均径流系数（C）对有理数、修正有理数或加权平均曲线数（CN）方法。这些数值应该基于在系统表面的相对透水面积和透水空隙面积。铺设区域的 C 或者 CN 值应该基于不透水面积，而缝隙空间的 C 值或 CN 值应该基于材料的类型或缝隙空间表面和基础土壤的水文组合土质。在选定空隙系数时，所有被植物覆盖应该假定在恶劣的水文和基于土壤或砂石路面所有的空隙由碎石、砂砾或裸土填充的条件下。第二种计算方法是考虑铺设与渗透区域并排水至渗水空隙中。

（5）溢出水流

所有储存式多孔铺设和透水铺设系统都能够安全输送溢出流至下游排水系统。溢出的量必须与现场排水系统的其余部分保持一致，并在溢出的情况下具有足够能力提供安全、平稳的雨水排放。下游的排水系统一定有足够的能力来输送来自透水铺设系统的溢出流。

（6）突发性水流

所有储存式多孔铺设和透水铺设必须有措施当多孔或透水铺设的表面堵塞或缺乏输送最大设计雨洪流至下层的时，能够输送最大设计雨洪进入径流储存层。通过不同的方式来实现，包括表面入口连接至一系列放置在储存层的多孔管或通过扩展储存层在表层的边缘将其连接到表面。

（7）系统构成

每种类型透水系统的常用组件在图表 6-1，6-2 和 6-3 中显示。但是，基于现场的具体条件，可以进行一些变更，在这些图表中常用的组件应该包含在全部的系统中。其中包括在图表 6-3 中非储存式透水铺设下部的沙子和碎石基础。没有这些组件的系统施工视为常规铺设面，用于径流和污染物负荷的计算。所推荐用于多孔沥青和混凝土铺设系统的骨料在图表 6-2 中显示。对于多孔性沥青系统，沥青的粘合剂的量为 5.75%-6.00%（重量）。

低量的粘合剂将会导致表面的剪切强度和耐久性不足。如图 6-1 和 6-2 中，在储存式多孔铺设和透水铺设中的径流储存层应该彻底的清洗，均匀分级碎石。

特别提醒的是，这些碎石应该彻底清洗防止灰尘和其他在基础土壤进入而堵塞储存层的微粒。最后，图 6-1 和 6-2，在储存层和基础土壤之间应该衬有无纺布。其他系统细节如图所示。

6.3 维护

透水系统的性能需要定期和有效的维护。这些要求必须包括该系统的维护计划。

（1）一般维护

所有透水铺设系统的表层应至少每年检查一次，是否存在开裂、沉陷、剥落、变质、侵蚀和有害植物生长的问题。如有问题必须采取切实可行的补救措施。从透水铺设的表层除雪时必须小心。透水铺设表层容易被除雪机或装载翻斗车破坏，因为其作业面离地面太低。如果用这些机械会导致透水铺设不均匀的沉降。沙子、砂砾、煤渣不可用在铺设表面用于对雪或冰的控制。如果泥浆或沉积物渗在透水铺设系统的表面上，它们必须在表面完全干燥时尽快清除。在合适的处理或回收地点按照相关法规来处理杂物、垃圾、泥沙以及其他从透水铺设表层取出的废物。

（2）渗水铺设系统维护

多孔铺设系统的表层必须每年至少四次的清洁工作，应用真空清扫装置下接高压软管。所有的脱落泥沙等颗粒物必须清楚并妥善处理。

（3）透水铺设系统维护

透水路面的维修工作应与生产商对产品的说明保持一致。

（4）植被维护

根据现场具体的条件对于植被进行有效的修剪工作。

在生长季节，杂草应该每月割一次。植被区的侵蚀和水流冲刷等现象要每年做好检查工作。要每年进行一次植被区的检查，在植被配置上清除一些不需要的树木杂草。

在栽种植被或修复植被时在第一个生长期内或直到植被成长成熟要对植被的健康状况进行每隔两周一次的检查。植被长成后，在其生长季或非生长季，每年至少两次对植被的健康状况、容积率和多样性等进行检查。植被的覆盖率要保持在85%。如果植被的损害大于50%，该区域要进行重新植种以符合原定规范，仍需进行如上所述的检查。

为了保证植被正常健康而应用化肥、杀虫剂、农药等不应该的措施对透水铺设系统造成威胁。所有植物的病虫害尽量不使用化肥和农药来解决。

（5）其他维护

系统维护计划必须保证在一定的时间内透水铺设系统下部能够排泄最大的设计雨洪量。这个通常的排水时间应该被用来评估该系统的实际性能。如果系统排水量在通常的时间有明显的增加或减少；如

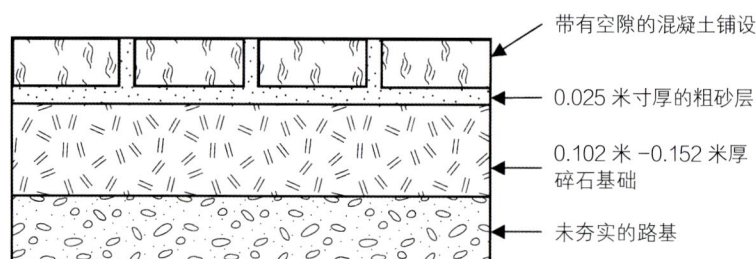

图6-3 非储存式透水铺设

带有空隙的混凝土铺设
0.025米寸厚的粗砂层
0.102米 -0.152米厚碎石基础
未夯实的路基

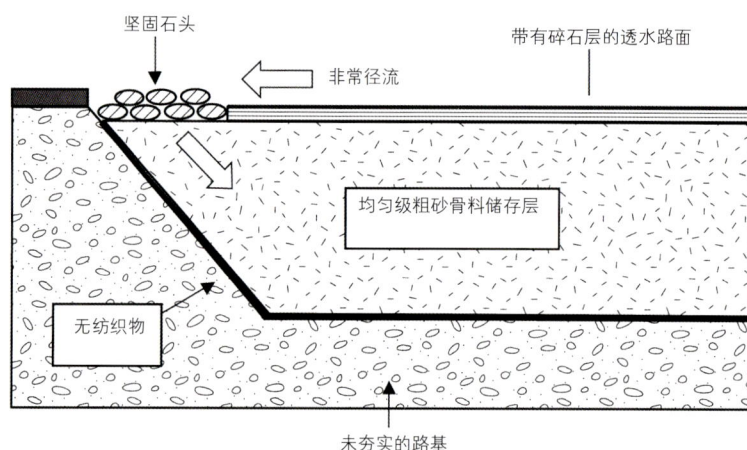

图6-4 多孔铺设非常入流

坚固石头
非常径流
带有碎石层的透水路面
均匀级粗砂骨料储存层
无纺织物
未夯实的路基

表6-2 多孔沥青铺设混合物

常用标准筛孔尺寸	百分数合格率
0.013 米	100%
0.010 米	95%
#4	35%
#8	15%
#16	10%
#30	2%

果 72 小时内超过最大排水量，不同的系统组件和地下水水位一定要进行评估，要采取适当的措施来满足最大排水时间的需求，保持系统的正常功能。

6.4 注意事项

透水铺设系统能够表现出一些设计问题，特别是那些有关依赖渗透来排泄储存径流的底部径流储存层的问题。在规划这类系统时，应考虑到土壤的特性，深度的季节性最高地下水位，区域的敏感性和径流的质量。特别值得注意的是当对透水铺设系统施工时遇到喀斯特地貌碳酸盐地区时应该引起注意。注意事项如下：

（1）土壤特征

对于现场适用性来说，土壤是非常重要的考虑因素。然而，对于最终设计和施工，土壤试验需要在系统准确的位置上进行取样和开展，以便于确保不发生故障或干扰能够准确的测试出其性能。这些试验应该包括在系统施工现场或其底层土质分类和路基土的渗透性。路基土质分析的最小深度为储存层底部以下 1.524 米或至地下水位处。

（2）施工

类似于其他渗透设施，所有透水铺设系统的施工必须要遵循一定的程序。其他的施工要求要根据特殊的性质和组件而制定。细节提供如图 6-4。

（3）渗透水系统

所有透水铺设系统，保护其基础土壤不被施工机械而压实和污染，不被沉淀物阻塞，这点是至关重要的。

在透水铺设系统施工前，对施工地点要进行封锁以确保施工机械和堆积物料不对路基土壤造成压实的破坏。在透水铺设系统施工期间，预先应该采取措施防止路基土壤的压实和沉淀物的堆积。所有的开槽施工都应该用轻量级的施工设备。所有的开槽是都是应该被放置在基坑外部有限的范围内。为了防止路基土壤的夯实和沉积物的堆积，透水铺设系统施工应该拖延至全部施工区域暂时或永久完工后才开始。这种拖延是必要的。

正如上文所述，在工地其他区域施工期间应该封锁渗透池的施工区域防止由施工机械和物料堆积而引起的土壤压实。类似地，该系统不能用做沉淀物堆积区。其中，如果不可避免，那么在进行沉淀物盆地开槽时，应该在该系统底部最终设计标高以上的 0.051 米处进行。在该系统底部堆积的沉淀物应该在该系统排水区域内所有的施工完成后，排水区稳定后被清除不影响路基的土壤。如果该系统的施工不能在其排水区域稳定后开始，那么在各阶段施工期间，导水管或其他必要的措施应该采用，导出该系统区域的径流和沉淀物。这些导水措施直到系统排水区域内的施工完成，排水区域稳定后才可以拆除。施工前应该举行会议来讨论和评审具体施工需求和渗透池的施工规定。

（4）多孔透水系统

在径流储存层中的碎石应该放置在起降机里并用平板夯实机进行夯实处理。最大松散漏料的厚度为 0.305 米。

• 铺设温度 =240-260°F

• 最低空气温度 =50°F

• 夯实铺路 1-2 遍，使用 10 吨的辊子。

• 在铺设完工的两天内不允许车辆通过。

（5）透水系统铺设

在径流储存系统中的碎石应该放在起降机并用平板夯实器进行夯实。最大松散漏料的厚度为 0.305 米。为了提供径流的数量和质量，在透水系统下部的基础土壤不能通过夯实、水泥或其他降低土壤渗透性的稳定剂来使其稳定。所有透水铺设系统施工稳定后一定要像对常规铺设表面那样进行全部径流和污染物负荷计算。

（6）径流质量

流入储存式多孔铺设系统或透水铺设系统径流的质量是衡量该系统是否是有效的最重要因素。那么，在设计系统的时候这方面要加以首要考虑。系统的规划必须考虑径流会含有哪些污染物，这些污染物是否会降低地下水的质量。有些土壤对处理细菌、氮和磷的可溶物以及其他的污染物具有有限的能力，例如道路的盐和杀虫剂等。这些污染物能够衰减土壤性质或直接渗透到地下水造成污染。不幸的是，土壤通常对于这些污染物具有较低的抵御能力。因此，就大多数土壤而言，其渗透率很难处理这些污染物，那么当这些污染物进入透水系统储存层前进行预处理的工作是相当必要的。预处理的措施包括营养物质过滤器、生物截留系统（渗透池取代暗渠的位置）以及一些砂滤设备。可选择的是在渗透池下的土壤可以适当增加具有较高过滤可溶物质的土壤或全部被这种土壤取代。

第 7 章 沙滤池

沙滤池是通过沙滤的方法将雨水中的微粒和束缚粒子过滤出来的一种雨水管理设施。以下是两种沙滤系统：一种是渗透物沙滤系统，一种是排水道沙滤系统；在这两种系统中污染物均会通过滤沙层被单独过滤掉。雨水首先通过沙滤系统的预处理区过滤掉垃圾、残骸及沉积物。之后经过处理区处理，最终通过排水道系统的排放管排出或通过底土渗透排出。沙滤系统对雨水中的污染物进行了沉淀，过滤和吸附处理。为避免造成对潜在的地下水污染，在高污染区及可能导致泥沙负荷的地区禁止使用可将雨水渗透到底土的沙滤池及其它类似的雨水渗透管理措施。沙滤更适用于含有高总悬浮物，重金属及碳氢化合物等不宜渗透的排水区，如公路、车道、通道、停车场及城市地区。在有大量沉淀物及有机材料堆积的可导致滤沙层堵塞的渗透排水管道区域，除非这些物质可以避免或被预处理，否则不建议使用沙滤系统。

沙滤池共有两种类型：分别为有排水管道的沙滤池，通过底土渗透的沙滤池。

7.1 设计目标与应用范围

沙滤池可将雨水净化后用于公园内植物灌溉。所有的沙滤池在设计时必须有足够的稳定性和容纳量。底土渗透的沙滤池可用于地下水的再利用。

7.2 设计标准

如前所述，共有两种沙滤池。图 7-1、7-2 描述了这两种沙滤池的最基本的组成及雨水在各个区域的流向。

（1）预处理

预处理可以放缓流速和过滤粗的沉积物从而延长系统功能寿命并增强对污染物的清除能力。

鉴于前池与总悬浮物清除率的清除率并无关联，因此它们都是用来维护保养的。前池可以是土制、石制或混凝土制成的，但它们都必须符合下列要求：

• 前池的设计必须阻止并接收溢出流。

• 前池应提供流量 10% 的最小存储量，前池的尺寸应满足沉淀物的存储量并达到清除的目的。

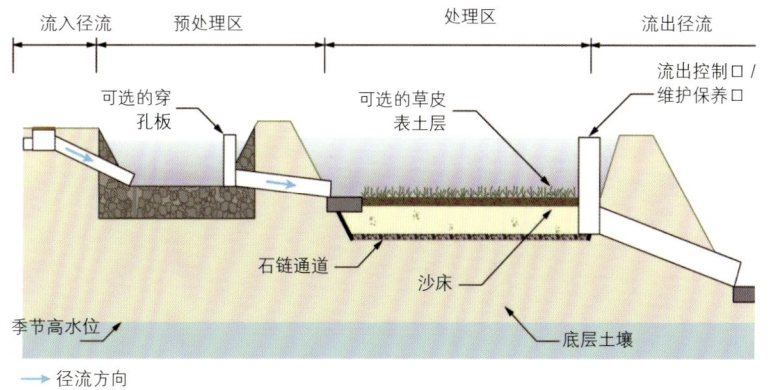

图 7-1 沙池侧剖图

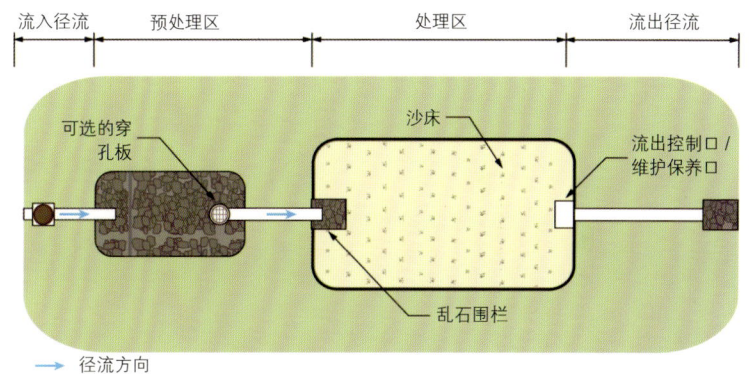

图 7-2 沙池平面图

35

- 前池应可以在 9 小时内完全排干水以便进行维护保养，同时要注意预防蚊子的滋生。任何情况下径流在沉淀后 72 小时内前池不应有积水。

- 前池表面部分必须满足或超出用于保护管道出口孔的尺寸。

- 推荐的最小表面积（平方米）=1.617 X 流量（立方米 / 秒）。

如果使用的是混凝土的前池，它至少有两个便于低水位排水的排水口。上游排水区的径流必须是稳定的且优先通过沙滤池。

（2）存储量

- 系统必须有足够的存储量来保证径流的雨水不会外溢。

- 通常情况下沙滤池被构建成独立的系统。也可考虑构建成联合形式。联合的沙滤池接收所有雨洪的上游来水并对从大的雨洪中溢出的径流进行处理和输送。这些在线的系统对大的雨洪进行存储及减速并对径流量进行管控。

（3）垒石的要求

当在系统中为了限制直接水流在其下端使用垒石，防止水流对泥沙的冲击。

（4）沙层要求

沙层的厚度及特性必须满足清除污染物的要求。

- 最小厚度：0.457 米。

- 沙层上端最大存储量：0.61 米。

- 沙子必须符合清洁标准的中颗粒骨料混凝土沙。

- 沙层设计的最大渗透速率是 0.051 米 / 时，安装前需要对此进行验证。

- 采用 0.051 米 / 时的渗透速率时，应采用 36 小时的设计排水时间。

(5) 石堆层

- 此层厚应介于 0.025 米到 0.051 米之间。

- 用于此层的石头必须是符合清洁标准的粗骨料。

(6) 渗透性要求

以下标准适用于沙层的渗透率、石堆层、底土及系统中设计的可选植物的表层土。鉴于土壤测试结果的不同并随时间而减少会改变实际的渗透率，测试渗透率的 1/2 定义为设计渗透率。例如，如果测试的渗透率为 0.102 米 / 时，则设计的渗透率为 0.051 米 / 时。

（7）排水结构

系统的设计中包含排水结构，其中垃圾架必须安装在排水结构的入口处。排水结构应避免被设计成液压控制系统且需要符合下列标准。

- 平行杆的间隔为 0.102 米直到顶端。

- 最小杆间距：0.102 米。

- 最大杆间距：孔口直径的 1/3 或坝宽的 1/3，最大不得超过 0.152 米。

- 通过清洁架的最大平均流速:1260 公斤 / 平方米（排放的整个过程中，开放口区域也计算在内）。

- 钢性结构，耐久性及防腐蚀材料。

- 设计承受力为可承受垂直负载 1360 公斤 / 平方米。

7.3 注意事项

（1）不建议在施工阶段使用沙滤池对沉淀物进行控制，然而当无法避免时，对沉积物水池的开槽应至少高于最终设计沉积物水池底部 0.61 米以上。

（2）如果条件允许，水池的开槽和沙子的施工应由放置在水池底部以外的施工设备实施。若情况不允许，则需要使用安装大型轮胎或履带的设备。

（3）只有排水区域已经完成并在很稳定的情况下才可以实施对沙滤池底部的开槽。如果沙滤池的施工不可被推迟，应有环绕沙滤池的直接排水沟，从过滤处转移所有的径流。直到排水区域已经完成并很稳定时才可以拆除排水沟。

（4）当开槽完成后，沙滤池的基底必须使用旋转式翻土机或圆盘耙进行深度犁并进行平整。

（5）当沙滤池及其排水区域均稳定后，沙层的渗透率必须进行重新测试，以确保设计的渗透率与竣工后的渗透率相同。

7.4 维护

常规而有效的维护保养对于保证沙滤池的性能至关重要，并与所有的雨水公园的维护保养计划相关联。

（1）每年至少对所有的构成部件的破裂、下沉、剥落、腐蚀及老化情况进行一次检查。

（2）每年至少对用于接收和／或捕捉杂物及沉积物的部件的阻塞情况进行两次检查。

（3）移除沉积物需要在所有的雨水排尽后且沙床处于干燥状态时实施。

（4）必须在适当的处理／回收场所根据当地或国家的规定对垃圾或沉积物及其他废料进行处理。

（5）沙滤池植物区

• 带有植物区的沙滤系统，在植种／恢复植种时每两周需要进行一次检查。

• 为保证植物的健康、密度及多样性，在植物的生长季节和非生长季节应至少各做一次检查。

• 必须根据所在场所的实际情况制定并实施针对植物的割草／修剪的日程表；周边的杂草在生长季节至少每月要清理一次。

（6）排水时间

• 每年至少对沙层进行两次检查，以确定其渗透性。

• 应在雨水公园的维护保养手册中标明最大设计雨洪径流量低于沙层的顶端时的预估排水时间。

• 如果实际的排水时间与设计的排水时间存在明显差异，必须用液压控制部件进行恰当的评估及测试以便将沙滤池的最大及最小排水时间恢复到要求值。

• 如果沙滤池 72 小时内不能排水则必须要采取更换沙层顶层过滤层的修正措施。另外，在雨水公园的维护保养手册中应标明预期沙层顶层过滤层的更换频率。

第 8 章 植物层过滤带设计

植物层过滤带是一个稳定的分层区域，当雨洪流经时将其中的污染物清除。过滤带可以由多种植物构成或由现有植物及斜坡构成。为了确保功能的实现，所有的径流需依照径流图进入并通过过滤带。植物过滤带用于处理来自庭院、停车场、车道等的排水区的径流。植物过滤层采用过滤及生物摄取的方法处理雨洪径流中的污染物。因为以上的功能都依赖于过滤带中的植物，所以植物必须茂密且健康。因此过滤带应选址在土壤条件良好，水供给充沛，日照时间适合的区域才能有利于植物群体茁壮生长。

以下的部分提供了各类别植物层过滤带额外的设计标准。配置插图和水流路径图仅供说明，但不对设计进行制约。

植物层过滤带的特性由存有植物的性质决定。

只有符合下列标准时，现有植物区才可以作为植物层过滤带使用：

• 在雨水流经整个过滤带时，可以延缓、截留和／或分流径流的特性，然而这些特性不可使水流集中。

• 对现有情况下的雨水处理进行调查和检验，以确定雨水的流动模式。

植物过滤带的设计必须符合下列标准：

• 始终贯穿统一的缓和坡度。

• 多个缓坡。

• 至少有 0.635 米的长度可用来测量流向。

如图 8-1、8-2，所示分成两边展示了两种植物过滤带的组成。左边的图示中，来自缓和坡度渗透区的径流通过截水池后进入过滤带。在右边的图示中，来自缓和坡度停车场的径流通过截水池后进入过滤带。如图所示，径流排水区域的最大长度为 30.48 米。在这个例子中应用了石质的截水池及水流垂直定位。图示中同时也说明了植物过滤带的最小长度是 7.62 米。在本章中，过滤带长度通常在径流方向中进行测量。

图 8-3 展示植物过滤带构成的截面图。这个观点强调了对额外流入排水区上游径流的限制。再次强调排水区的最大长度为 30.48 米，过滤带最小长度是 7.62 米。车轮停止器或其他的停车装置不得阻碍径流的方向。

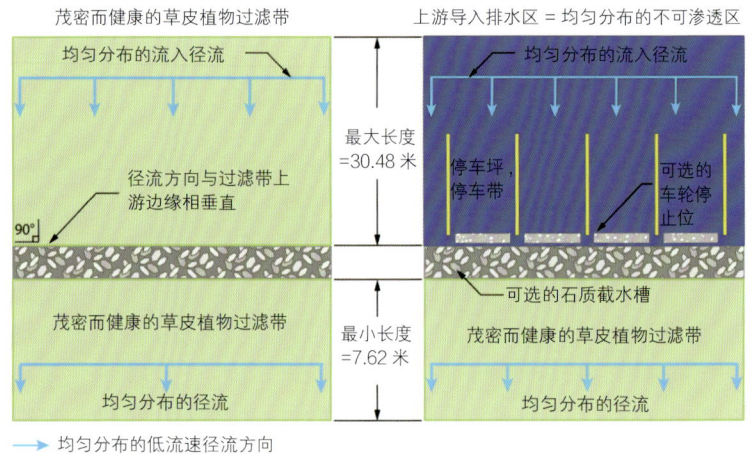

图 8-1 基础植物过滤带平面图

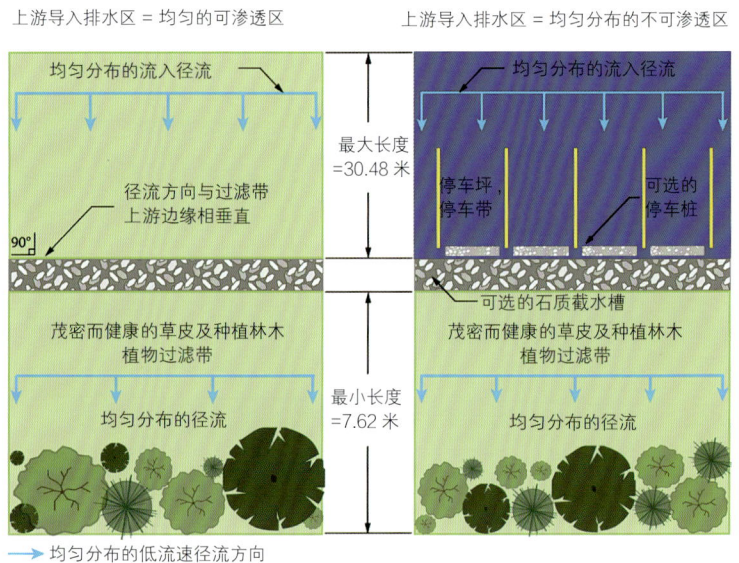

图 8-2 综合植物过滤带平面图

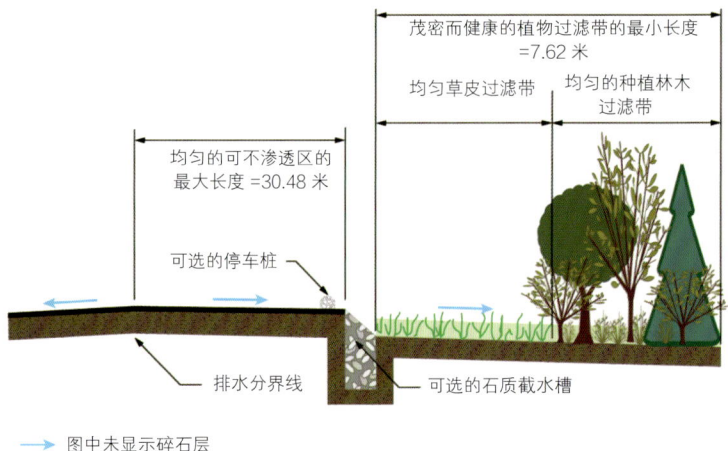

图 8-3 综合植物过滤带侧剖图

8.1 设计目标与应用范围

• 策略 1: 保护易受腐蚀的地区或提供优质水源。

• 策略 2: 对天然的排水功能及植物进行最大程度保护。

• 策略 3: 将集中降水的时间下降到最小程度。

• 策略 4: 对地表扰动的最小化。

• 策略 5: 制定景观维护保养的最低要求，用以鼓励保留和种植原有的植物并将草坪的使用降低到最小程度。

8.2 植物过滤带的设计

（1）排水区域限制

• 经过排水区的雨水必须均匀分布并且流速低于峰值流速，以维持水流。

• 当发生此现象时，排水区必须有均匀分布的浅坡来维持水流，与连接植物过滤带的上游边缘相连的下游边缘必须与雨水径流的方向相垂直。

• 排水区的长度通过代表流动路径的径流方向进行测量，最大长度为 30.48 米。

（2）植被要求

有很多种不同的植被可以被运用到过滤带中，然而为了确保达到 TSS 清除率，仅限使用下面的植物：

• 草坪草。

• 牧场草。

• 种植树林。

• 已有的森林区域。

• 为了保证最佳的效果，植物必须是健康而茂密的。

植物的最低密度应该达到 85%，另外为了达到表面的粗糙度要求需要符合下列要求：

• 新种植的树木需要有至少 0.076 米的覆盖层。

• 已有的森林区域需要至少 0.025 米的有机物碎屑层。

• 在植物过滤带作为雨水管理方法应用之前，所有的植物需要完全的就位。

（3）植物层长度。

为维持贯穿的水流，过滤带的长度需要介于：

• 最小长度 7.62 米。

• 最大长度 30.48 米。

所需的植物过滤带长度通过下面几点进行管控：

• 过滤带的斜坡。

• 过滤带中的植物。

• 排水区的土壤；若排水区不可渗透，则使用土壤的不可渗透性等级应低于表面区域的等级。

当植物过滤带的长度大于 30.48 米时，也只能保证的 30.48 米长度的雨水带的雨水质量。

8.3 注意事项

当植物过滤带用于处理雨水时，需要对包括排水道及已存在场所的特性等因素进行充分考虑。良好的排水道其表层及次表层都必须能确保其性能。当设计新的过滤带时，设计者应在计划阶段了解潜在的积水因素，系统设计必须满足径流间有足够的干燥周期以重建土壤中的有氧状态的要求。天然的过滤带是由高地植物和毗邻的自然河道构成的，保留这些高地区域会使它们可以继续实现其过滤带的功能。

8.4 维护

常规而有效的维护保养对于保证植物过滤带的性能至关重要的，另外应与所有的雨水公园的维护保养计划相关联。

（1）每年至少对所有的构成部件的破裂、下沉、剥落、腐蚀及老化情况进行一次检查。

（2）每年至少对用于接收和／或捕捉杂物及沉积物的部件的阻塞情况进行两次检查。这些部件包括植物区、垒石截流区特别是可能导致沉积物及垃圾等造成阻塞的上游边缘的过滤带。

（3）当过滤带完全干燥后应及时对沉积物进行清除，防止造成植物的损伤。

（4）必须在适当的处理／回收场根据本地规定对残骸、垃圾、沉积物及其他废料进行处理。

（5）雨洪过后需要对过滤带的所有区域的积水进行确认，如发现积水需要采取改进措施。

（6）植物区域的维护保养

• 当植物种植和修补时每两周需要进行一次检查。

• 为确保植物的健康、密度及多样性在植物的生长季节和非生长季节应至少各做一次检查。

• 必须根据所在场所的实际情况实施针对植物的割草／修剪；周边的杂草在生长季节至少每月要清理一次。

• 每年至少对植物区的腐蚀、冲刷、杂草情况进行检查。若出现杂草等非规划植物的生长需及时清除以防止对植物造成影响。

• 植物的覆盖率必须维持在 85% 以上，如果破坏程度超过 50% 则需要按照原有的规格进行再次种植。

• 所使用的化肥、农药、机械处理及其他的措施应确保植物过滤带的性能不被损害。

第 9 章 草洼地

在雨水公园中，草洼地应设计成覆有草坪的通道用于雨水的传输和处理。草洼地可以通过过滤和沉淀来减少悬浮颗粒，同时也适合处理小的排水区域因表面不可渗透而产生的径流。典型的草洼地通常设置在低倾斜度的草坪、安全岛、停车岛，而不在公共设施等能对下游流量做减缓处理以应对大规模雨洪的场所使用。草洼地可以在任何土壤、斜坡、阳光等条件下满足植物密度要求的地点实施应用。因为清除污染物的原理并不依赖于土壤的渗透性，所以以土壤的渗透性不作为设计时考虑的因素。对于大的雨洪，草洼地可以设计为雨洪下游的输送通道。草洼地必须有一个维护保养计划，如果此草洼地为私人所有，则必须通过条例或其他法律措施防止其被忽视，做不恰当的修改或清除。

在雨水公园的设计中通常使用下面两种草洼地：

• 点型。

• 线型。

径流从一个单点如水管进入点型草洼地。线型草洼地沿着其长度接收分散的径流，路面上不受区域限制内的草沟就是线型草洼地的例子。

9.1 设计目标与应用范围

草洼地的设计在很大程度上能帮助实现下面的策略：

• 策略 1：将集中降水的时间下降到最小程度。

• 策略 2：提供植被及明渠传输。

9.2 设计标准

两种类型草洼地。下面的设计标准适用于这两种类型同时符合此最佳管理措施中要求的 TSS 清除率。所有的草洼地设计都必须依照这些标准以确保正确的运行，将系统的性能寿命最大化并确保公共安全。

确认表

—— 洼地设计的横断面符合标准

—— 洼地设计的流动性符合标准

—— 洼地设计的纵切面符合标准

—— 洼地设计的稳定性符合标准

若上面几条均确认完毕，执行下列流程

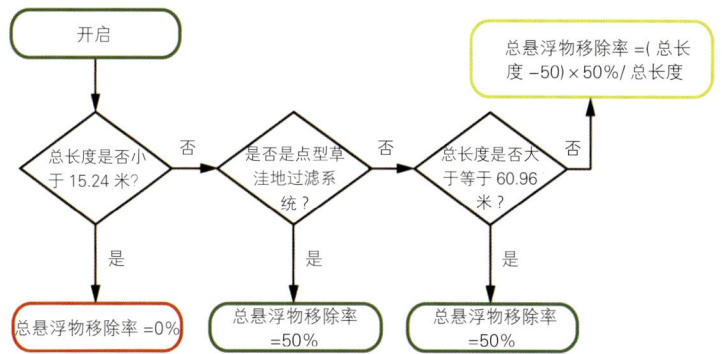

图 9-1 草洼地确认表及常规的流程图

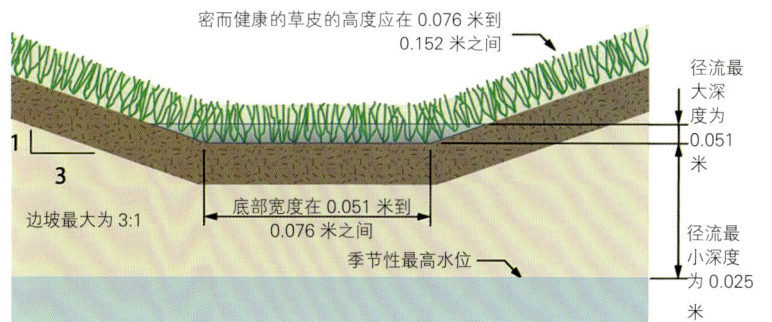

图 9-2 洼地横截面

（1）横截面

• 草丛的高度必须保持在 0.076 米到 0.152 米之间。

• 洼地应该是底部宽度在 0.61 米到 3.048 米之间的梯形或抛物线形。

• 允许的最大边坡为 3:1，推荐的边坡为 4:1。

• 草洼地底部与季节性高水位之间最少要有 0.305 米的距离。

（2）水流特性

• 草洼地中允许的最大径流深度为 0.051 米。

• 草洼地允许的最大流速为 0.274 米。

• 所有的积水 72 小时内从草地的表面排净。

（3）纵截面

• 最小纵向坡度为 2%。若无法满足设计标准的 2% 坡度，则当径流流速超过 0.274 米 / 秒的最大值时，坡度应减少到 1.5%。对于这个降低的坡度，径流中的可渗透物质对于草洼地 72 小时内排水的要求起到关键作用。

• 最大的纵向坡度为 10%。

• 典型草洼地如果要达到 50% 总悬浮物清除率，则其最小长度应为 15.24 米。

• 线型草洼地如果要达到 50% 总悬浮物清除率则其最小长度应为 60.96 米，不过如果分布均匀的话长度小于 60.96 米的草洼地也能达到这个要求。

• 草洼地必须是稳定的并与目前情况相吻合。

9.3 注意事项

若使用草洼地，特别是在当地现有的生态环境中使用草洼地对雨水进行处理需要考虑下列因素。若草洼地附近有落叶树木则需要对草洼地中的落叶、嫩枝、树杈进行额外的检查及维护保养。充足的阳光也是需要考虑的因素之一；草洼地不能安置在树木过于茂密的地方，大面积的树荫会抑制草洼地中植物的生长。安置工艺是另一个不可忽略的需要考虑的因素；使用加固的草皮及防腐蚀垫可以起到保护草洼地的作用，同时可以加强草洼地的稳定性并增加其使用寿命。另外，使用挂钩草皮替代种子可以使植物构建的更快，失误率更低。草洼地的选址直接影响其维护保养的频率；在可视区域内草洼地的可以使其维护保养更容易。若对草洼地的维护保养有长远计划的话，可以考虑下面的维护保养方法：使用增氧机、拖拉机、搂草机、真空处理来保证设计时的深度。在设计草洼地边坡时应将维护保养人员的安全也考虑在内。

9.4 维护

常规有效的维护保养对确保草洼地的性能至关重要，所有与主要相关雨水管理的设备都需要有维护保养计划。这些维护保养计划中需要具备下列要素；草洼地的维护保养有如下要求；这些要求必须包含在包括草洼地维护保养在内的所有维护保养计划中；应包括所有草洼地建造现场的横截面视图。

（1）每年至少对所有的构成部件的破裂、下沉、剥落、腐蚀及老化情况进行一次检查。

（2）每年至少对用于接收和 / 或捕捉杂物及沉积物的部件的阻塞情况进行两次检查。

（3）当草洼地完全干燥后应及时对沉积物进行清除，防止造成植物的缺失。

（4）必须在适当的处理 / 回收场根据本地规定对残骸、垃圾、沉积物及其他废料进行处理。

（5）草洼地植物维护保养

• 当植物种植和恢复时每两周需要进行一次检查。

• 为确保植物的健康，密度及多样性在植物的生长季节和非生长季节应至少各做一次检查。

• 植物的覆盖率必须维持在 95% 以上，如有破坏则需要按照原有的规格进行再次种植。

• 必须根据所在场所的实际情况实施植物的割草 / 修剪。

• 生长季节至少每月对草洼地外部的杂草进行一次清理。

• 草洼地以内的草坪需要精心的进行维护，确保草坪高度在 0.076 米到 0.152 米之间。

• 不修剪草坪或者足够小心的轻微修剪草坪，以防止蚊虫滋生和对草坪的破坏。

• 每年至少对植物区的腐蚀、冲刷、杂草情况进行检查。若出现杂草等非预期的植物生长需及时清除，将对土壤和剩余植物的影响降到最低。

• 如果植物遭到破坏，该区域必须进行补种。若积水超过 72 小时需要采取必要的修补措施：重建恰当的斜坡和 / 或重建土壤层的渗透率。

• 所使用的化肥、农药、机械处理及其他的措施应确保草洼地的性能不被损害。

第 10 章 地表下砾石湿地

在雨水公园的设计中，地表下砾石湿地是用来解决径流对土地开发的影响。

这一类型的雨水设施由地表沼泽及地表下砾石层组成。在沼泽表面通过过滤、生物吸收和沉积的方式对径流中的污染物进行处理。径流从沼泽表面垂直通过，经由饱和砾石层的多孔管直接连到沼泽表面底部。随后径流横向通过砾石层，在砾石层对污染物进行化学转换（特别是脱氮）处理。脱氮是通过微生物进行多个步骤将径流中的含氮化合物转换成氮气的过程。氮气通过土壤进入大气层，从而使系统中不再含有氮气。除了可以去除污染物以外，该系统还可以为野生生物提供栖息地并提高该区域的美感。

然而，设计这些系统的首要目的是处理雨水径流问题，所以它们不应该建立在自然湿地地区，这使它们无法具备全方位的生态功能。

10.1 设计目标与应用范围

最大化的协助地表下砾石湿地的设计：以保留及种植原生植物，最大限度的减少使用草坪、化肥和农药来维护景观。

设计标准必须符合最佳管理措施中规定的 90%TSS 及氮气清除率的要求。所有的地表下砾石湿地的设计都必须依照这些标准以确保正确的运行，将系统的功能寿命最大化并确保公共安全。

10.2 设计标准

（1）径流侵蚀控制

径流排放管道中排出的径流不能对砾石湿地系统（特别是径流产生的区域）造成侵蚀。在雨洪频发地区及高流速地区，坝体结构中的支流管必须是防侵蚀的。

（2）植被

• 湿地植物的多样性及耐寒性需要满足污染物清除的要求。

• 湿地的最小植物密度为 85%。

（3）水利调控

• 在地表下砾石湿地系统中的每个湿地单元必须能容纳 50% 的雨水径流。

• 湿地单元中允许最大水深值需要超过湿地土壤 0.610 米。

• 表面积水必须在 72 小时内排尽。其他部件表面应尽量避免 72 小时后仍有积水的情况；若无法避免，则需要在积水顶端布置障碍物防止蚊子进入。障碍物可由泡沫、网格状物体或其他类似材料构成。对水利系统进行评估时需要对障碍物对径流流速的影响或堵塞的因素进行分析。对所用阻碍材料最少进两个安全因素分析。

• 必须对经过湿地土壤的穿孔径流升流管进行固定，防止排出的径流进入到周围的土壤中。

（4）独立单元层

• 表面湿地单元土壤的最小深度为 0.203 米。

• 介于湿地土壤和地表下砾石单元的传输层最小深度为 0.076 米。

• 砾石单元至少有 0.61 米，目的深度是由 0.019 米的碎石填充的。

• 每个砾石单元中的进水口与出水口的最小距离为 4.572 米。

（5）渗透性

砾石层的底部需要内衬防渗透材料，防止径流流入相邻的地下水或导致地下水水位下降。土壤的防渗透性可以满足防止砾石单元中径流中的混合物流进毗邻的地下水中的地区，在砾石的底部高于季节性最高水位 0.305 米的径流可以忽略不计。

（6）排水结构

• 地表下砾石湿地主要依靠完全饱和的砾石层进行氮化处理。需要注意的是排水结构并不是吸入口，因此当排水口被淹没时，必须保证通风或设计成不可排放的。

• 所有液压排水结构在设计时需考虑所有与下游水道或设施有关的因素，包括排水结构最低出水口位置或在雨洪区域下面的排水结构接收径流的洪峰高度。地表下砾石湿地可作为独立系统使用。

• 所有的地表下湿地必须能将径流安全而稳定的传输到下游的排水系统中。当出现溢水时，排水结构必须具备安全而稳定的排水性能。在低梯度地区安全而稳定的排放最少量的腐蚀物和雨洪。

• 地表下砾石湿地必须有排水管，必要时可以实施排水和反冲。这些排水管必须接入排水系统的可封闭阀进行控制。

10.3 注意事项

若使用地表下砾石湿地处理雨水则需要考虑下列因素：

（1）场地限制

可以满足水下砾石湿地的回流要求，并确保符合当地的规定。

（2）渗透性

地表下土壤的防渗透性需要满足防止地下水进入到地表下砾石单元的要求。在无法满足这个要求的地区，需要使用防渗透隔离带来达到要求。防渗透隔离带的安装对于整个系统的长期稳定运行有着至关重要的作用，所以实施前需要做好设计评估。

（3）植被区

• 本地物种是首选，但是选择植物时要以建成一个健康植物群落为目标。

• 所选的植物必须能适应包括并不限于深水和洪水在内的多种环境。

• 植物多样性能有效的降低因单一种植而导致的病虫害的风险。

• 湿地中有丰富的植物根茎和种子，能增加植物群落的多样性和生长速度，有助于植物群落的发展。不过在湿地护根中经常会有不可预知和不在规划中的物种被进入。如果使用湿地保护根系，应在生长季之后采集并在使用前一直保存湿润的环境中。

• 最初的种植阶段必须禁止野生动物进入地表下砾石湿地；同时应考虑部署如防鹿围栏、麝鼠陷阱、预防候鸟迁徙至此的预防措施。

（4）细菌

为实现脱氮作用需要有只在缺氧环境中存在的细菌。另外脱氮过程需要碳源，这里的碳源指的是表面单元中的湿地植物。因为有脱氮的要求，所以在系统运行之前湿地植物需要完全就位。通常情况下，一个生长季可以提供足够的时间来满足植物区建立细菌的滋生。

（5）预处理

• 所有类型的地表下砾石湿地中都需要进行预处理。预处理可以降低径流流速并过滤其中的沉积物和杂物。

• 预处理可以在前池中进行。

• 鉴于前池与总悬浮物的清除率并无关联，因此在任何设计中它们都是用于维护保养的。前池可以是土制、石制或混凝土制成的，但它们都必须符合下列要求：

前池的设计必须防止接收因冲刷而溢出前池的水流；前池应可提供流量 10% 的最小存储值并且前池的尺寸应满足对沉淀物的存储及清除的预期值；前池应在 9 小时内完全排尽积水以便进行维护保养，同时要注意预防蚊子的滋生。任何情况下进行沉淀后 72 小时内前池不应有积水；如果使用混凝土制作前池，它必须至少有两个便于进行低水位排水的排水口；径流排放管道中排出的径流不能对砾石湿地系统（特别是径流产生的区域）造成侵蚀。在雨洪频发地区及高流速地区，坝体结构中的支流管必须是防侵蚀的。

10.4 维护

常规而有效的维护保养对于保证地表下砾石湿地的性能是至关重要的，另外所有的雨水管理设施的维护保养计划应与主要的措施相关联。具体的维护保养要求如下（这些要求必须包含在维护保养计划中）：

（1）日常维护注意事项

• 清洗管道。

• 需要一个高于地表下砾石层底部至少 0.076 米的排水管阀门。

• 雨水公园的运行及维护保养手册中需要明确写明所有阀门的维护保养计划，另外需要写明除了执行如临时降低水位或反冲等特殊措施时所有的阀门需要保持关闭状态。

• 在植物区建立的最初阶段需要一个用于维持必要水量的可调节的排放口，当植物区建成后这个排放口的水位必须维持在高于湿地沙土底部 0.102 米的高度。

• 可锁的排水管道具有允许湿地单元中水位下降及反冲的功能，并且这些排水管必须是易操作的。

• 每年至少对所有的构成部件的破裂、下沉、剥落、腐蚀及老化情况进行一次检查。

• 每年至少对用于接收和/或过滤杂物及沉积物的部件的阻塞情况进行两次检查。

• 如预处理区有前池，当沉积物累积到 0.152 米或导致前池容量损失 10% 或暴雨结束 9 小时后前池仍有积水时则需要进行清理。

• 在合适的处理/回收场对杂物、垃圾、沉积物及其他废物进行处理。

（2）植被区维护保养

• 当植被种植和补种时每两周需要进行一次检查。

• 为确保植物的健康、密度及多样性，在植物的生长季节和非生长季节应至少各做一次检查。

• 根据当地实际情况需要对湿地实施修剪，对于周边草地在生长季节至少每月进行一次除草。

● 每年至少对植物区的腐蚀、冲刷、杂草情况进行检查。若出现杂草等非规划的植物需及时清除，使对土壤和其他植物的影响降到最低。

● 植物的覆盖率必须维持在 95% 以上，如损毁范围超过 50% 则需要按照原有的规格进行再次种植。

● 湿地单元中的植物至少每三年，最多每一年收割一次，防止腐烂植物产生氮气。

● 所使用的化肥、农药、机械处理及其他的措施应确保地表下砾石湿地系统的性能不被损害。

● 需慎用杀虫剂，因为砾石湿地表面需要维持健康的细菌群落来保证系统的正常运行。

● 对占主导地位的植物种类及分布每半年需要进行一次检查，原有植物和栽种的植物需要达到满足原始湿地设计。

（3）排水时间

维护保养手册中应明确规定表面湿地的大概排水时间。如果实际的排水时间与设计的排水时间存在明显差异，必须用液压控制的部件进行恰当评估及测试以便将湿地的排水时间恢复到要求值。

摘自美国《新泽西州雨洪管理手册》

www.njstormwater.org

马丁·路德·金公园

项目地点： 巴黎，法国
景观设计： J.Osty 景观设计事务所，弗朗索瓦·格雷瑟班尼斯特事务所，OGI 工程师
竣工日期： 建设中
摄影师： 杜布瓦·弗雷斯内，马丁·安德鲁，AJOA 事务所
面积： 10 万平方米
预算： 第一期 1490 万欧元，第二期 308 万欧元

马丁·路德·金公园是伟大的克里希·巴蒂尼奥勒城市项目的一个组成部分。该项目开工于 2003 年，由城市项目管理团队：J.Osty 景观建筑事务所、佛朗索瓦·格雷瑟班尼斯特事务所和 OGI 工程师设计。在最初的研究阶段，该项目地址曾被选为奥运村建筑地址，当时巴黎是 2012 年奥运会的候选城市。自那时以来，该项目一直保持其大部分主要设计准则。该项目位于巴黎西北部，处于铁路网络站点，是巴黎市最近大型的土地储备之一，致力于为现有城市结构增加一个 455 万平方米的新区。它将在 10 万平方米的土地上建造 3500 套房屋单元，集办公、商业、设备和公共服务于一体。

这是自 20 世纪 80 年代以来继 1982 年伯纳德·屈米设计的拉维莱特公园和 1985 年吉尔斯·克莱门特的雪铁龙公园之后建造的第三个新公园。至 2015 年完工后，它将成为巴黎公园大家庭中的一员。公园的几何形状向长处延伸，体现了铁路线的方向，平行于主铁路网，向南垂直于卡迪街。绵延的设计为栽培和多样化组织提供了战略优势。每个主题都有它们自己的风格和功能，无论你在平地上沿着长长的直线行走还是漫步在弯曲的小径，你都会有各种各样的空间情感体验。这些蜿蜒的小道与一个矗立在景观美化而非功能性地形上的浮雕相呼应。

这个公园设计的特色是安装一种可感知的秩序感，这种感觉给用户带来愉悦，同时带来多样化的氛围和用途，以及多种活动和空间情感：

公园 1 期航拍图。先前铁路区域与巴黎主要铁路站相连，场地近乎平整。现在的视角营造不同氛围并且引导水系统中的雨水流向。

迷恋于游戏，身体体会到极大愉悦；观看自然季节风景变化，眼睛充满欢喜；面对生物技术管理，思想得到满足。雨水管理是真正的生活元素工程学。

整个公园里的水呈现出不同的形式：技术性的、景观美化的、环境的、嬉戏的。技术方面主要体现在雨水的收集和储存，以及以灌溉为目的而进行的雨水再利用。雨水通过以下两种类型的系统收集：

• 种植沟渠。

• 石头或金属水槽。

该系统将雨水收集到一个 1500 立方米的储水罐。在干旱时期，风车将水从池塘里泵出水，以保持沟渠里的水分。

公园的中心处有四个生活小区池塘，占地 9000 平方米，以塞纳河为水源。塞纳河的水流入第一个池塘，然后经第二、三个池塘过滤，最后一个巨大的瀑布为流向第四个池塘的水提供氧气。在泉水广场，储水罐的上部具备嬉水功能，给儿童也给成年人带来乐趣。未来城区的城市形态在公园各处相结合。在城市发展开拓方面，该公园有助于巴黎形象的转型，也突出了新社区的城市特点。

50

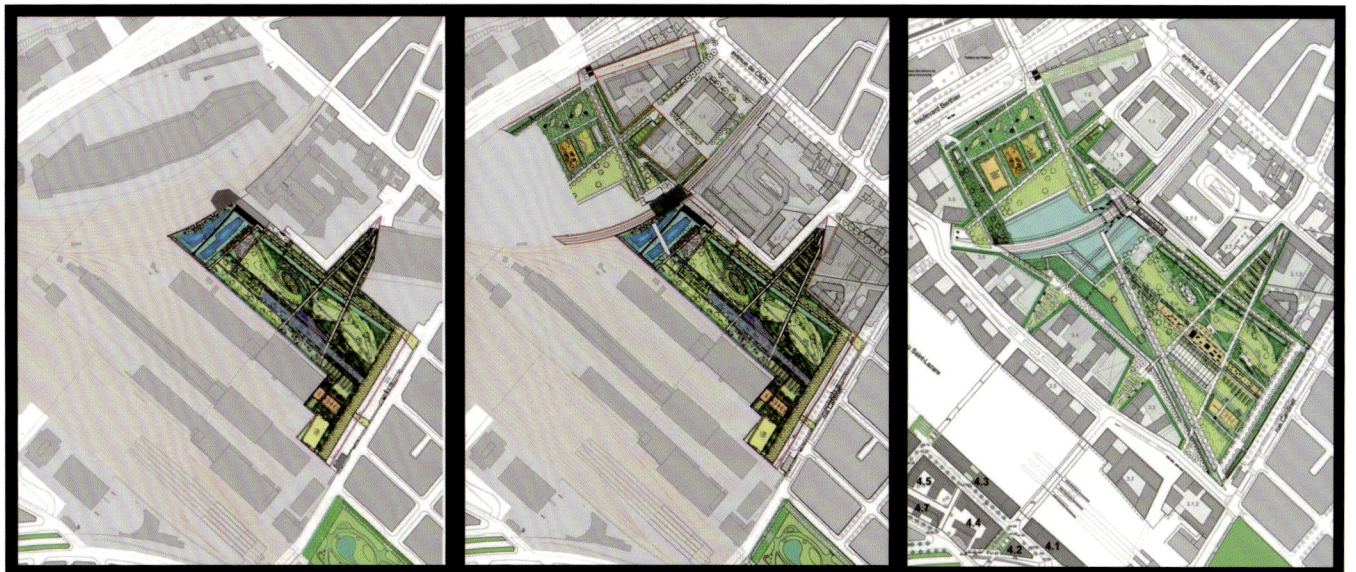

2007
2014
建成后的公园

公园的各个建设阶段

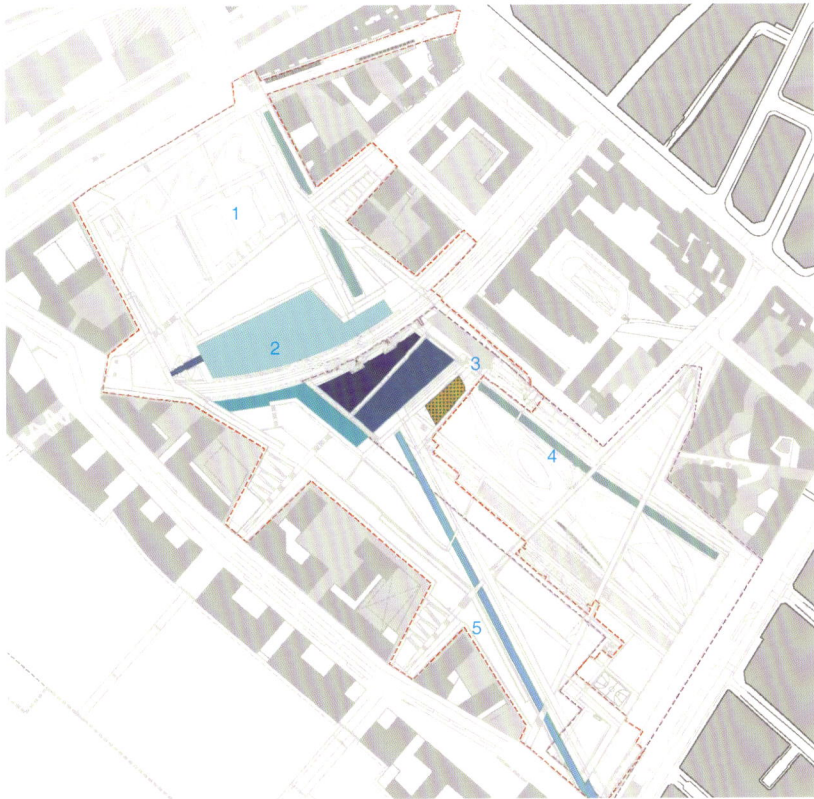

公园不同水元素应用

1. 水渠
2. 生态水池
3. 戏水喷泉
4. 干渠
5. 植物渠

雨水系统

1. 护城河
2. 储水池
3. 湿润区
4. 雨水收集池

A. 倾斜池
B. 倾斜池
C. 倾斜池

对页：公园一期景色。早期是一个铁路区域与巴黎主要铁路站相连。该场地地形平整，改造后可提供不同景色，并且可以引导雨水流入整个水系统。

下图：二期中的主要水池，植物现在已经长成，发展为完整的生态体系。

上图：2014 年秋天的主水池景色
对页：在主水池中，木制甲板连接建筑物，给人们提供良好的沐浴阳光的场所。甲板与木制过道相连穿过水池，与水景融为一体，为慢跑的人群提供场所。

水利图

A 池
功能：引水

B 池
功能：引入有益菌

C 池
功能：分解

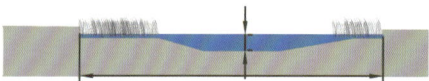

瀑布   D 池
功能：供氧   净水

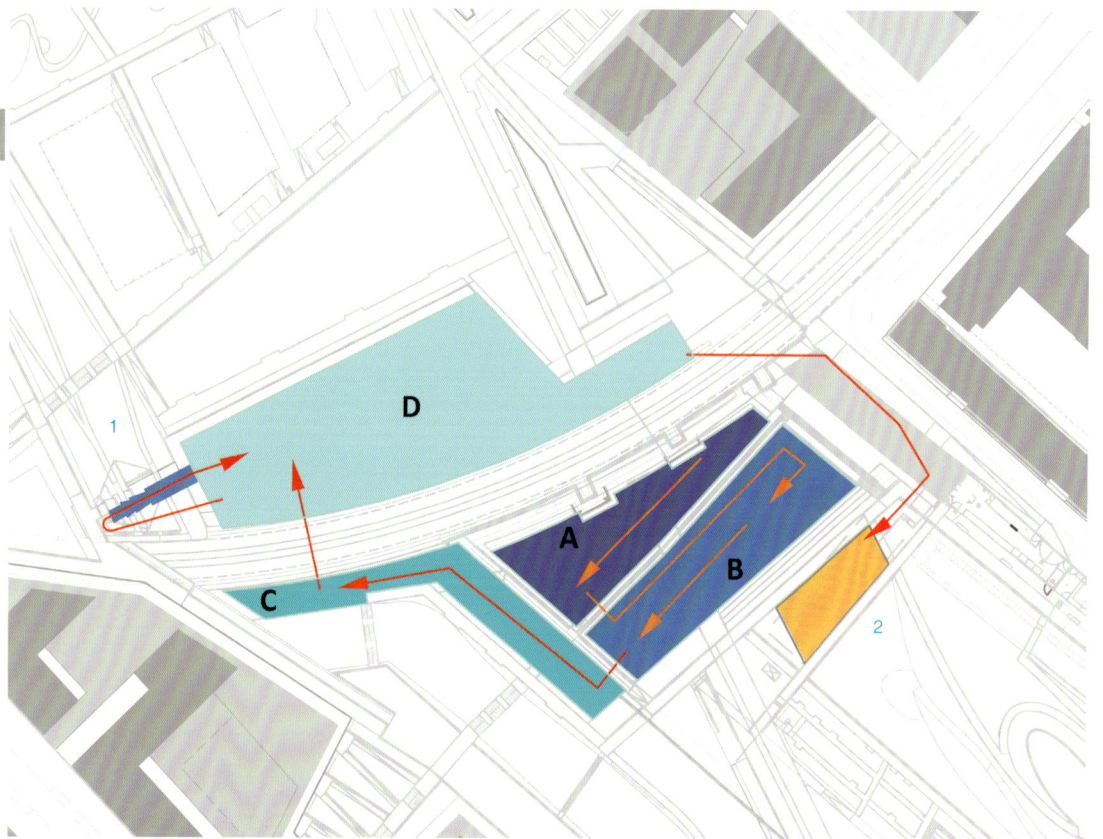

1. 层叠小瀑布
2. 弯曲水槽

水沟收集公园中小路的
雨水。植物选择适应性强
的种类，可随季节变化提
供不同观赏特点。

水池功能
游乐区

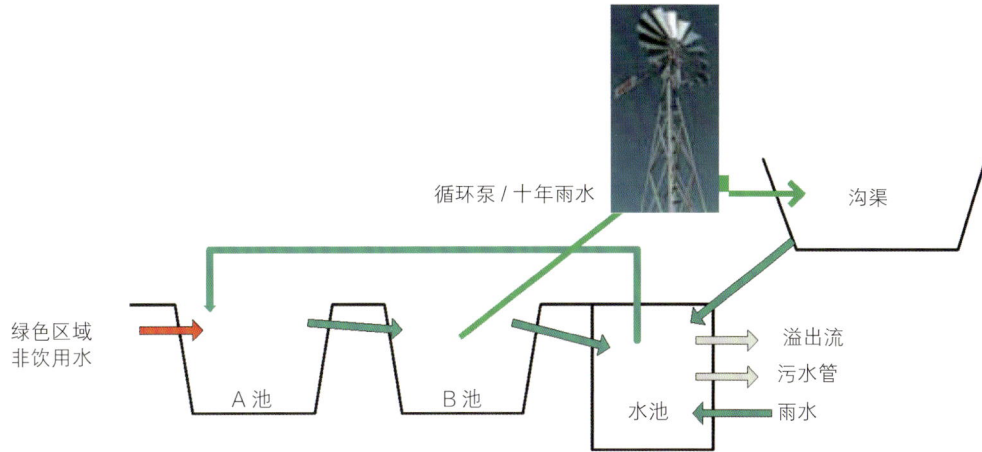

循环泵 / 十年雨水　　　　　　沟渠

绿色区域
非饮用水

A 池　　　　B 池

水池

溢出流
污水管
雨水

风车水渠

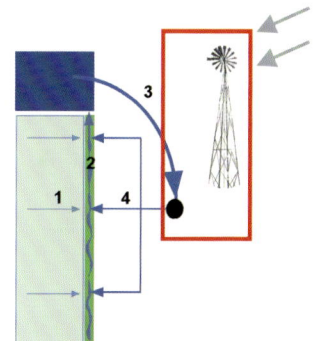

1. 植物床
2. 水渠
3. 草坪
4. 小路

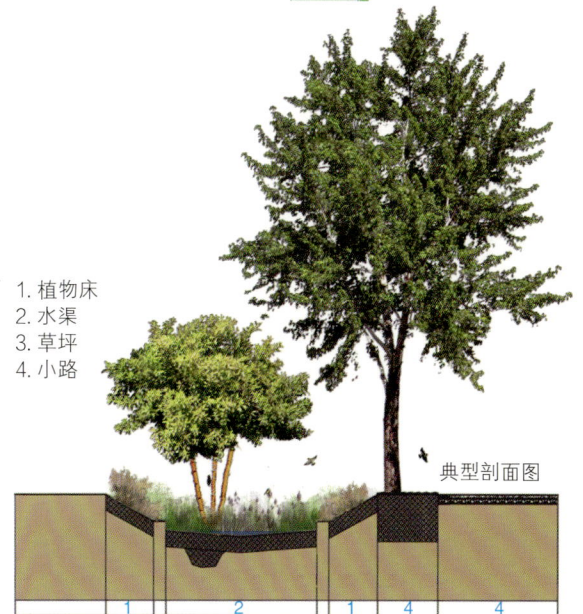

典型剖面图

雨水回收系统上的排水沟

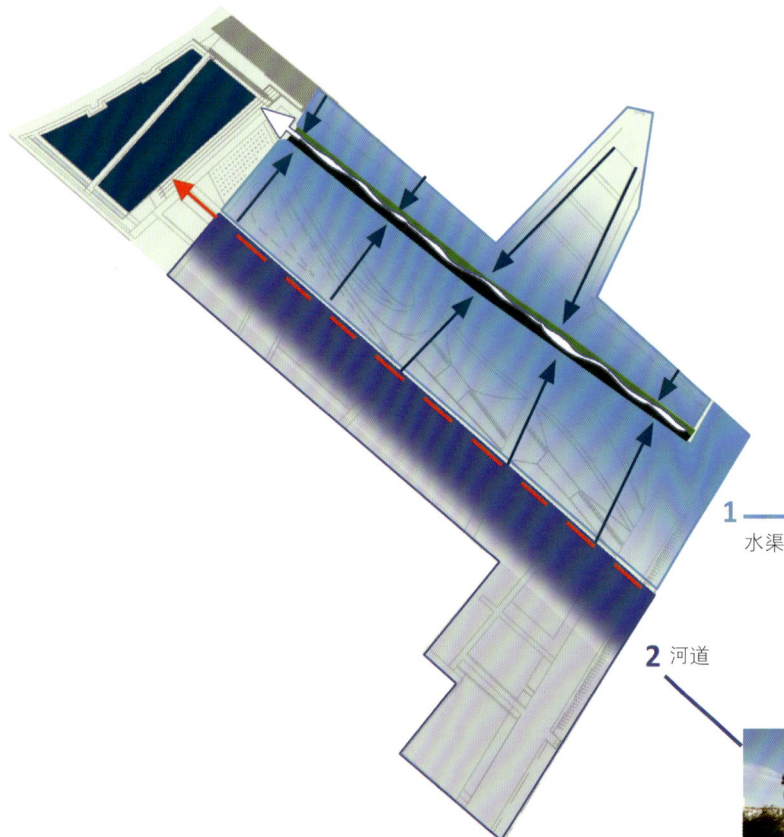

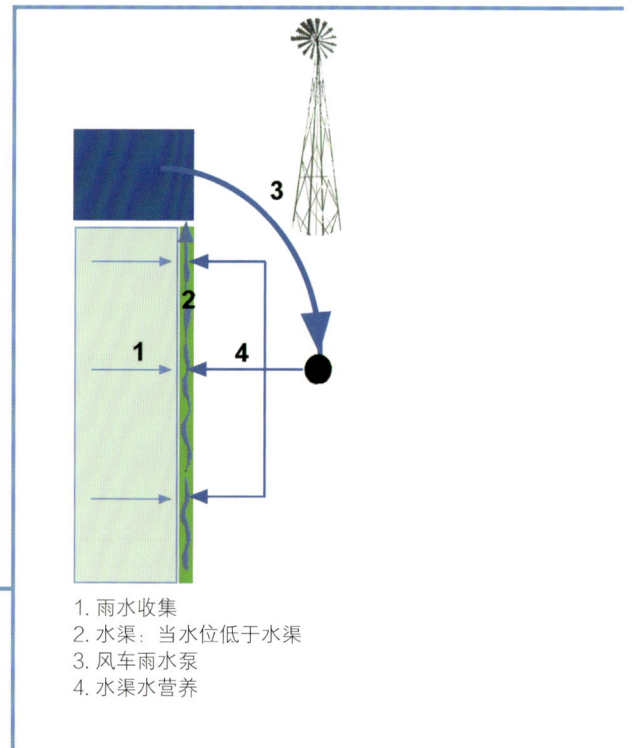

1 水渠

2 河道

1. 雨水收集
2. 水渠：当水位低于水渠
3. 风车雨水泵
4. 水渠水营养

建成公园：集水区（A＆B），两条集水线路（河道和水渠）
A. 风车水渠

1. 排水沟岸
2. 草丛
3. 金属条板
4. 双重弧线的排水沟
5. 多变缓坡
6. 压实的沙子
7. 排水沟和树之间的空地
8. 沙子厚4厘米
9. 混凝土地基
10. 地基
11. 沙子

排水沟铺装

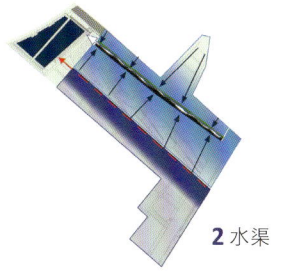

2 水渠

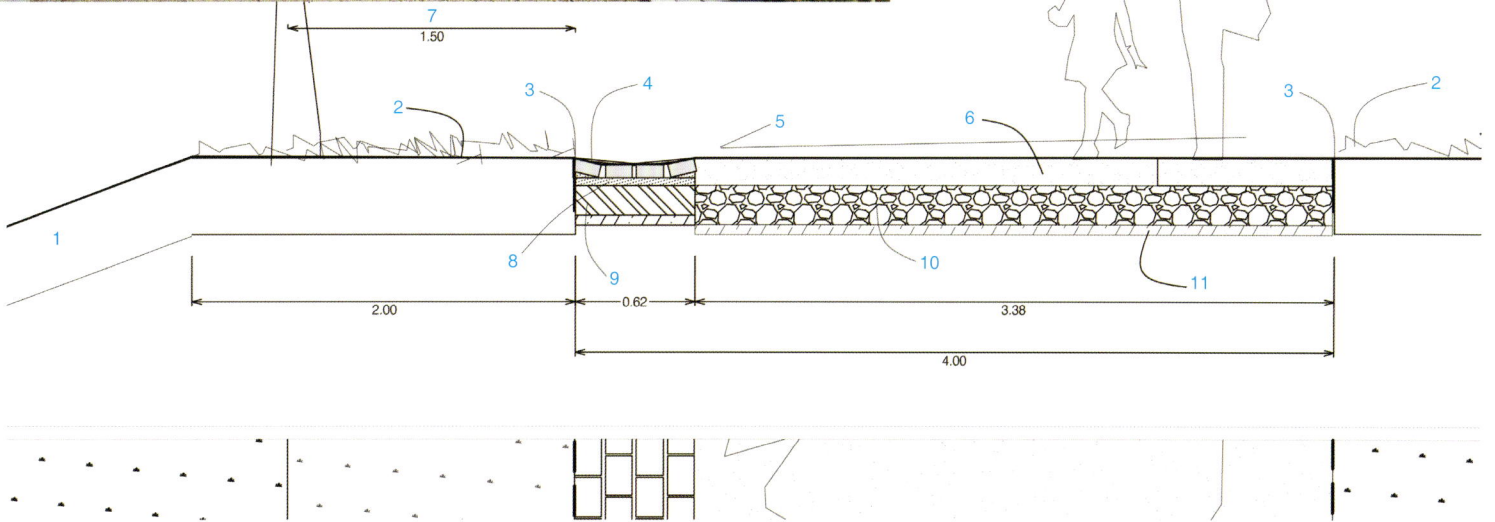

金属槽排水沟

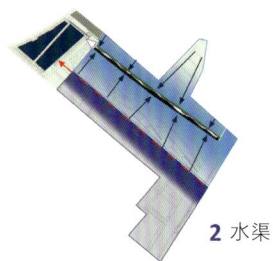

2 水渠

1. 沥青2厘米
2. 铺设10厘米
3. 混凝土道2.80米 就地浇混凝土板
4. 50米x1.50米隔开金属板
5. 生态波型角落
6. 基础为15厘米

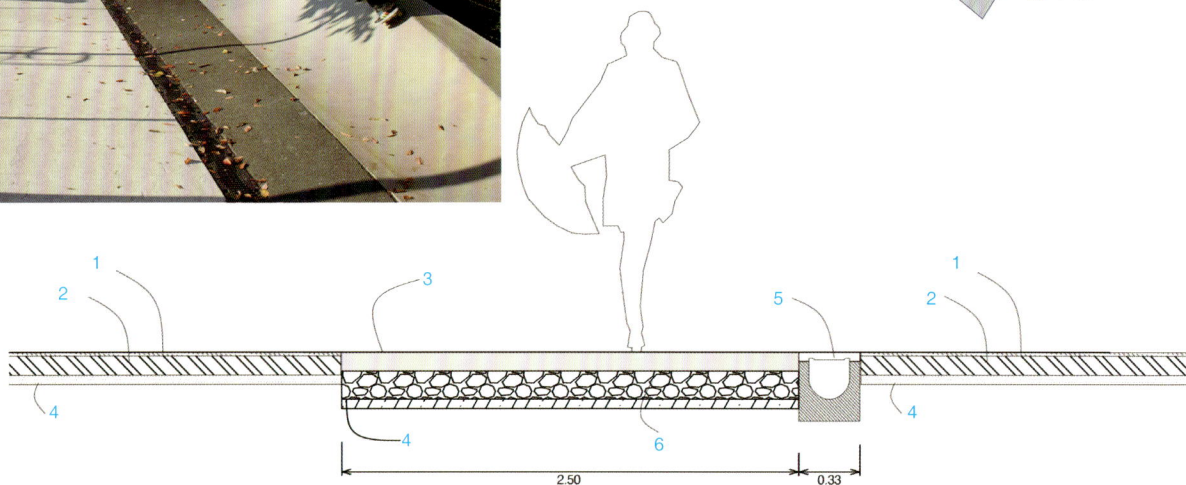

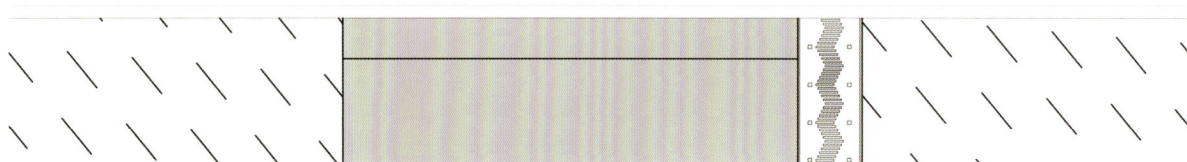

2.50   0.33

上图： 滑冰区域，拐角有铁制波浪形状，可以收集雨水，由于是活动区域，所以设计为闭塞的体系。

下图： 水沟在春天的景色。除了水特点，季节更替也为公园增添许多光彩。

对页上图： 金属U型排水沟，另一个雨水收集系统。处于更加密集的植物区域，采用开放的水沟避免被落叶阻塞。

对页下图： 采用耐旱植物的干花园与该场地的铁路相连。

U型金属水槽

2 水渠

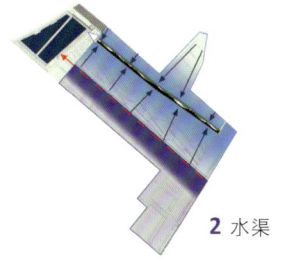

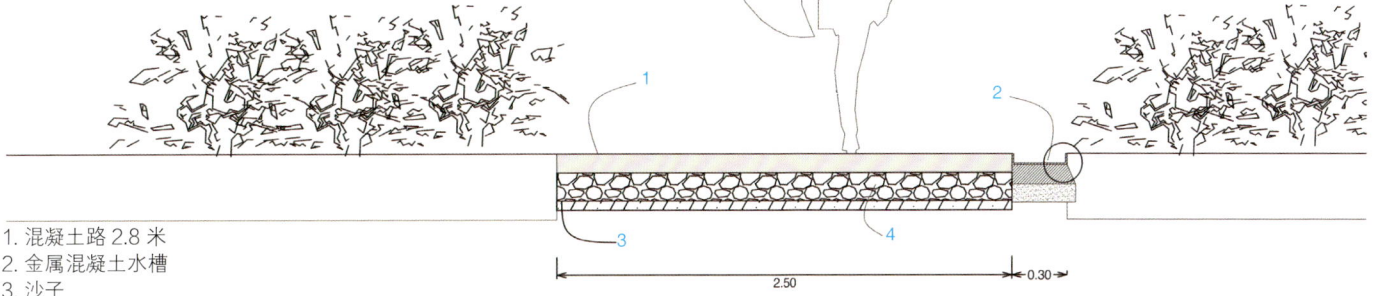

1. 混凝土路 2.8 米
2. 金属混凝土水槽
3. 沙子
4. 碎石基础

2.50   0.30

楼梯连接公园
一期和二期

上图、下图：公园为巴黎市提供了十分自然的城市环境

吴淞滨江区

项目地点: 昆山，中国
景观设计: SWA 景观设计公司（Hui-Li Lee, Chih-Wei G.V. Chang）
竣工时间: 2012（一期工程）
摄影师: Chih-Wei G.V. Chang, Jack Wu, 汤姆·福克斯
面积: 95 万平方米
客户: 华侨经济开发区项目建设管理局
获奖: 美国风景园林师协会专业奖——分析和规划类荣誉奖；美国工程公司委员会银奖

设计团队提议建设水处理景观基础设施来应对亟待解决的水污染问题。工程的第一阶段致力于改善水质问题，工程报告指出水质改善后可能会使滨江沿岸植被与生态栖息地得到恢复，还会使休闲娱乐及社会项目得到整合利用。工程项目的终极目标是治理已经退化的供水网络，使其满足人们生存发展上的需求。项目的首席景观设计师与其咨询团队在接到委托任务之后，进行了长达一年的综合性分析与调研。该调研团队汇集众多专业人才，包括水质专家、湿地生物学家、水文工程师、建筑设计师以及开发商。一期工程占地95万平方米（235英亩）主要集中在滨江沿岸关键的U型地段，工程建设从上游的水处理试验区开始。

整体的设计规划过程：场地勘查发现这里遍布着原来一座砖厂留下的基坑，由于毗邻地块的地表径流未得到有效治理，致使砖厂旧址被水所淹没。然而，对大多数滨江项目而言，河水并不可用。设计师确立的处理流速可以对五级、四级与三级水质进行处理。他们认识到湿地单独处理的局限性。为达到理想的水质目标，设计师将消极水处理技术（湿地水处理）与积极水处理技术（曝气池系统）进行整合。

作为一种独特分析设计过程的组成部分，目前在建的水处理园区包括一系列试验项目。设立试验项目的意义在于在特定地点对已建的部分设施进行监控，所取得的信息还可以为将来各施工阶段提供优化性指导意见。规划试验项目的特殊意义还体现在如下方面：确定水量预算、泵控制、了解植物定植与预期中的季节更迭所产生的影响。因此，将规划过程与设计建设理念相结合会使最终的建设项目变得更加充实与完善。

现状

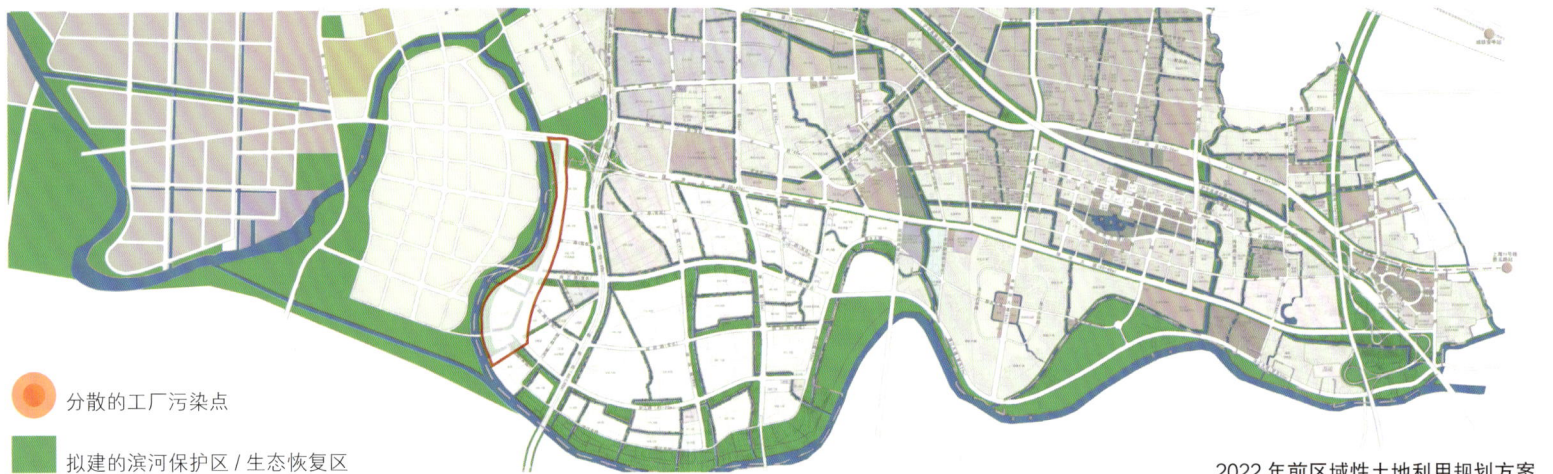

● 分散的工厂污染点

▇ 拟建的滨河保护区 / 生态恢复区

2022 年前区域性土地利用规划方案

沿河廊分布的分散污染源，重新调整土地规划利用方案建设规划开发与保护区。

水处理实验项目的选址位于滨江开发地的上游区域，所处理的水既有河水也有城市排放的雨水。该处理系统模拟各种自然处理过程，它就像是河流的肾脏，清除河里的淤泥与治理排入河流上游的工业废水，为园区下游更广阔地区带来优良水质。该系统利用一系列的水槽、水池与水渠进行固定、过滤、曝晒及交替进行有氧无氧生物处理，最后将污染物剥离并去除。

这种目标驱动型水利设计或工程设计深入探索了能达到水处理目标的种种景观基础技术，包括预估滞留时间与流速、通过分梯级操控流速与流量及防止停滞的种种方案。为原设计提供的"改进"方案包括：将水处理间重新按照现有场地外形轮廓进行设计，为确保水土保持进行充填法开采。比如，将基坑保留后用于曝晒系统中，将

水槽和水渠按梯级设置，并把水流路线尽可能的延长，让湿地植物成为污水的过滤网。尽管净化过程经过了精确设计，但其设计还必须体现出灵活性，以应对干旱或洪水等恶劣条件。栽植的植物既要考虑到植物的空间属性，还要考虑选择策略上的演替性，比如净化型植物需要富含营养的水质，但一旦水质得到改善，该类型树种就要被其他类树种所代替。

新设计出的水处理系统也要考虑使用者的经验，更要强调公共教育的重要性。在试验项目的最初阶段创建的湿地水处理园，园中的水处理池与处理渠依据各自的功能被分别设想成一系列的花园和露天区。例如，沉积池也被设想成一种倒影池；水处理渠设想为石头花园，也是鸟类秘密栖息地；曝晒过程也被艺术性地表现为涟漪和泡

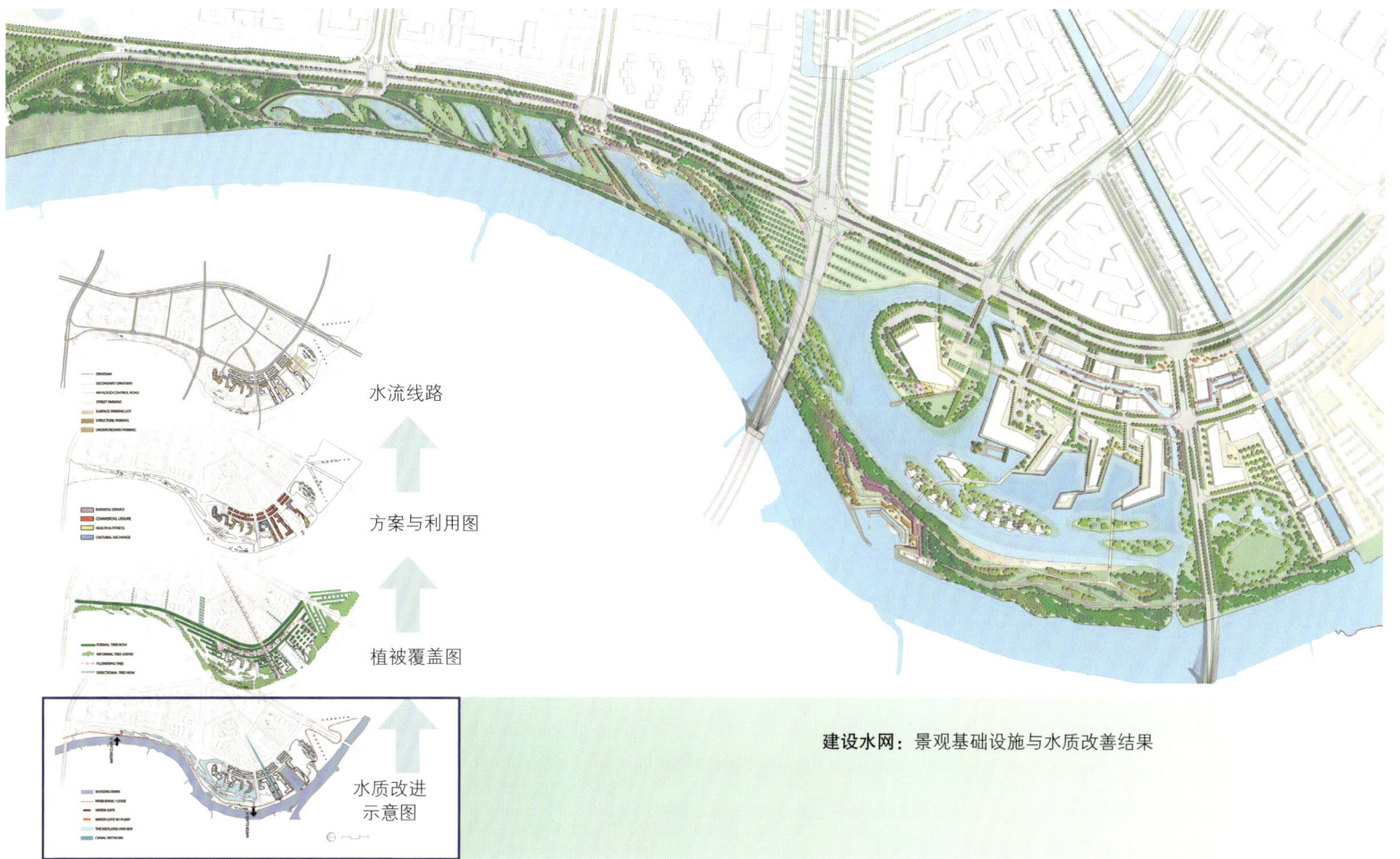

水流线路

方案与利用图

植被覆盖图

水质改进
示意图

建设水网：景观基础设施与水质改善结果

沫池。围绕着湿地水处理园建造的散步长廊连接着各种各样的规划场地与别具一格的景观物，展示了水净化的一系列过程。在此意义上，这里的景观设计展现了一种教育认知体验，人们可以以非常清楚直观的方式见证整个水净化过程，而这种水净化过程并不同于典型的封闭式管道水处理过程。

水处理系统将作为沿江责任发展模式的典范，它以一种建筑设施形式为本地区引入湿地建设技术，拓宽了人们对设计景观的认知。设计景观不再是消极装饰性质，而是以积极的复杂系统来修复生态环境系统，促进生态系统发生改观。试验项目实施以后，还为周围地块带来了巨大的价值。

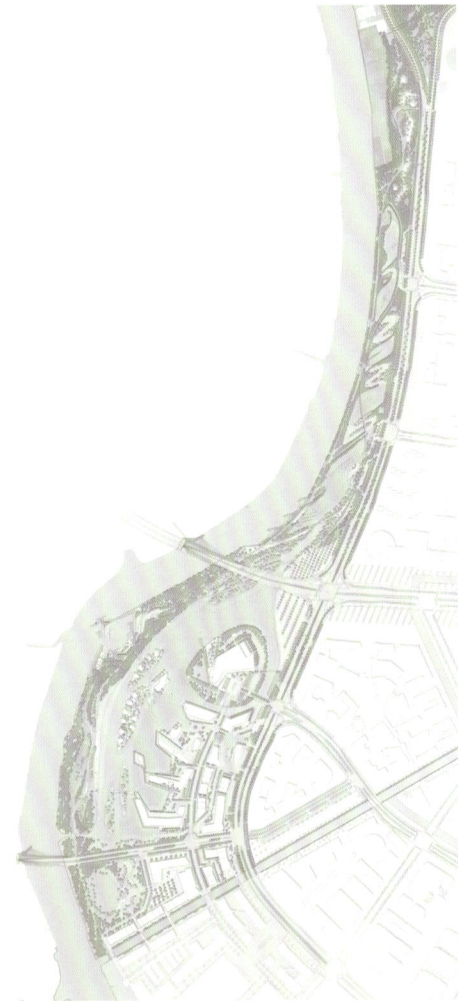

近水景观与游人

1. 湿地公园水处理

2. 吴淞滨河游乐园

3. 内湾近水活动

4. 滨河商业步行街

景观基础设施提供了居民亲水休闲的机会，增加了未来开发的商业前景，重建华侨水乡独有的风姿。

河岸鸟瞰图

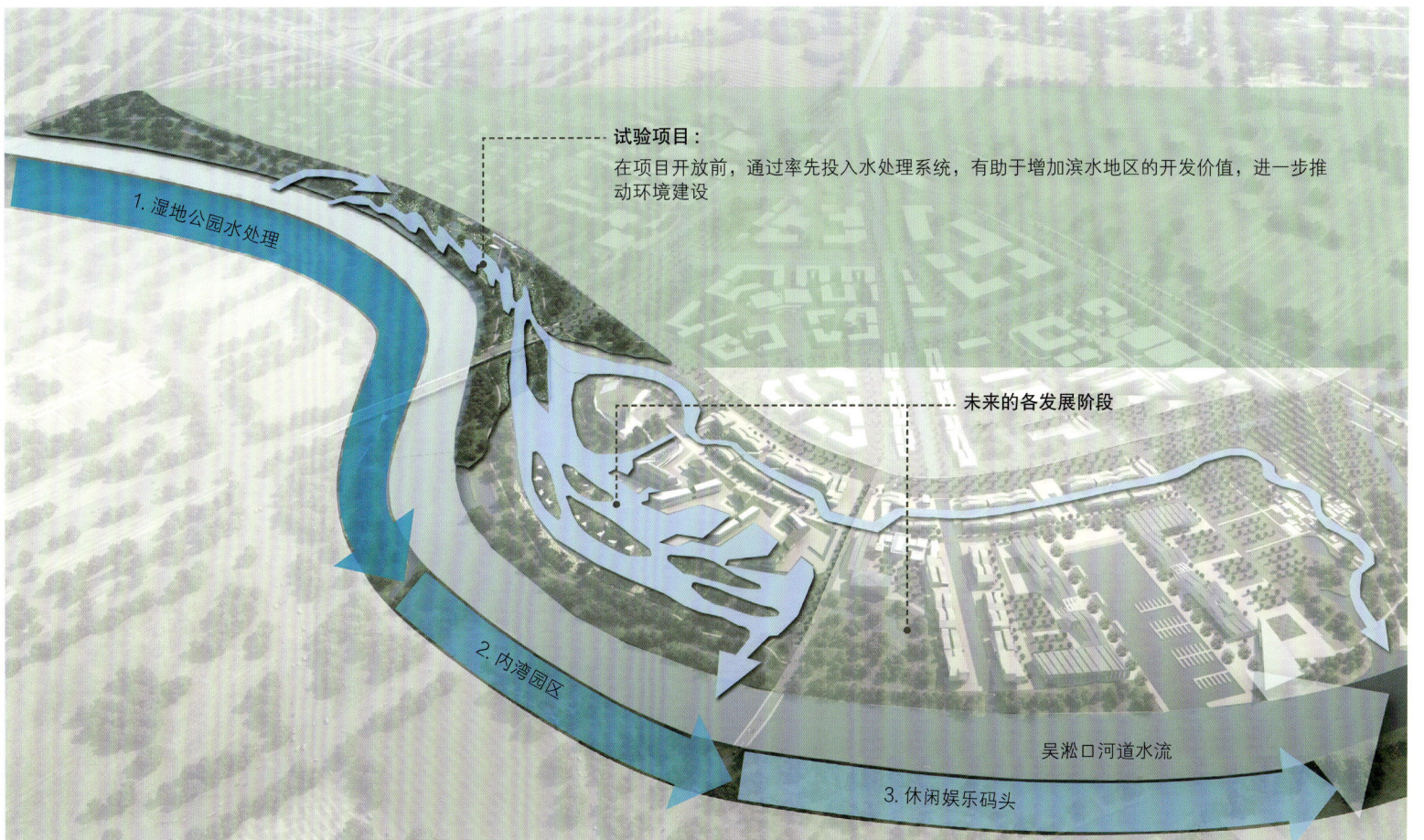

试验项目:
在项目开放前,通过率先投入水处理系统,有助于增加滨水地区的开发价值,进一步推动环境建设

1. 湿地公园水处理

未来的各发展阶段

2. 内湾园区

吴淞口河道水流

3. 休闲娱乐码头

场地净化改装程序

河水五级水质

沉积池

深水曝气池

浅水处理渠

滨水岸边

净水过程

流入河湾三级水质

水流循环

降雨

蒸发

散发

吴淞河上游

地表水：内水

吴淞河下游

蓄洪区

蓄洪区

湿地

湿地

吴淞河

地下水补注

地下水补注

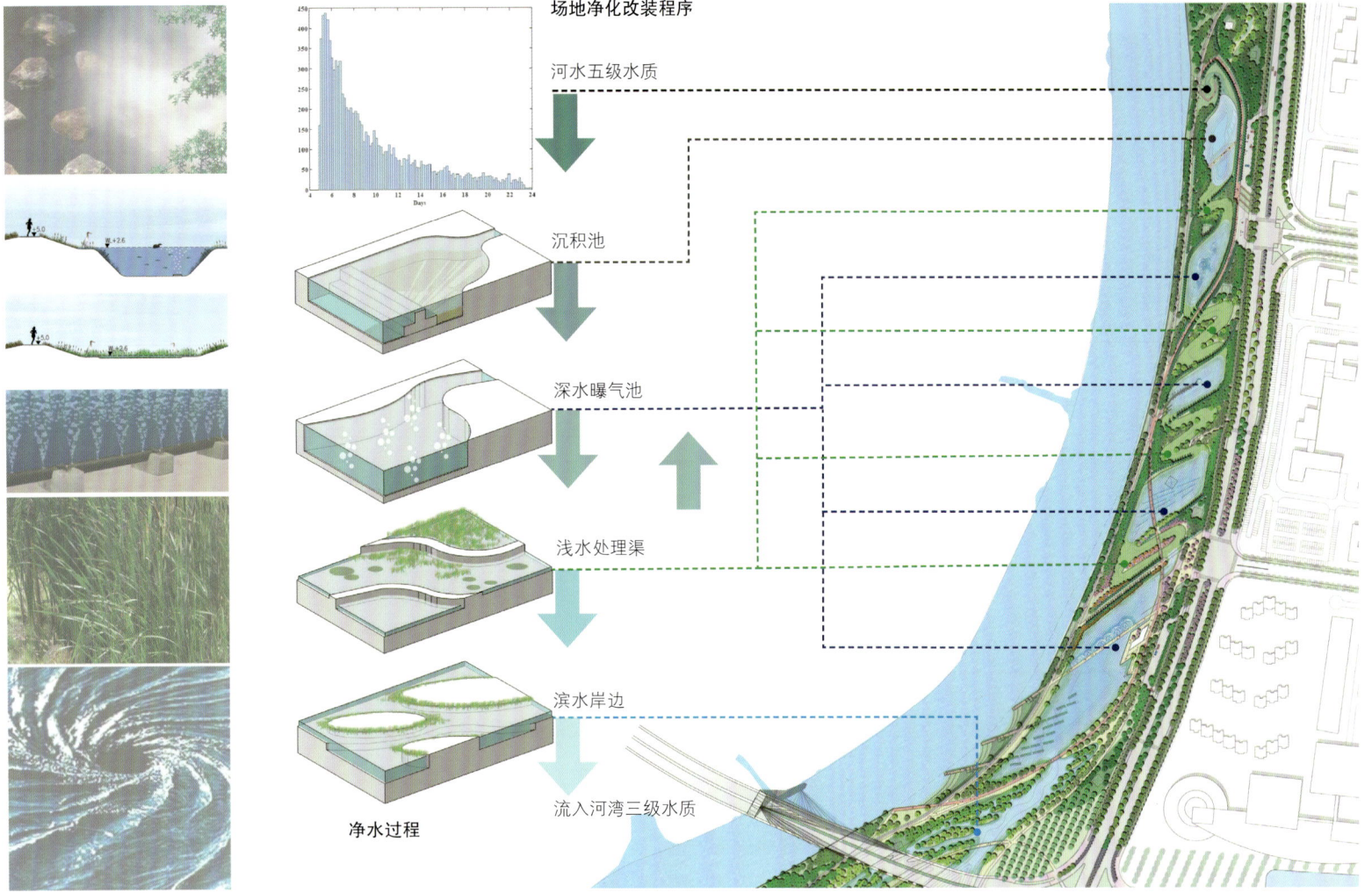

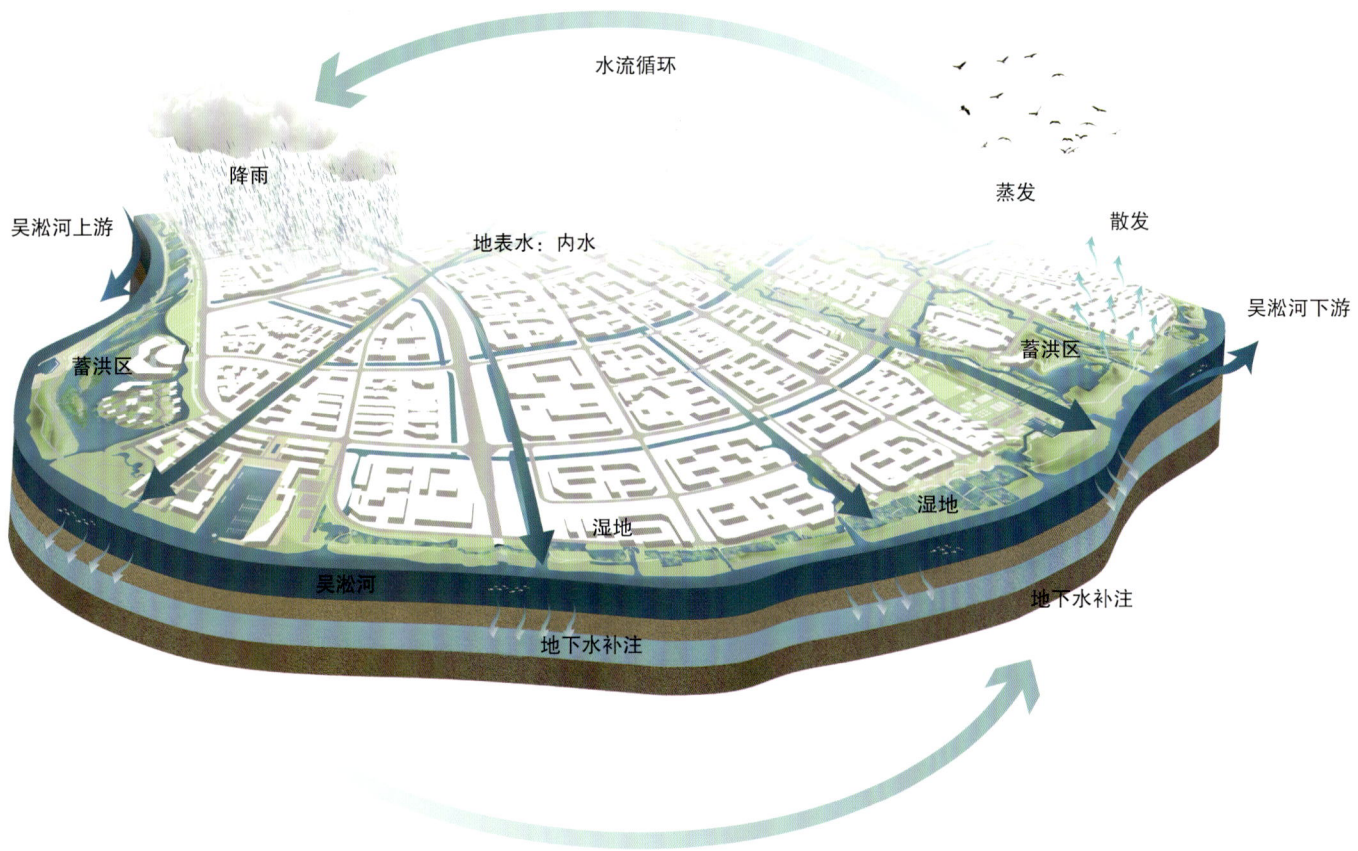

对页上图：水景设施为人们提供亲水和戏水的地点

进行水处理过程知识的公众教育

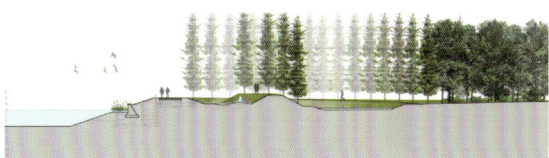

入口水景（控水）

倒影池（沉积）

鸟临时栖息处（水处理渠）

气泡池（曝气）

教育馆

滨水岸边

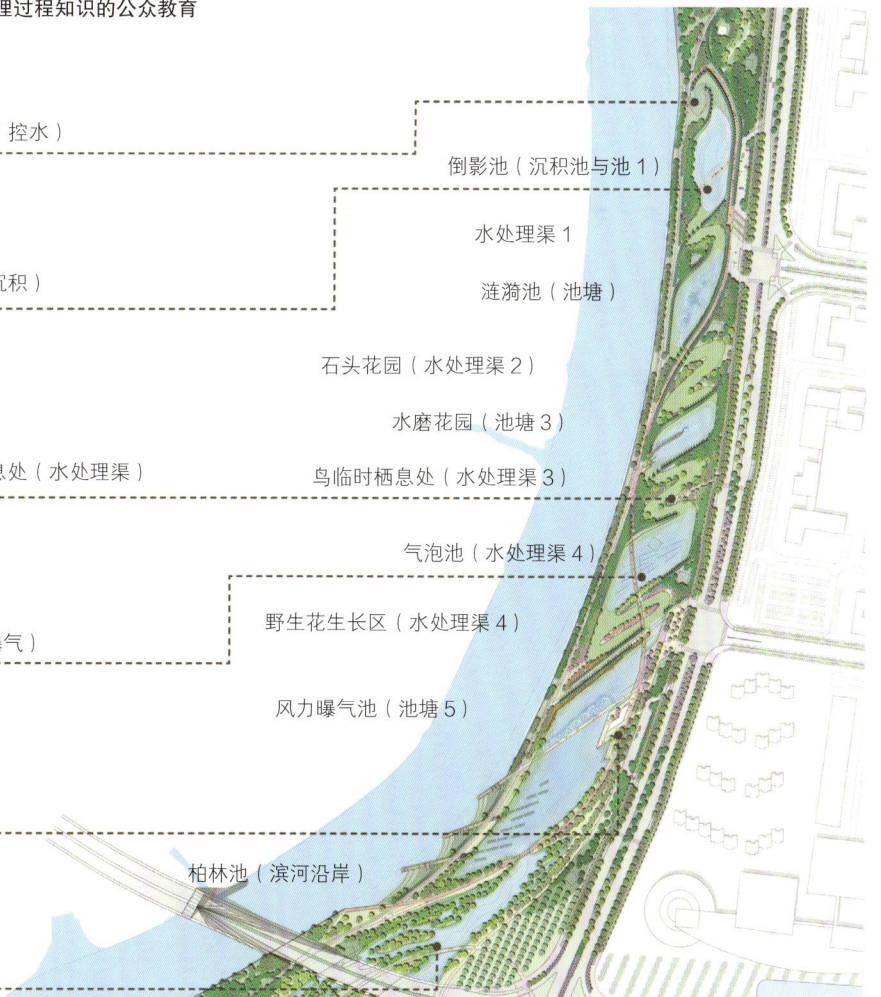

倒影池（沉积池与池1）

水处理渠1

涟漪池（池塘）

石头花园（水处理渠2）

水磨花园（池塘3）

鸟临时栖息处（水处理渠3）

气泡池（水处理渠4）

野生花生长区（水处理渠4）

风力曝气池（池塘5）

柏林池（滨河沿岸）

新建水处理系统考虑使用者的经验，强调了公共教育的重要性。

标高列表

6

WL2.6

-6

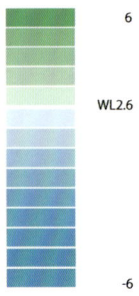

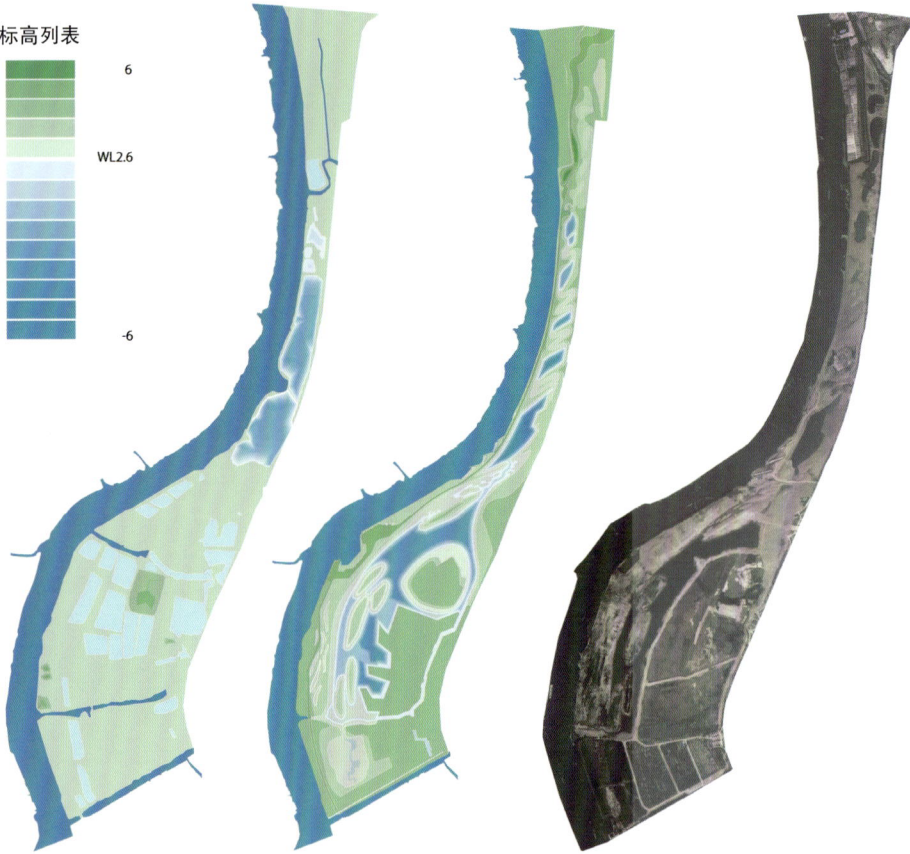

充填开采研究与土壤保持

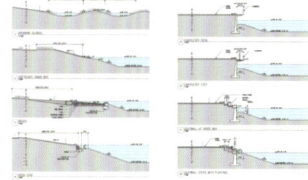

水位与水边类型

充填开采计算

地理测绘与土层剖面

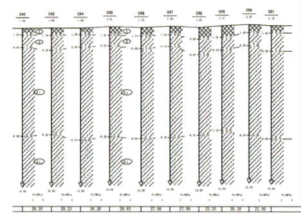

A. 生态湿地与附加滞留
B. 附加滞留
C. 五级河水水质
D. 四级河水水质
E. 处理池堰控制水位

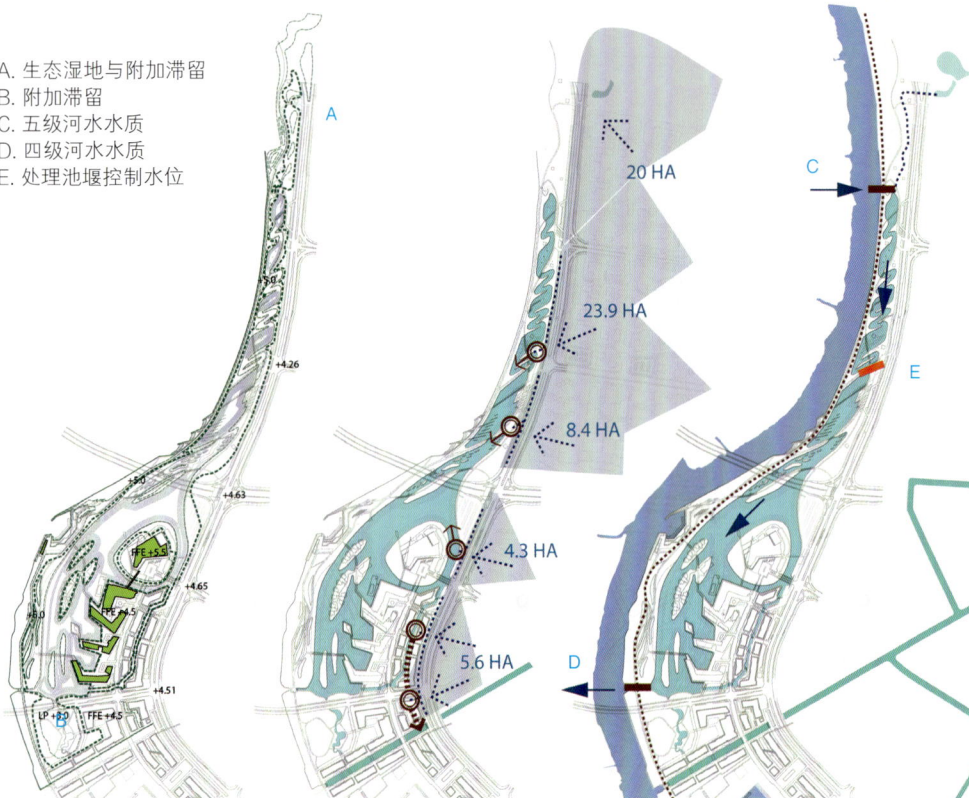

A

20 HA

23.9 HA

8.4 HA

4.3 HA

5.6 HA

C

E

D

水文研究与雨洪管理

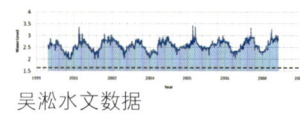

吴淞水文数据

泵控制与水位

1. 生物湿地
2. 排放池
3. 沉积物
4. 雨洪排放管道
（水位之下）
5. 泵房
6. 生态沼泽
7. 检修孔
8. 雨洪排放管道
（水位之下）
9. 溢流
10. 湿井

选择一：排放池 + 生态沼泽

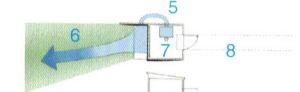

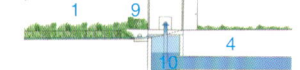

选择二：泵房 + 生态沼泽

雨水排放口缓冲

水质改善率提高 80%

2008 实地测试
设计预测
2013 实地测试

BOD   N   NH₃   P

| 横截面与速率 | 均匀性分布 | 分离控制 | 平行单元特征 |
| 解决问题的捷径 | 最佳分离比 | 连续单元特征 | 级别变化适应 |

MAX WL
INITIAL WL

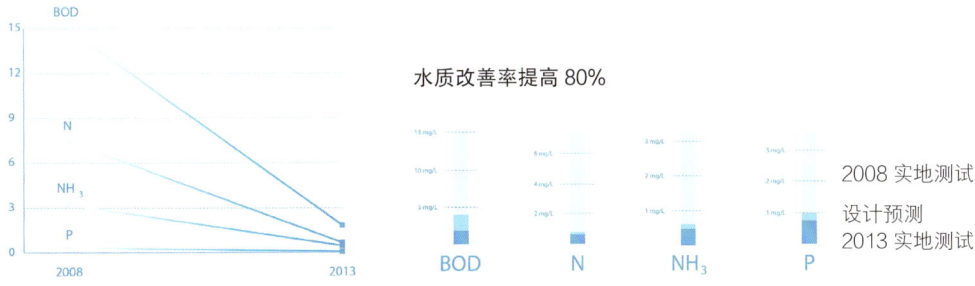

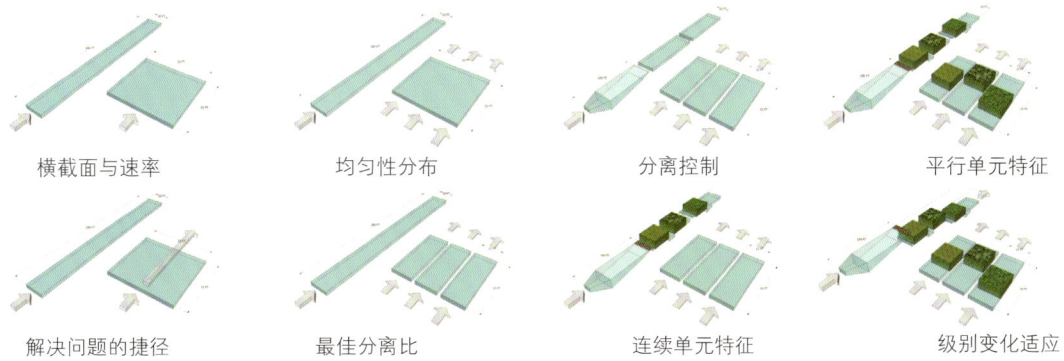

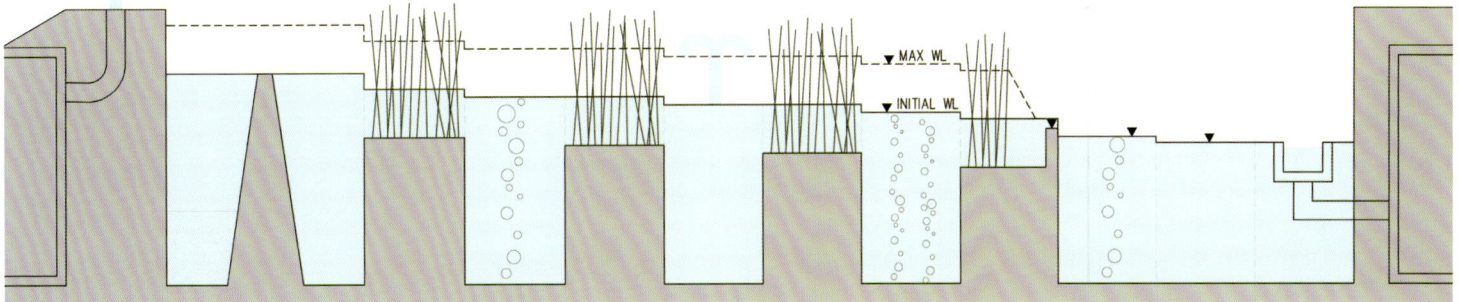

靶标剔除参数

参数	目前（吴淞）	中央公园	生态公园	水质标准 3 级	目标	单位
生物需氧量	15	18	11	4	4	mg/L
氨	3.23	0.63	0.62	无效	0.62	mg/L
磷总含量	0.36	0.48	0.16	0.1	0.1	mg/L
氮总含量	7.44	0.84	0.83	21	0.83	mg/L
锌总含量	0.012	未赋值	未赋值	1	0.012	mg/L
铜总含量	0.03	未赋值	未赋值	1	0.03	mg/L

湿地水处理试验：
靶标剔除与试错液压试验

河岸风景

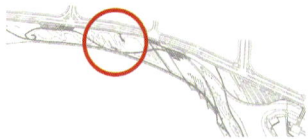

进行中的试点项目：水处理渠与曝气池

水处理渠

曝气池

桥终点景色

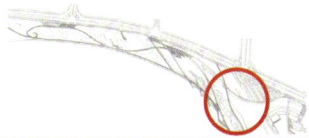

进行中的试点项目：外部河堤与内湾近水沿岸

沉积河岸

50.年一遇洪水

10 年一遇洪水

水杉林与河岸的未来淹没线

入水池建成后

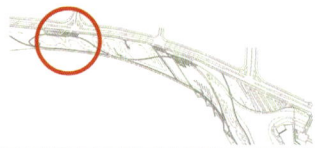

进行中的试点项目：摄入涌泉与沉积池

入口涌泉

沉积池

上图：水岸花园有树木和灌木
下图：盛开鲜花的水上花园

六盘水明湖公园

项目地点：六盘水，中国
景观设计：北京土人城市规划设计有限公司
竣工日期：2013 年
摄影师：俞孔坚
面积：约 31.2 万平方米
获奖：2014ASLA 综合设计类荣誉奖，
2014 世界建筑节 - 景观项目奖优秀奖

通过一系列再生设计技术，特别是减缓雨水径流的措施，一条渠化混凝土河流及一片恶化的城市边缘地区已经转变为闻名遐迩的湿地公园。该公园作为全市生态基础建设的重要组成部分，将提供多重生态系统服务，包括雨水管理、水体净化、原生栖息地恢复，并将创造一个供集会及审美享受的珍贵的公共空间。

目标和挑战

六盘水是一个在 20 世纪 60 年代中期建立起来的工业城市，以其凉爽的高原气候而著称，城市被石灰岩的山丘环抱，水城河穿城而过。城市人口密集，在六千平方米的土地上，居住了约 60 万的人口。作为改善环境的重要举措之一，市政府委托景观设计师制定一个整体方案以解决多重严重问题，其中包括（1）水污染：作为建于冷战时期发展起来的主要重工业城市之一，六盘水以煤炭、钢铁和水泥行业为主导产业。因此，长久以来，民众忍受着空气和水污染带来的恶果。数十年来，从工业烟囱排出的污浊空气中的沉淀物堆积

在周边的山坡，并随着雨水径流被带入河流，来自山坡上农田的化学肥料径流以及散落居民点的城市污水也一同汇入了河流。（2）洪水和暴雨泛滥：由于坐落在山谷之中，该城市在雨季容易受到洪水和暴雨泛滥的危害，而由于多孔石灰岩地质，到了旱季又易遭受干旱。（3）修复母亲河：20 世纪 70 年代，为了解决泛溢和洪水问题，水城河被渠化。渠化的河道满载着来自上游的雨水径流，引发了下游更为严重的洪水问题。从此，原来蜿蜒曲折的母亲河变成了混凝土结构的、死气沉沉的丑陋河沟，它拦截洪水及环境修复的功能也丧失殆尽。（4）创建公共空间：由于城市人口激增导致了休闲和绿色空间的不足。曾经作为城市福音的水系统已经变成城市废弃的后院、垃圾场和危险的背面。因此，在人口密集的社区与修复的绿色空间之间建立起人行通道极其必要。

这一方案意在减缓来自山坡的水流，建造一个以水为基础的生态基础设施来保存和改善雨水，使水成为重建健康生态系统的活化剂，提供自然和文化服务使这个工业城市变为宜居城市。

设计策略

六盘水明湖湿地公园项目规模 90 万平方米，是景观设计师为该城市规划的综合生态基础设施中首要且重要的组成部分。

为了构建完整的生态基础设施，景观设计师同时关注水城河流域和城市两方面。首先，河流串联起现存的溪流、湿地和低洼地，形成一系列蓄水池和不同承载力的净化湿地，构成了雨水管理和生态净化系统。这一方法不仅最大限度的减少了城市泛滥而且增加了基流以在保证雨季过后水流不断。第二，移除渠化河流的混凝土河堤。重建的自然河岸使河岸生态恢复生机并最大化河流的自净能力。第三，建造包括人行道和自行车道的连续公共空间，增加通往河边的通道。这些廊道将城市休憩和生态空间一体化。最后，项目将滨水区开发和河道整治结合在一起。生态基础设施促进了六盘水的城市重建工作，提高了土地价值，增进了城市活力。

作为六盘水生态基础设施的主要项目之一，明湖湿地公园以渠化河道上游部分的生态修复为特色。明湖湿地公园的场址原本为恶化的湿地区域、废弃的鱼池及管理不善的条状玉米地，垃圾遍地和污水横流。作为生态基础设施项目的示范项目，项目设计的第一步是尽可能地重建生态健康，从而恢复生物多样性和原生栖息地，改善雨水水质，建造通向高品质开放空间的公共道路，最后促进整个城市的发展。以实现这些目标的公园具体组成包括：

一、移除混凝土河堤，建造两种生态地带。其一供本地植被在泛洪区域生长，另一条为河岸的挺水植物的生长创造条件。沿河建造曝气池以增加水体含氧量，促进富营养化的水体进行生物修复。

二、建造梯田湿地和蓄水池，以减少洪峰流量并调节季节性降雨。梯田的灵感来源于当地农业技术，通过拦截和保留水分，使陡峭的坡地成为丰产的土地。它们的方位、形式、深度都依据地质信息和

区域生态基础设施概念

水流分析而设定。根据不同的水质和土壤环境种植了自然植被（主要采用播种的方式）。这些梯田状栖息地减缓了水流，水中过盛的营养物质成为微生物和植物快速生长的养分来源，从而加快了水体营养物质的去除。

三、人行道和自行车道沿着水路铺展在绿色空间上，在湿地梯田之间形成回路。设有大量座椅、凉亭和观光塔的休息平台融入设计的自然系统中，便于所有人进入，促进了学习、娱乐和审美景观体验，并设计了一个环境解说系统以帮助游客理解这些地方的自然和文化含义，场地中最具标志性的建筑物是暖色的彩虹桥，它与当地频繁的凉爽湿润天气形成对比。这座长堤连接中心湿地（湖）的三面，创造出令人难忘的散步及聚集场所。这里迅速成为了备受当地民众和远近游客喜爱的社交和休闲场所。

通过这些景观技术，衰退的水系统和城市周边的废弃地被成功转变为高效能、低维护的市政前院。它巧妙地调蓄雨水、净化污水、修复原生栖息地以实现生物多样性，并吸引了广大的居民和游客。2013 年它被官方指定为"中国国家级湿地公园"。

设计团队：

栾博、黄刚、闫斌、单美娜、郑军彦、凡新、李世征、拜真、安建飞、陈琳、游宏凯、曹业奇、邓彰、杨晔、李悦、刘德华、白洁、任轶珍、刘拓、宋旭、张小峰、曹军营、张晋丰

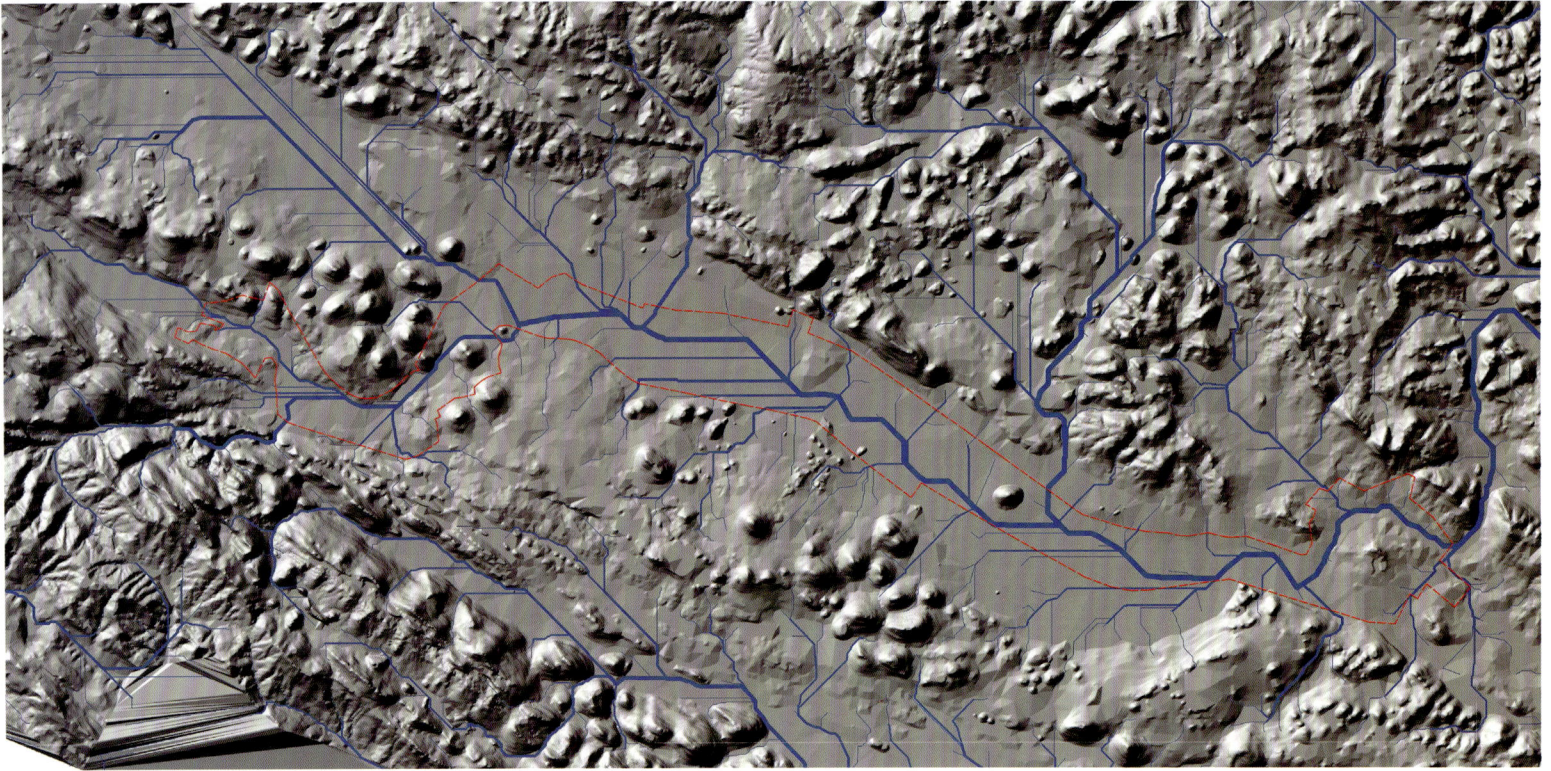

雨洪的地表径流

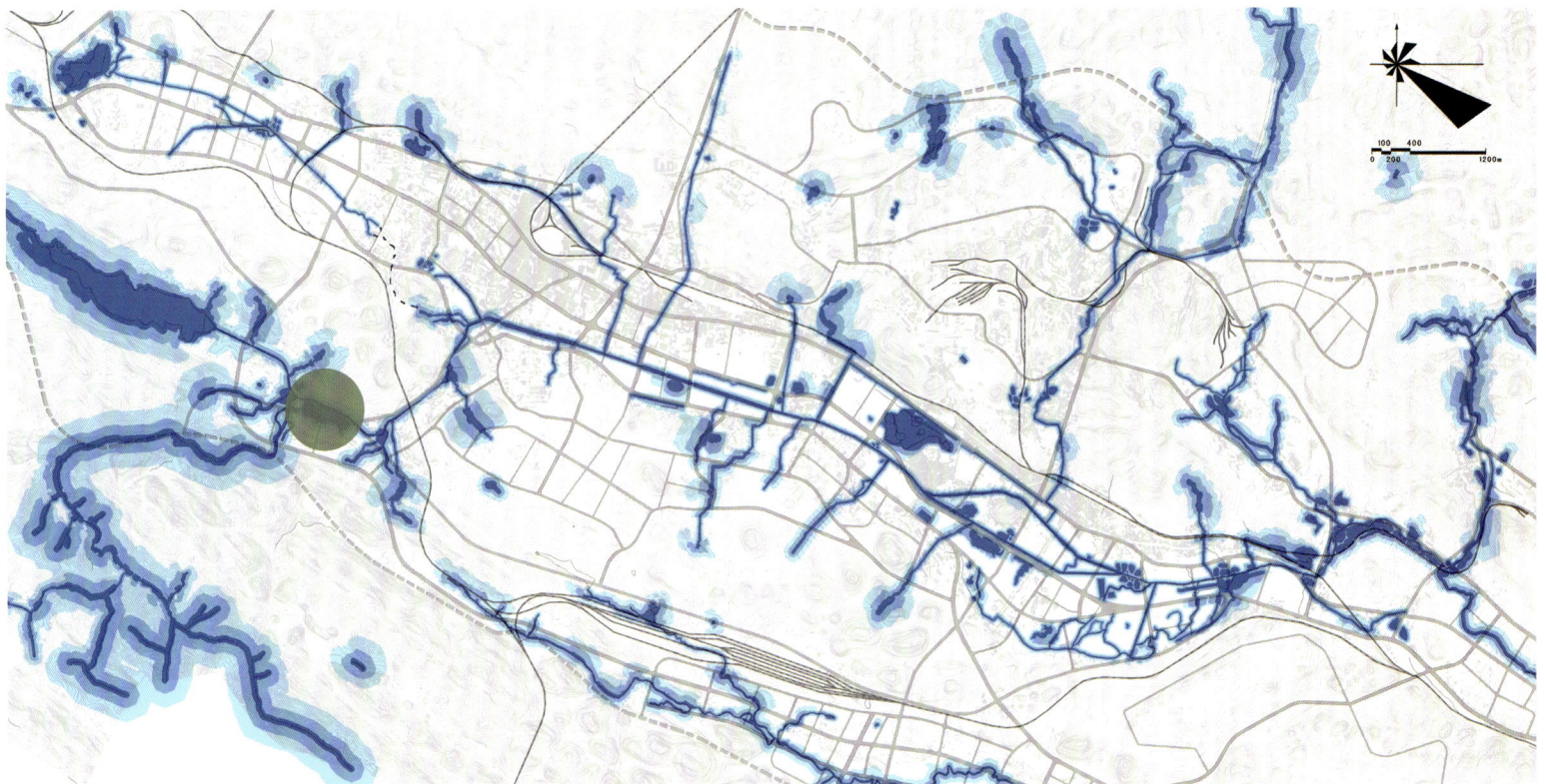

区域雨洪管理系统

图例

滨水绿地
社区下凹绿地
河流
明渠
坑塘湿地
规划范围

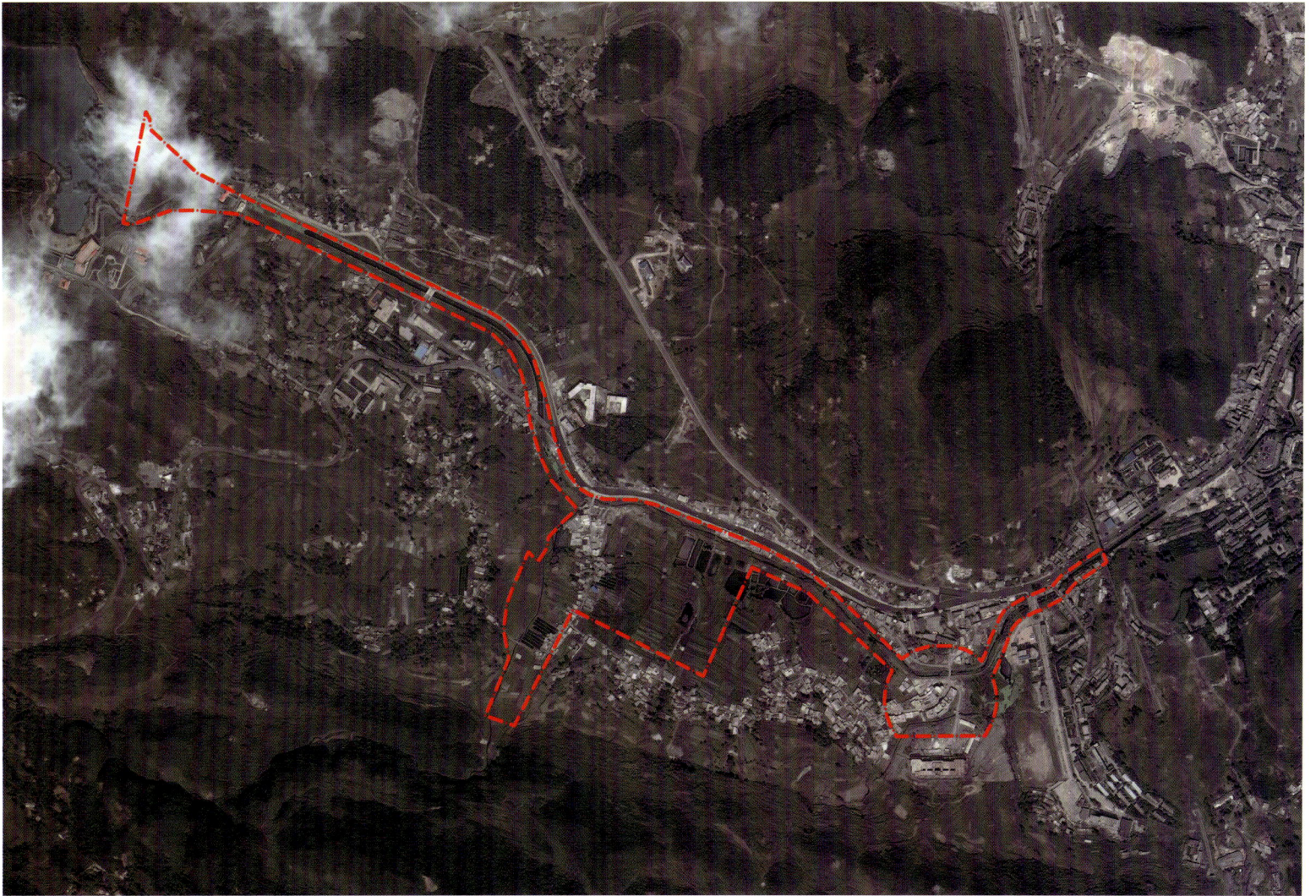

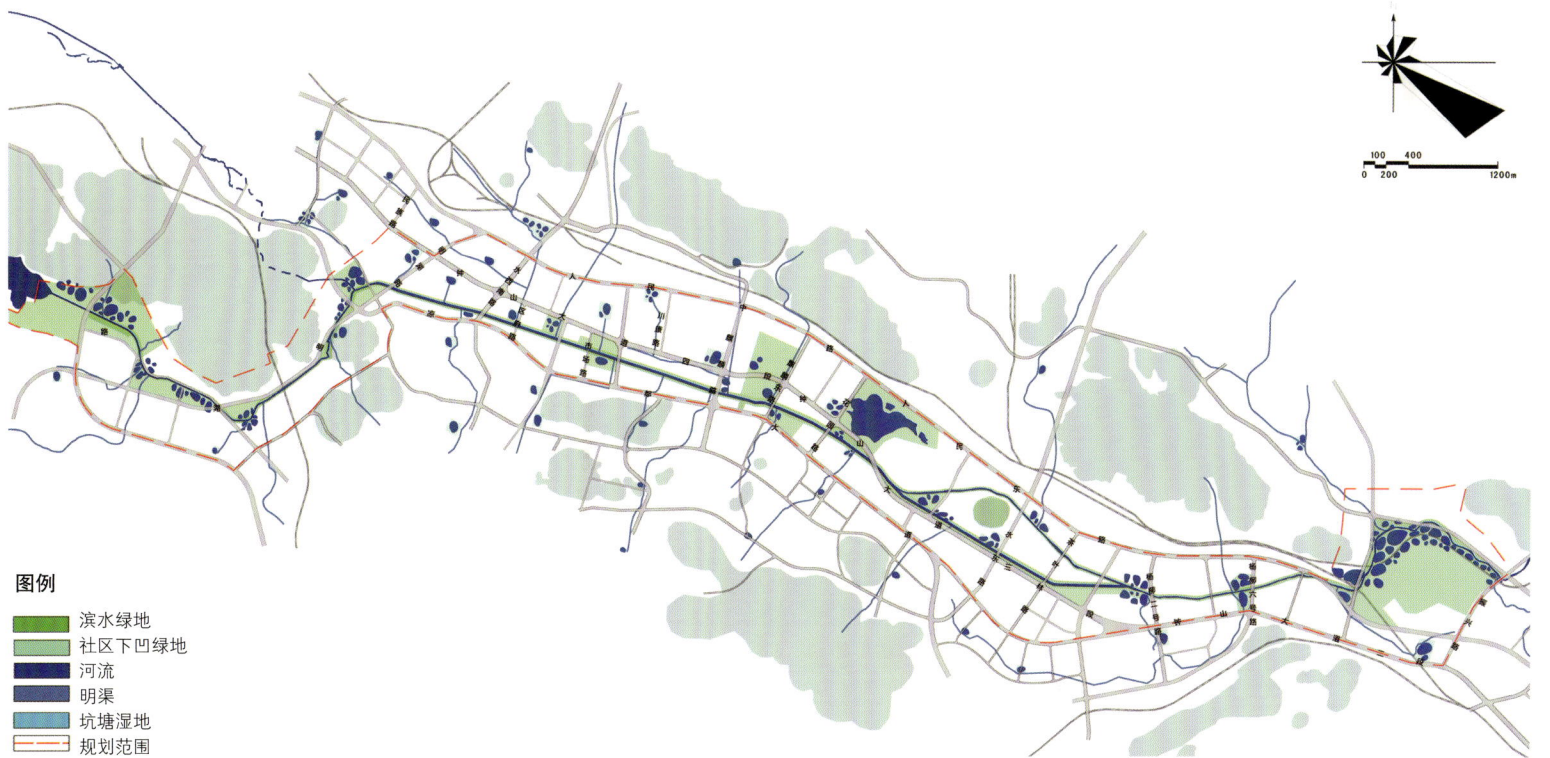

区域生态基础设施

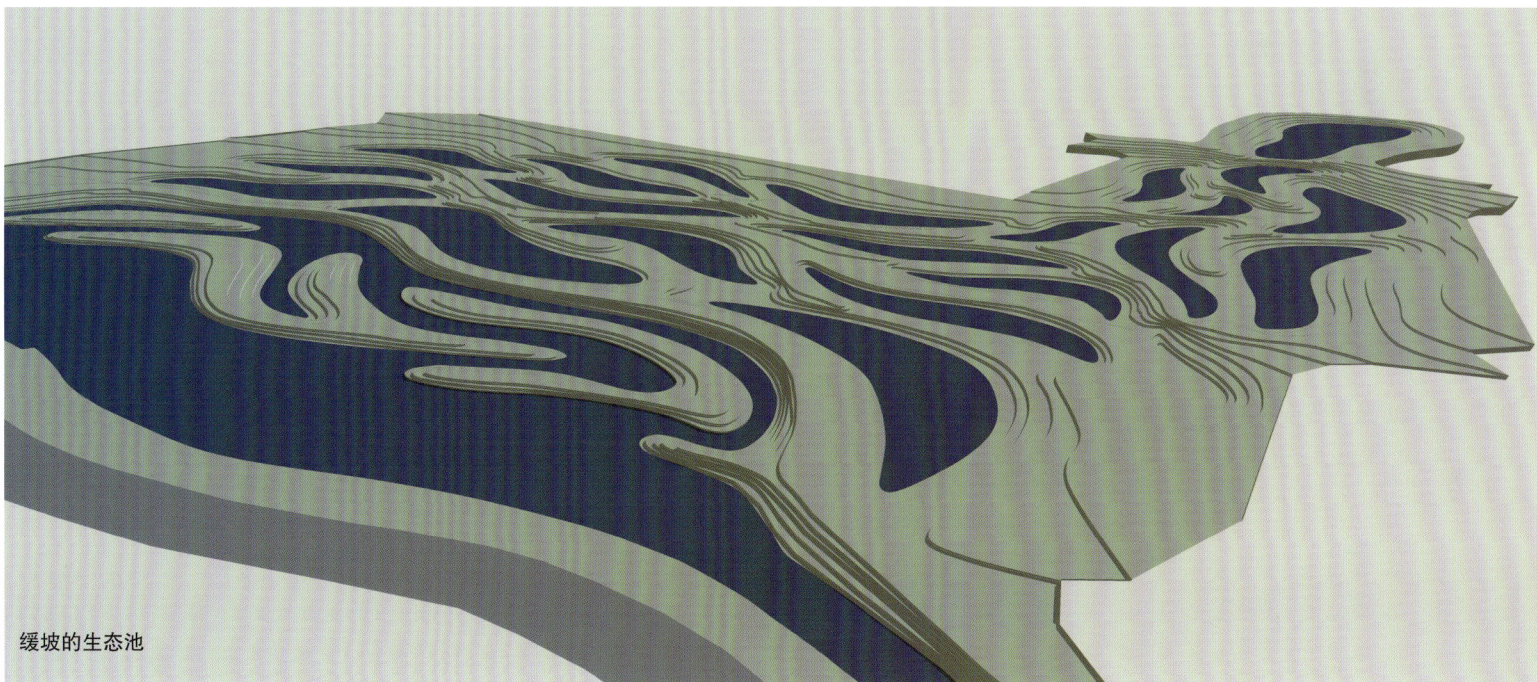

缓坡的生态池

上图：应用中的湿地每天吸引成千上万的游客来此地游玩，不光有本市的，还有其他地区的游客。游客和当地人一样，喜欢欣赏秋季富有质感与多彩的景象。自我播种的花卉在小路沿线和生态草沟之间播种种植，形成了低维护的地表覆盖物，给人生动和愉快的散步之旅。

对页上图：整个景观向北延伸，展现了项目的蜿蜒曲折之美。

对页下图：陡坡上的阶梯状生态池

上图：彩虹桥是标志性的文化景观元素，主要能够看到城市周边广阔的喀斯特地貌景观，也为游客提供了文化之旅，感受和体验寻常的自然景观。

下图：拆除了之前的混凝土河渠，设计了有繁茂植被的自然渠道，这样能够减缓山上流下来的水速。同时还恢复了河岸的生机，成为受人喜爱的钓鱼区，而两边的人行道和自行车道也有了其他用途。漂浮的植被能够过滤固体物质，以及消除从斜坡上的农田和其他非点源污染区冲刷下来的营养物质。

对页：休息台安置在生态草沟之间，并沿着它的方向延伸，让游客能够近距离的感受景观。这些人造空间把杂乱的自然空间改造成整齐划一的公共空间。这个露天平台也促使人群聚集游玩，也能让游人自己找到清净凝思的地方。

皇家公园

项目地点： 墨尔本，澳大利亚
景观设计： 迈尔·怀特，凯瑟琳·拉什，斯凯·霍尔丹，阿德里安·格雷
面积： 4 万平方米
客户： 墨尔本市政府
预算： 500 万美元

皇家公园是墨尔本市中心最大的市内公园。它的规模、位置和设计都极大地体现了墨尔本的园林特性——体育传统和维多利亚式遗留风格。原 1984 年公园设计是为了让欧洲人第一次见到它时有一种景观感并呼吁广泛种植本土树木和天然草本植物。这种哲理至今仍然可见一斑，该公园在确保本土植物和动物栖息地保留在城市里一直发挥着重要作用。

1998 年，墨尔本市采纳了皇家公园总体规划方案，其中包括用于雨水回收和净化关键组成部分的开发。通过结合生态工程学，设计师们联合制定了关于湿地和公园西部边缘周围空地的设计和景观总体规划。公园是为第 18 届英联邦运动会的开始而完成并于 2006 年 6 月以特兰·沃伦·塔姆·博尔（铃鸟水潭）的名义正式开放。

该项目作为一种工程、生态和社区参与的创新组合，具有重大意义，在引人注目的城市公园里创造了一个独特的景观和雨水管理设施。公园系统由两个相连的池塘组成，提供自然水质处理并存储，从公园以及周边流域吸收经处理的雨水。循环水再用于皇家公园的灌溉，多余的净水则排到姆尼池塘小溪和菲利普海湾。处理湿地及毗邻景观旨在营造一个人工洼地环境，集中于提供专注环境理解的教育性、说明性和被动性娱乐机会。存储湿地提供了一个开放水域泻湖，这也是公园绿地灌溉水的来源。

从表面看，公园外形是一种蓄意抽象的生物形态图案，可参考土地艺术家如史密森的作品。作为基础设施，它们在功能上是完全没有问题的。在地面上，游客所得到的体验更微妙：模糊边缘就像哈格里夫所描述的一样。伊比利亚半岛延伸到公园，即源自入口池塘的水通过深深浅浅的沼泽最终蜿蜒流到出口池塘。木板人行道使得人们与公园环境更加紧密接触并与一个非正式的路径相连，给人们提供关于植被类型和生态环境的不同体验。处理池塘形成群落原生栖息地区域的核心，同时周边道路和木板人行道给人带来一系列教育性和休闲性体验。

"构建生态"——将景观设计成环境过程，具有使用者能观察到的真正生态价值，这样的结果对拉什和莱特的设计初衷极为重要。在项目的每一阶段，其主要焦点都是改善环境效果：通过制造 2 万平方米的水生栖息地显著增加该区域的生物多样性，减少用于绿地的用水需求并确保清洁的水到达海湾。景观设计师将这里连同一个多样化和令人愉悦的绿洲环境交付给城市。

上图：两个湿地的航拍显示与邻近公园相连
下图：航拍角度下建造前的处理湿地

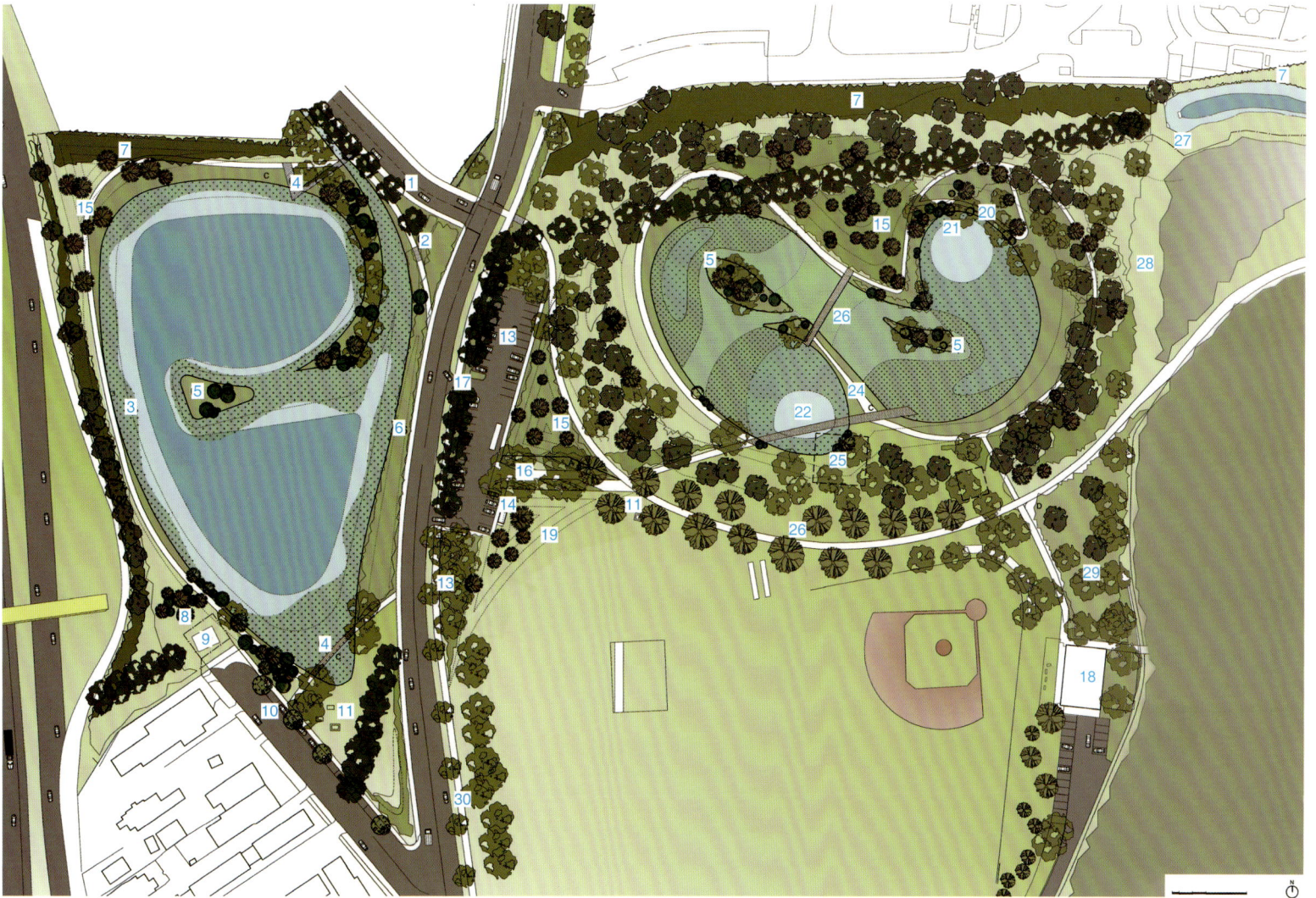

概念技术图

1. 相邻区域入口
2. 生态湿地潜水湿地
4. 蓄水湿地过道解说区
5. 生态岛
6. 停车区低矮植物
7. 公园周围植物
8. 泵站 & UV 过滤亭
9. 现有城市变电站
10. 曼宁汉姆街道新街植物
11. 倡议野餐与烧烤设施
12. 停车场西部植物池子
13. 停车场改造计划（44 个车位）
14. 卫生间
15. 建议植物堆
16. 湿地入口与解说区
17. 湿地入口
18. 现有建筑改装后用于解说区与聚会
19. 观草缓坡
20. 鸟类栖息墙
21. 入水池

22. 出水池
23. 桥
24. 木板路和小路网为人们提供接近和戏水的空间
25. 移除现有凉亭
26. 在总体规划图中移除车行道和公共小路
27. 淤泥收集器与分流堰
28. 淤泥收集器或与分流堰维护路径
29. 现有护岸下的缓坡
30. 橡树街东部路径连接区

93

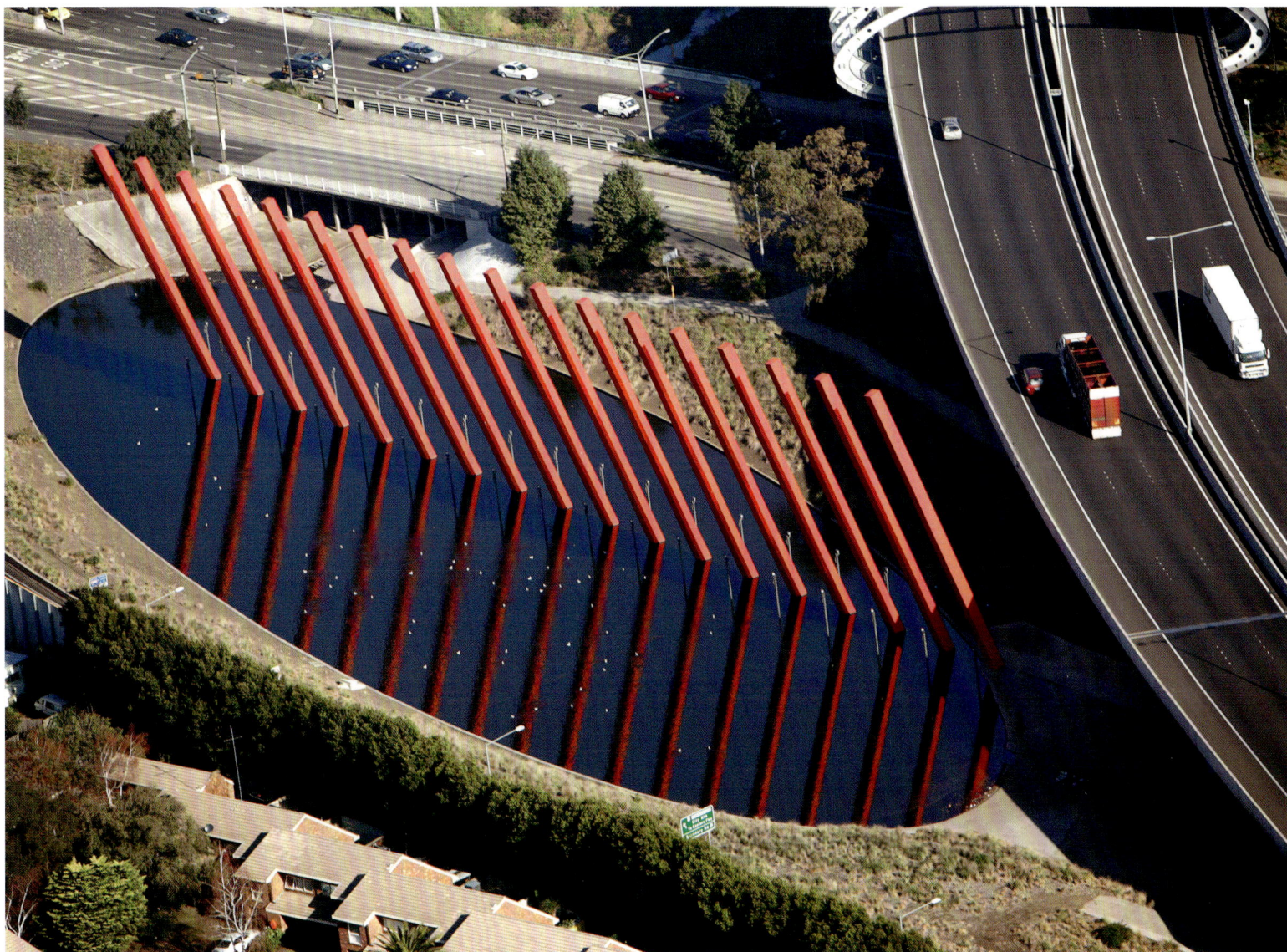

上图：处理湿地——航拍图
下图：约翰·伯吉斯画的湿地特点早期图解

表面路径

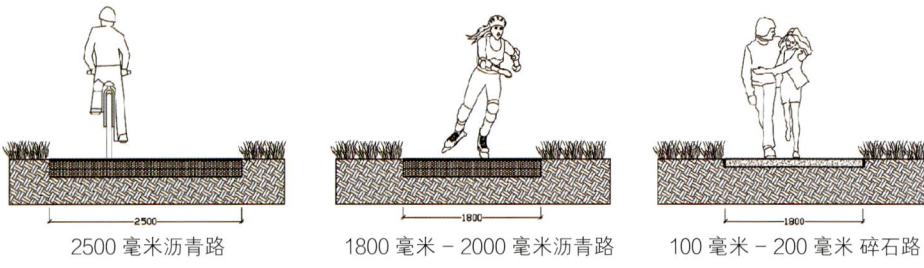

2500 毫米沥青路　　　　　1800 毫米 – 2000 毫米沥青路　　　　　100 毫米 – 200 毫米碎石路

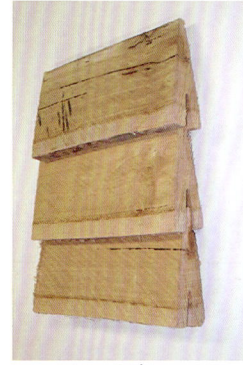

设施

座位与野餐桌符合墨尔本要求

原木　　　　　　　　　　围栏

鸟类栖息地

覆盖的材料提供低视觉干扰并且与周围植物融为一体

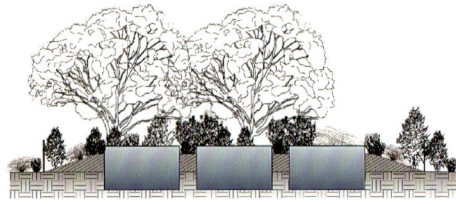

截面图

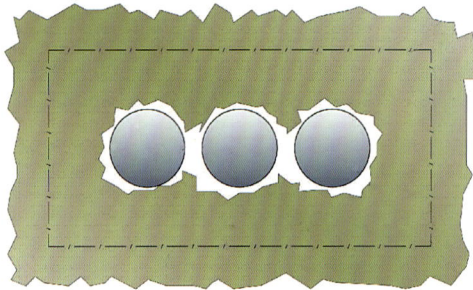

图纸

分流池

3x34 立方米聚乙烯或玻璃纤维池，一半埋在地下。
整体包括围栏和植物幕墙

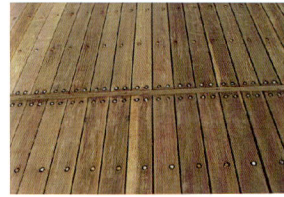

木板路 / 桥 / 浮船

木板 / 混凝土 & 钢筋结构提供过湿地过道

主入口标志
尺寸 1700 毫米 x500 毫米 x85 毫米

次入口标志
尺寸 1700 毫米 x180 毫米 x40 毫米

标示

符合墨尔本城市标准
铝制或钢制位于场地上隐藏路径

生态湿地景色

湿地特点手绘

上图：湿地的贮水池外部有围墙和高速路
下图：湿地边缘——砾石小路和植物

上图：处理湿地——植物生长阶段

下图：湿地植物成熟并且可为当地水禽提供栖息地

班特布雷水广场

项目地点：鹿特丹，荷兰

景观设计：德·瑞班思腾

竣工日期：2013 年

摄影师：所有插图由德·瑞班思腾提供

图片由杰伦·慕施，欧西普·范·对文博德，帕勒诗与阿扎费恩和德·瑞班思腾提供

面积：9500 平方米

客户：鹿特丹市政府

预算：400 万欧元

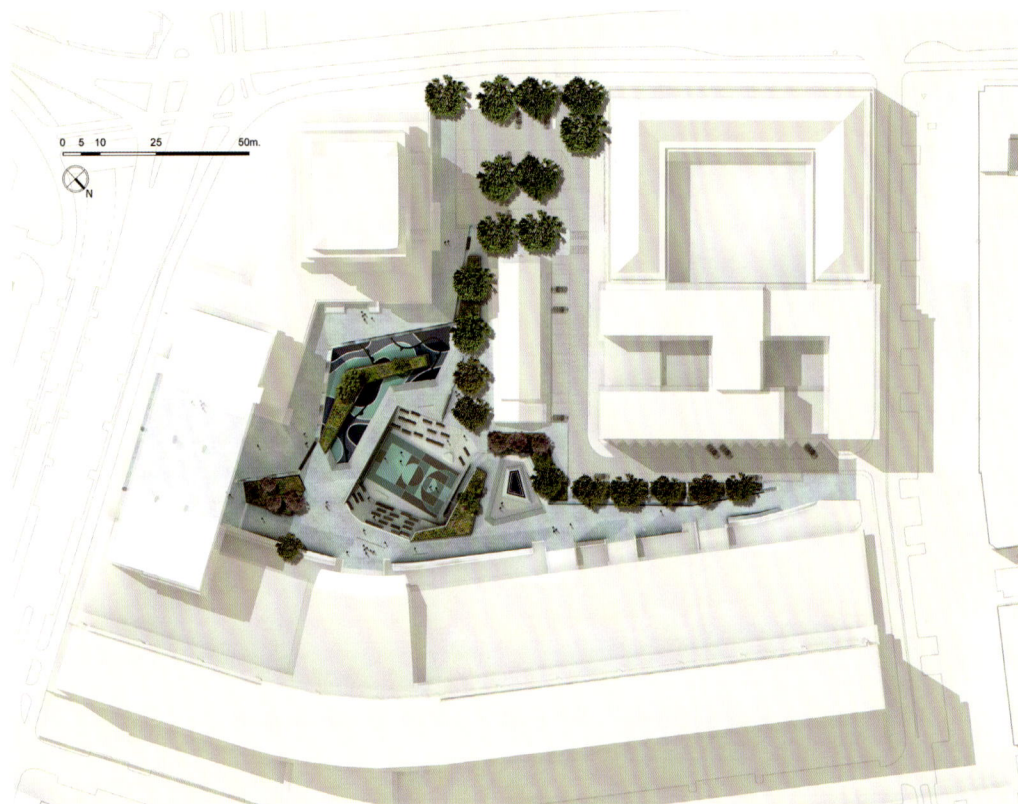

水广场集蓄水与城市公共空间质量的提高于一体，可以说是一种双赢策略。雨水公园把市政投资用于赏心悦目的储水设施上，同时也为社区中央区提供了环境质量改善和身份打造的机会。大部分时间内，雨水广场都是干涸的，可以用作市民休闲空间。

在班特广场，第一个水广场已经实现。在当地社区强烈的参与意愿下，设计师与使用者共同构想广场创意：扎德金学院和制图学会的

学生和教师；邻近教堂、青年剧院和大卫·劳埃德健身房的成员；艾格尼丝社区的居民都参与设计方案。通过三次研习会讨论可能的用途、想要的氛围和雨水会对广场有怎样的影响，大家一致赞同：雨水广场应该为年轻人提供一个充满活力的场所，有大量玩耍和徘徊的空间，也有美好的绿色的亲密空间。但是水在广场中是怎样存在的？它无疑是一种令人兴奋地可见的，流过广场的情景：绕路而行，义不容辞！参与者的热情激励设计师做出了非常积极的设计。

有三个储水盆用于收集雨水：两个较浅的用于最邻近的雨水收集，只要下雨就接收雨水；一个较深的，只有持续不断下雨时，才会接收雨水。这里的雨水从广场周围较大区域收集。雨水通过大型不锈钢水槽被输送到储水盆里。水槽的设计是一大特色，它们是超大的钢构件，适合其他娱乐用途。另外两个特色是将雨水带到广场：水冷壁和雨水井。这两种设施可以让雨水明显大幅地涌到广场。雨水井被设计成远离地面的不锈钢水槽。此井可将邻近建筑的雨水带至水槽。水冷壁可将较远处的雨水引至深盆。至于从天上掉下的雨水，可以在此处演奏着瀑布的韵律。广场上教堂旁边设置了一个露天洗礼池，在深盆里设计师安置了一个饮水喷头以供口渴的运动者使用。雨后，两个浅储水盆里的雨水流入一个地下渗透装置并从这里逐渐渗回地下，因此，地面水平衡可保持一定水平并且还可以应付干旱期。这有助于让城市里的树木和植物保持良好状态，从而减少城市热岛效应。最多 36 个小时后，深储水盆里的雨水就会流回城市的开放式水系统以确保公共卫生要求。所有被缓冲过的雨水不再流入

混合的污水系统。像这样，传统的混合污水系统压力得以缓解，并降低了它达到最大储水能力时脏水溢出开放水域的频率。通过每次干预将雨水逐渐与污水系统分离，整个系统逐步将城市开放水域的水质整体质量提高。水广场就是鹿特丹环境适应策略中一种重要测度。鹿特丹环境适应策略是指一种减少诸如高温、干旱、降雨量过多等气候影响，同时创造附加值的城市规划政策。

干涸时，广场是城市青年运动、游戏和徘徊的地方。较大浅储水盆适合附件乘车的每个人以及想要观看他们做事的任何人。小点的另一个浅储水盆包含一个小岛，人们可以在上面逗留以及和朋友们聚会。第三个深储水盆是一个非常适合英式足球和篮球的运动坑，且其设置得像一个大剧院，可以坐下观景。在每个入口处，设计师都设置了更贴心的地方，让人们可以坐在树下休息。但最重要的是雨水广场是一个有发展潜力的城市景观：这种设计不告诉人们要做什么，而是向人们挑战，让人们与它一起玩耍，发挥他们的想象力。

水广场在 2014 年夏天的一场暴雨后的景色

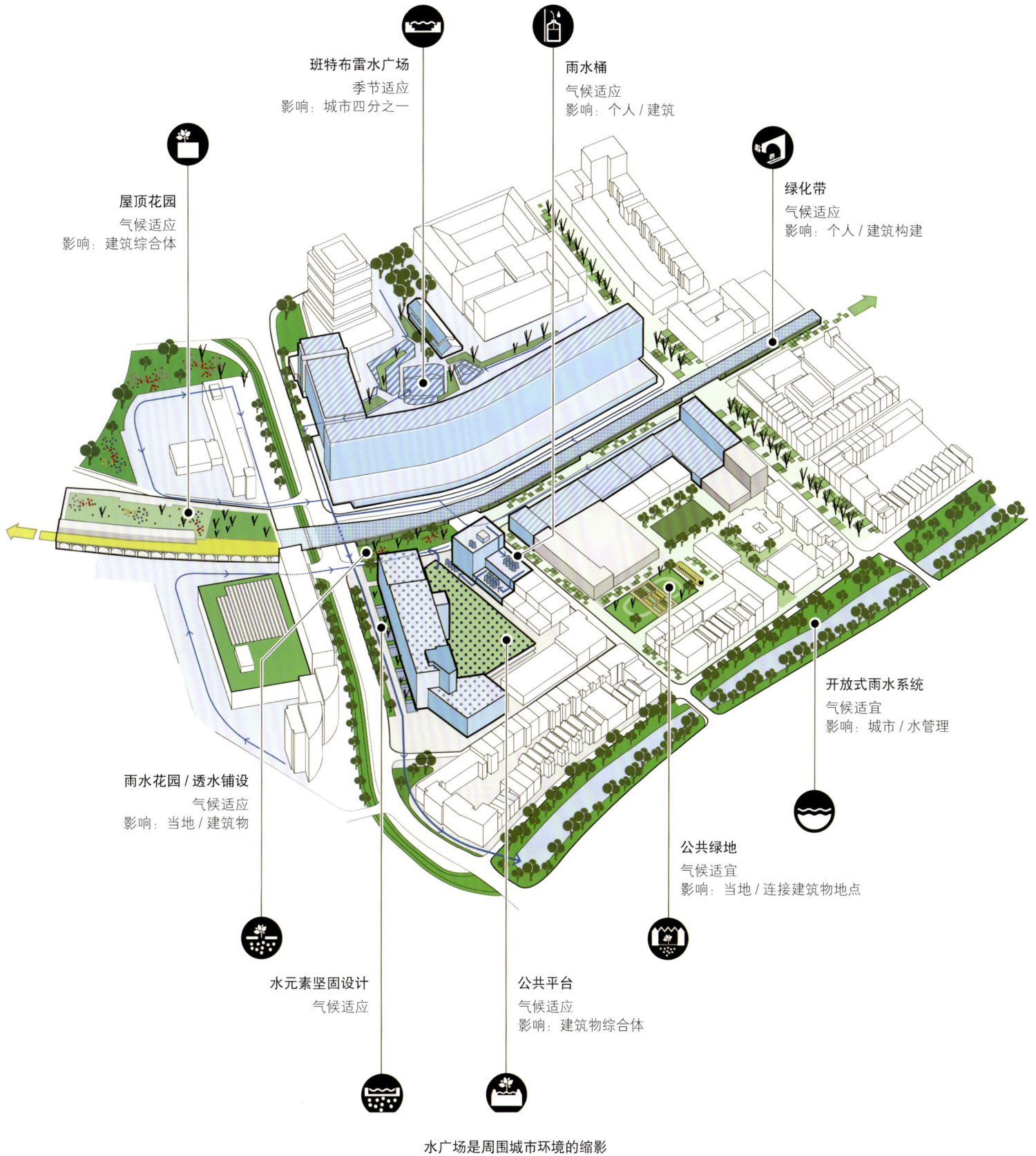

班特布雷水广场
季节适应
影响：城市四分之一

雨水桶
气候适应
影响：个人 / 建筑

屋顶花园
气候适应
影响：建筑综合体

绿化带
气候适应
影响：个人 / 建筑构建

开放式雨水系统
气候适宜
影响：城市 / 水管理

雨水花园 / 透水铺设
气候适应
影响：当地 / 建筑物

公共绿地
气候适宜
影响：当地 / 连接建筑物地点

水元素坚固设计
气候适应

公共平台
气候适应
影响：建筑物综合体

水广场是周围城市环境的缩影

所有运输和储存雨水所需要的高度差也非常适合滑冰、坐、跑、跳、躺，以及冥想。广场的色彩设计强调水广场的功能：所有能淹没的地方均被涂上了深浅不同的蓝色，所有运输雨水的地方都是闪亮的不锈钢。这意味着水槽会受到格外关注所以设计的很漂亮。三个储水盆的地板被涂成了与周围搭配的蓝色。水广场给鹿特丹建筑师马斯坎特的伟大现代建筑创造了一个新环境，并让卡雷尔·阿佩尔的奇异艺术品受到更多的关注。

空间被一种新的绿色结构温柔地定义和划分。设计师在树木周围种上高草和野花，它们蔓延并穿越在广场上混凝土储水盆之间。在淡蓝色和绿色的草，明亮的紫色、白色、粉红色和红色的花朵四周以水泥浇筑，这些水泥框架按座位高度打造，从而提供了许多非正式的休息区。另外，种植计划与干硬性混凝土储水盆之间形成对比。总体来说，入口处和广场中心的种植氛围不同。中心地带更加多姿多彩，而三个入口区域的植物在配色方案方面更加同质并从属于树木。几乎所有的树木都是落叶植物，开花植物则在一年中不同时间段开放，这将强调广场的季节性体验，正如它将会受雨水强度严重影响一样。一年当中，雨水广场在其外观上真的会有很大的不同。

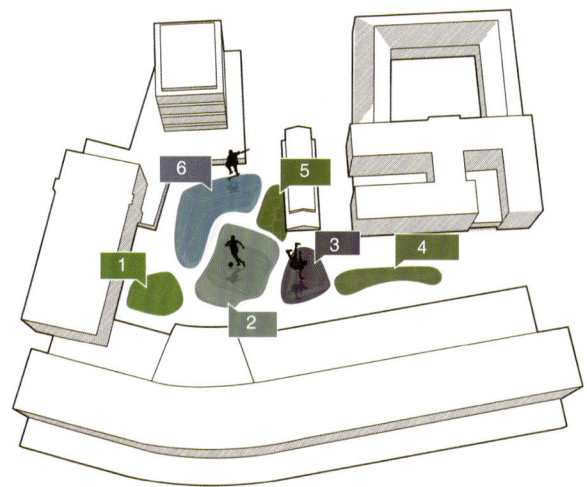

活动区域：

1. 绿色通道
2. 运动馆
3. 舞台
4. 树下座椅区
5. 亲密广场
6. 轮椅缓坡

上图：中央深水池的截面展现出与周围的教堂和剧院的联系。

下图：三个水池的纵切面体现水广场中的艺术品特点。

对页上图：改造前的情形

对页中图：改造后的景色展现了三个水收集池：两个浅池和一个深池。

中央深池和附近区域

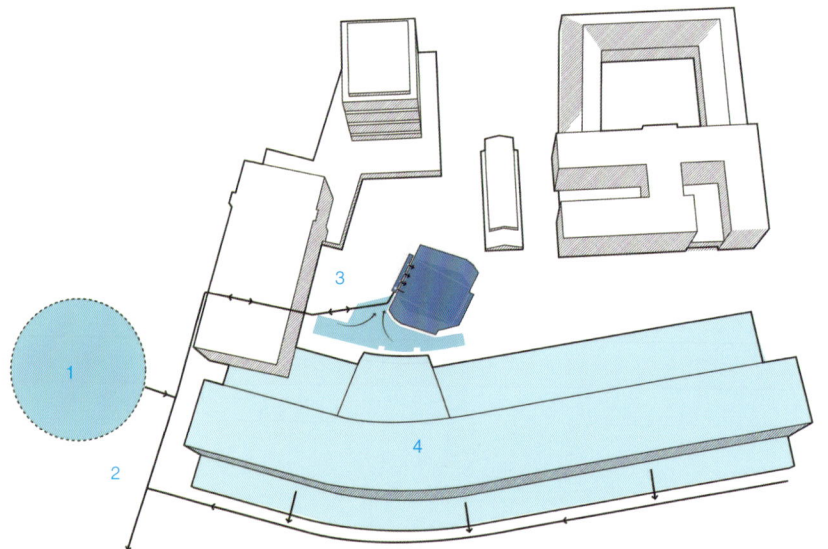

3 号雨水池

1. 雨水环绕区
2. 输出管道
3. 水墙
4. 屋顶雨水

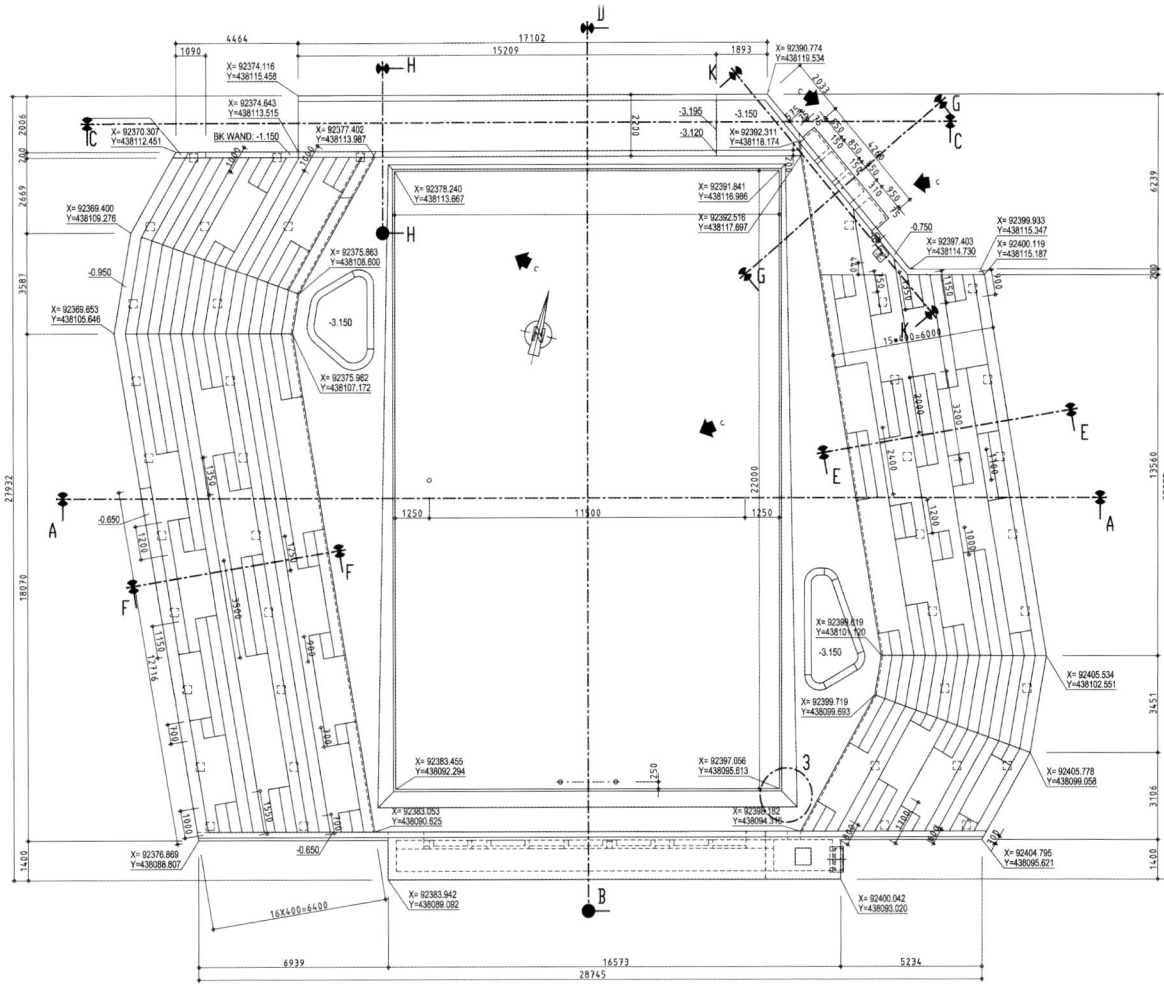

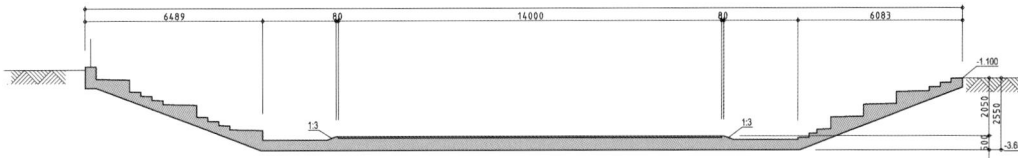

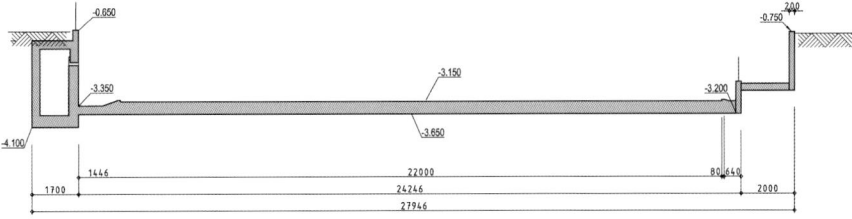

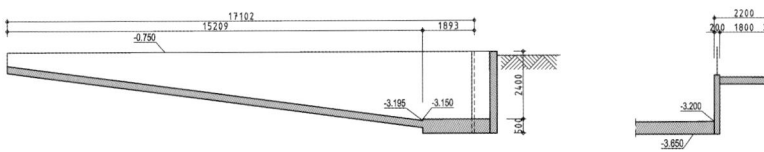

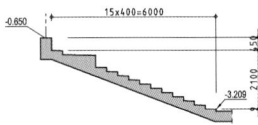

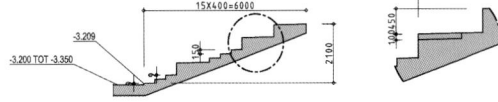

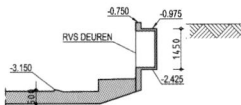

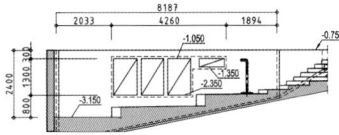

中央深池的技术图

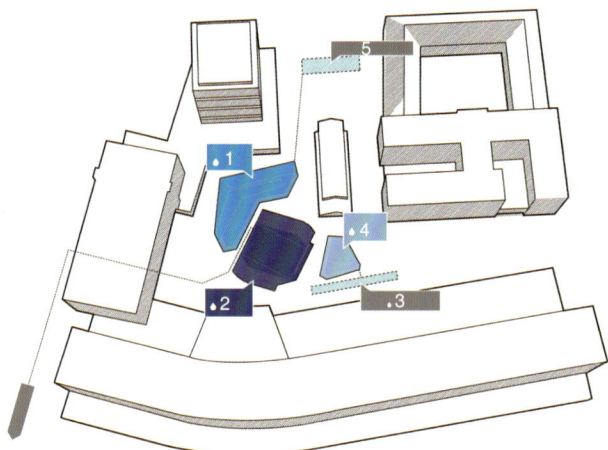

雨水池:

水池容量及过滤
1. 1 号过滤池 (360 立方米)
2. 过滤区 2 号池 (95 立方米)
3. 2 号过滤池 (85 立方米)
4. 3 号过滤池 (1150 立方米)
5. 过滤区 2 号池

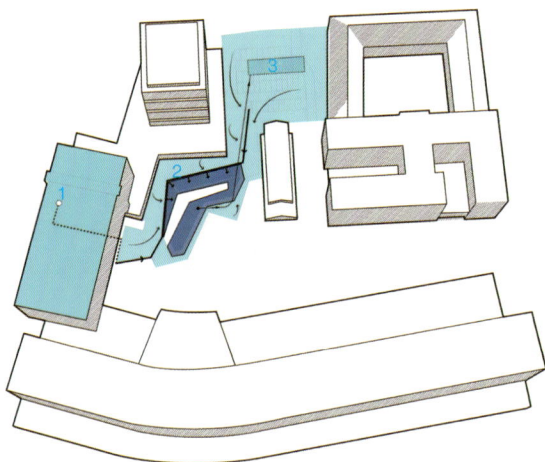

1 号雨水池

1. 屋顶雨水
2. 排水沟
3. 过滤区

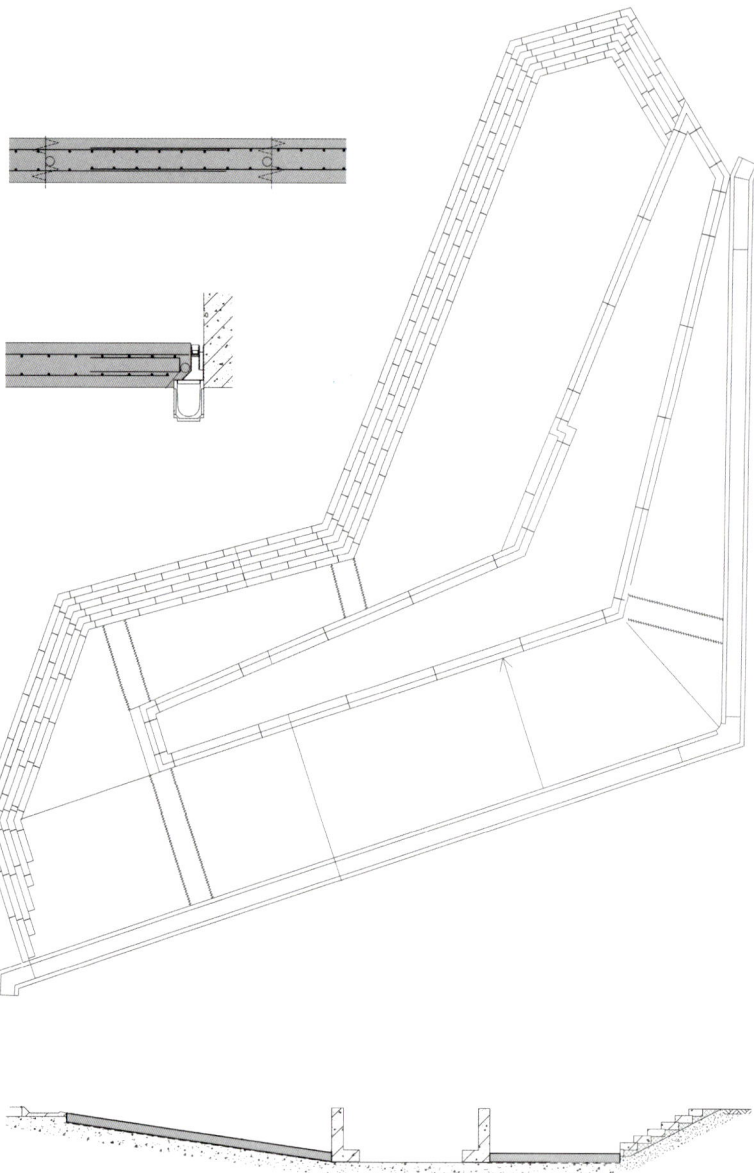

长形浅池和附近区域的技术图

三个池子的容量和过滤情形

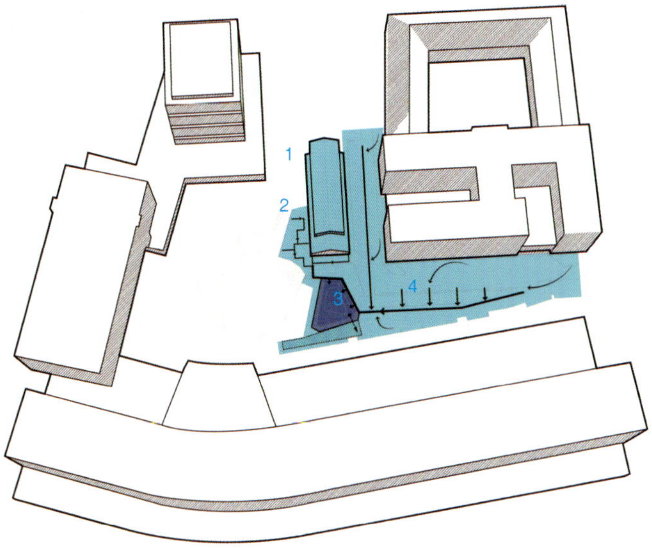

2 号雨水池

1. 屋顶教堂
2. 小型排水沟
3. 过滤区
4. 宽排水沟

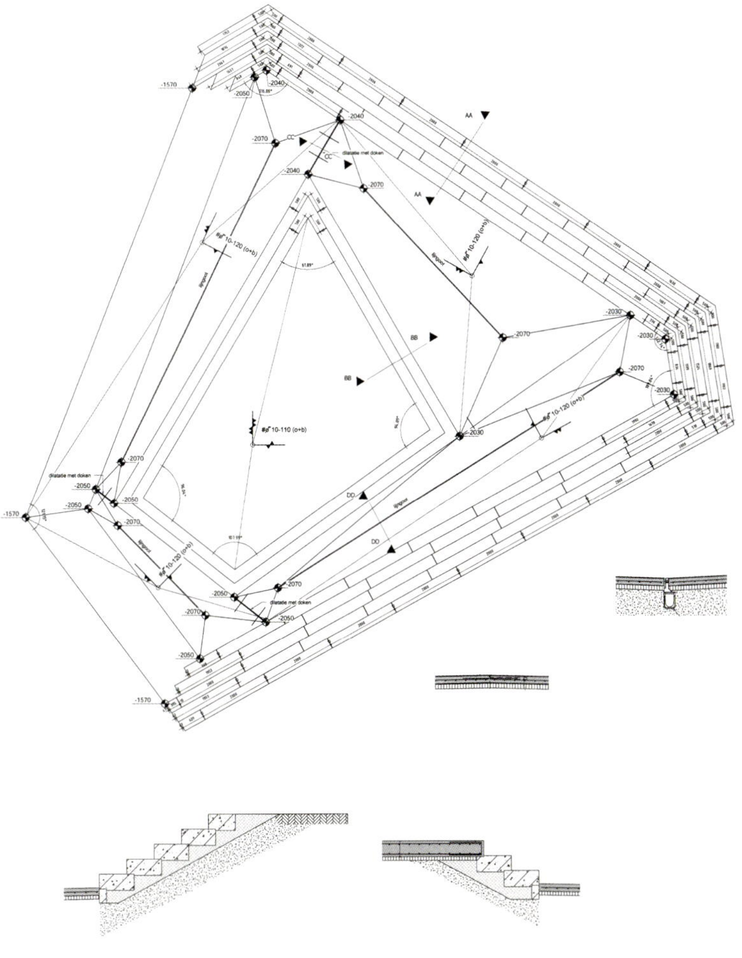

小浅池和附近区域的技术图

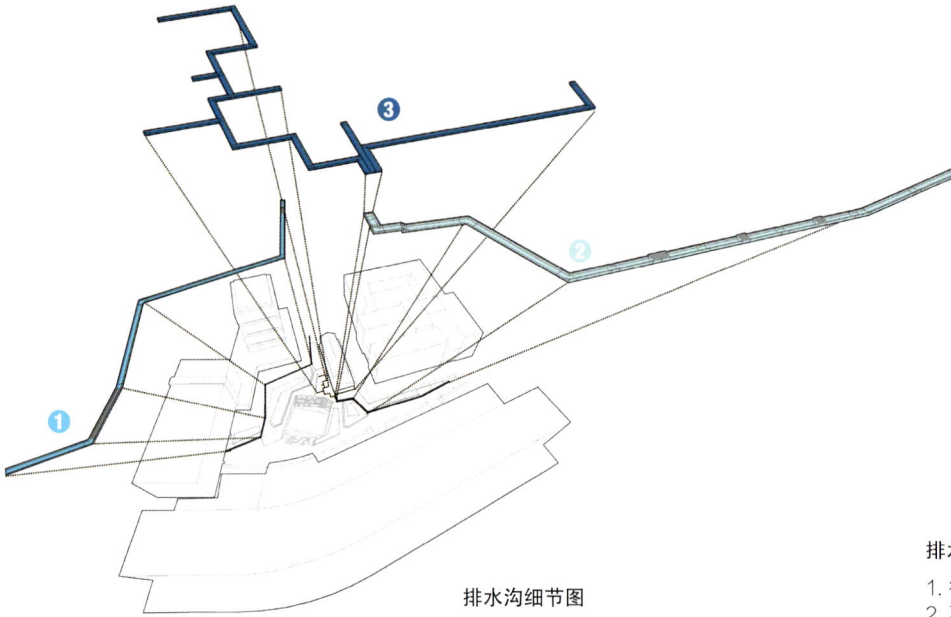

排水沟细节图

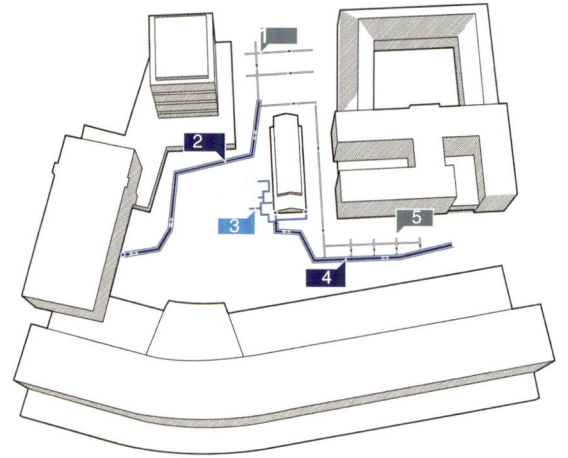

排水沟

1. 街道排水沟
2. 不锈钢排水沟
3. 窄排水

4. 不锈钢排水沟
5. 街道排水沟

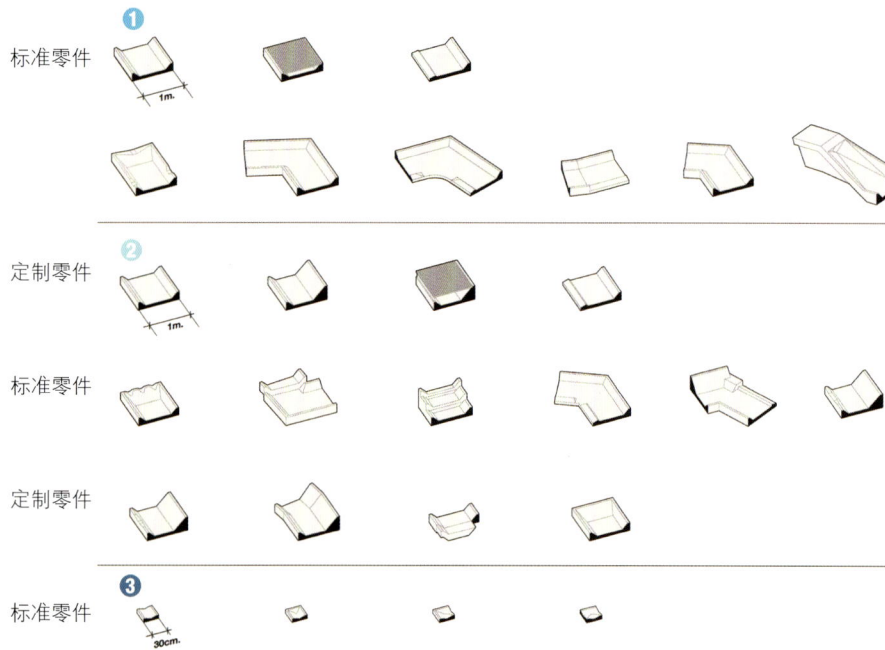

① 标准零件

② 定制零件

标准零件

定制零件

③ 标准零件

不锈钢水槽将雨水运输到两个浅池中（图片和技术图）

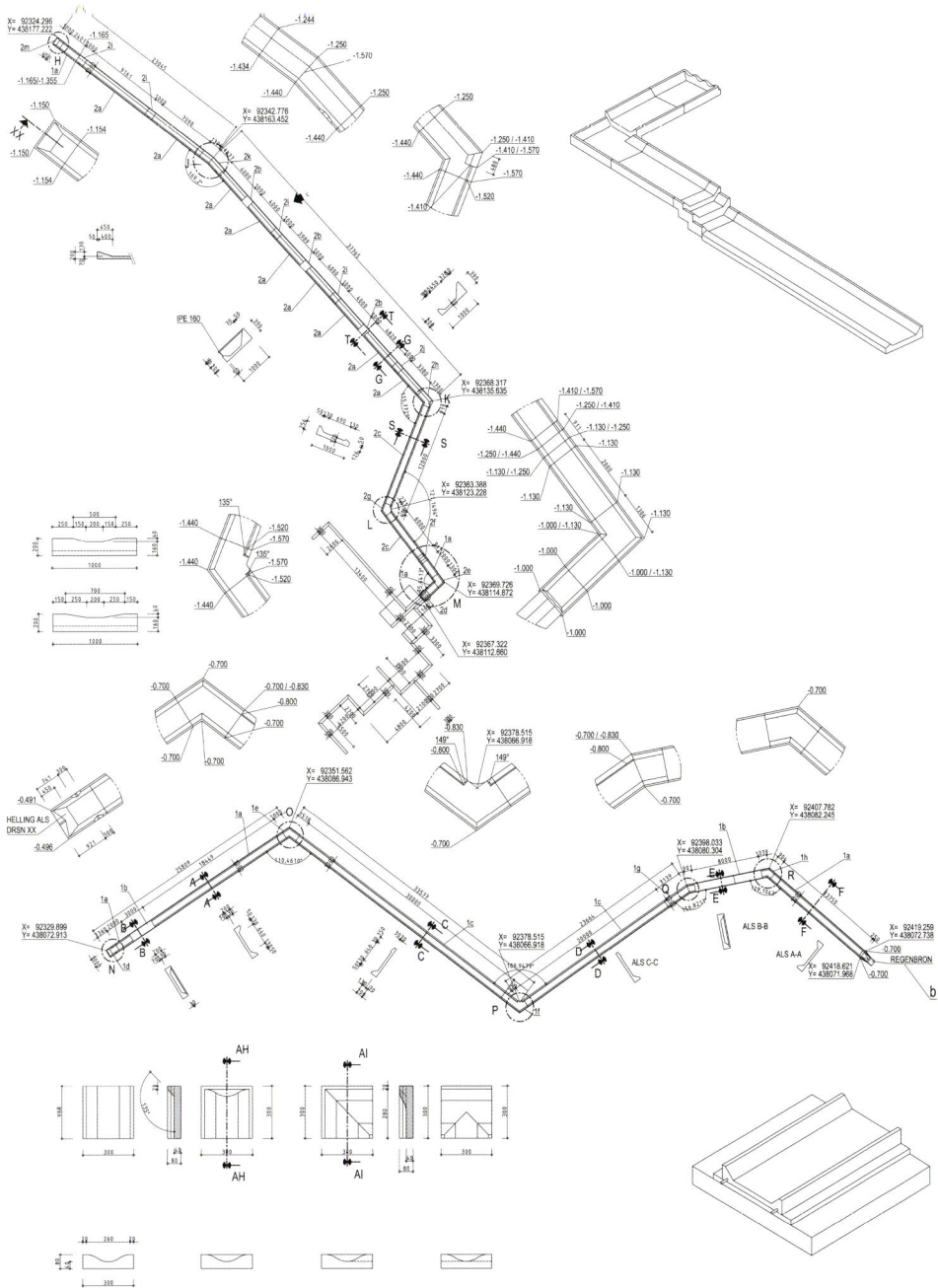

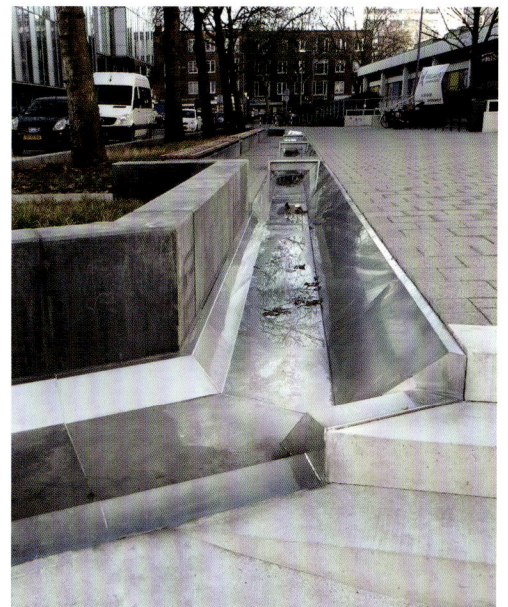

111

水墙

底部裂痕
1. 周围雨水供应
2. 水室
3. 水墙池
4. 不锈钢裂口
5. 水流方向
6. 最大水位 1.4 米
7. 排水
8. 最大水量排水管

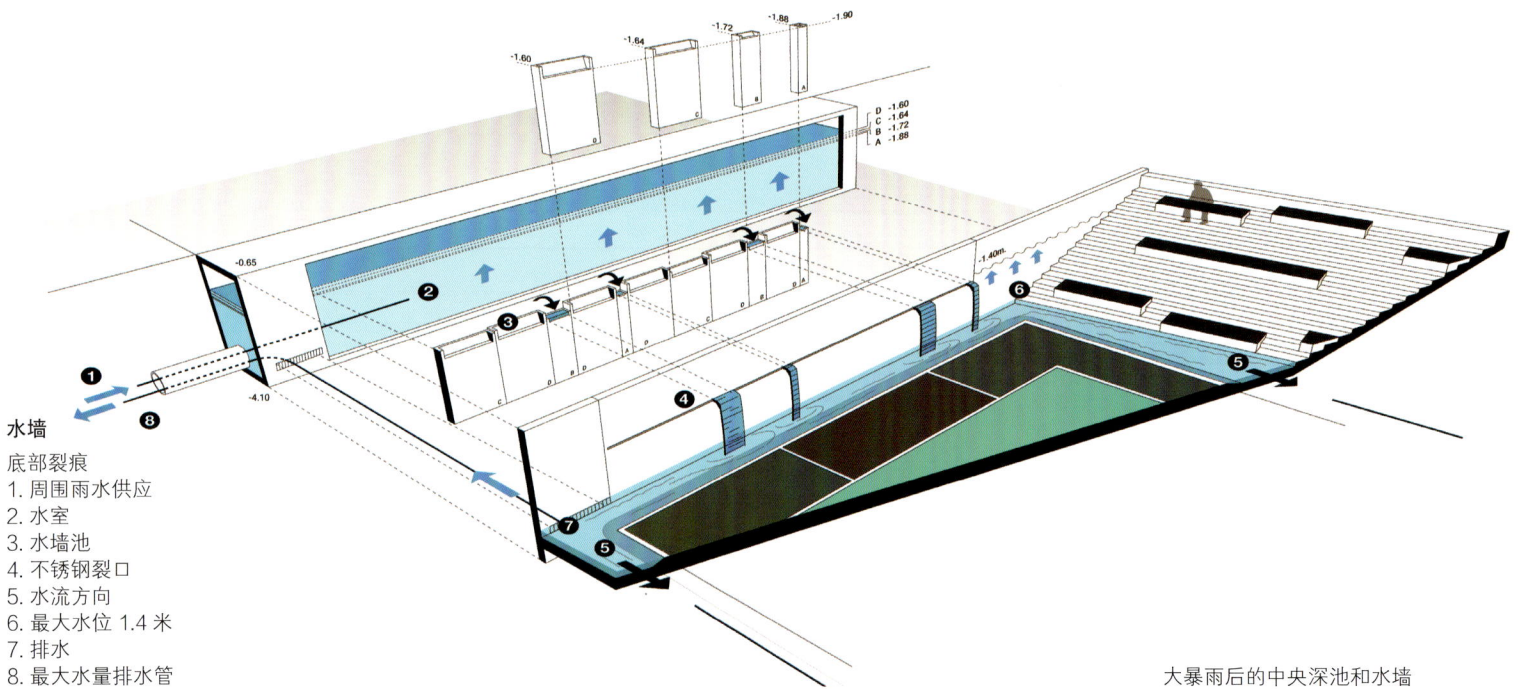

大暴雨后的中央深池和水墙

雨水井将屋顶和附近广场排水道中的雨水收集起来

雨水井

正常雨量及大暴雨
1. 降雨量
2. 屋顶雨水
3. 内部排水
4. 地下供水设备
5. 提高水压
6. 水源
7. 雨水汇集不锈钢水道
8. 可见降水源

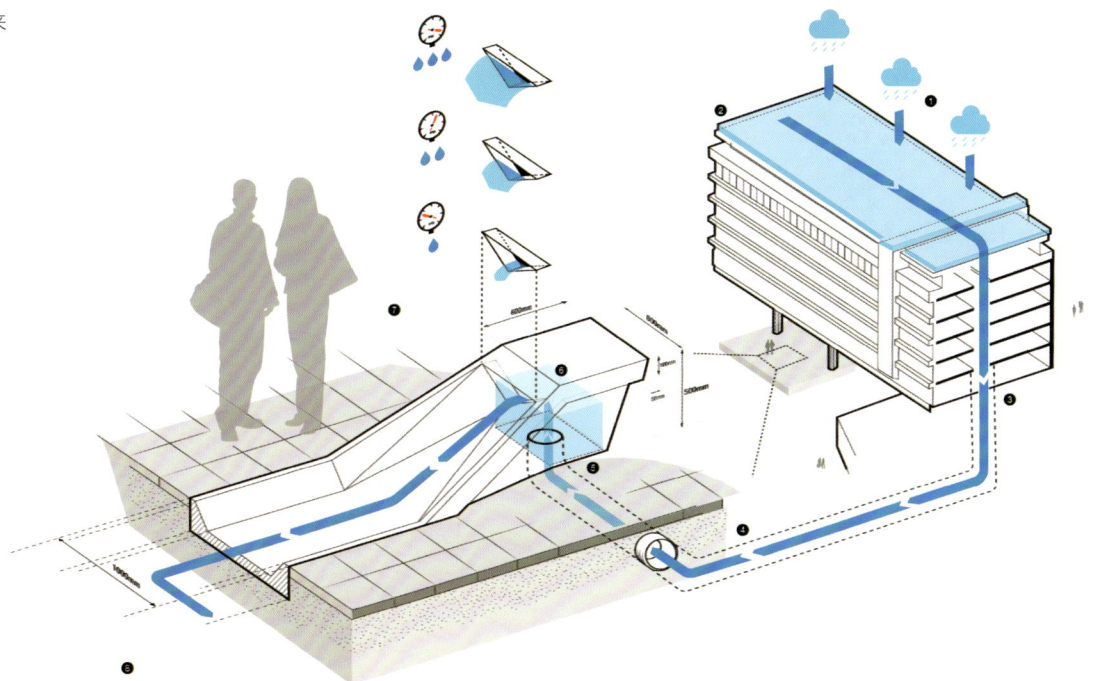

植物

1. 植物区 1
2. 植物区 2
3. 植物区 3
4. 植物区 4
5. 植物区 5
6. 植物区 6

上图：植物区 5 和植物区 6 位于长形浅池的中间
对页上图：植物区左侧排水区的景色

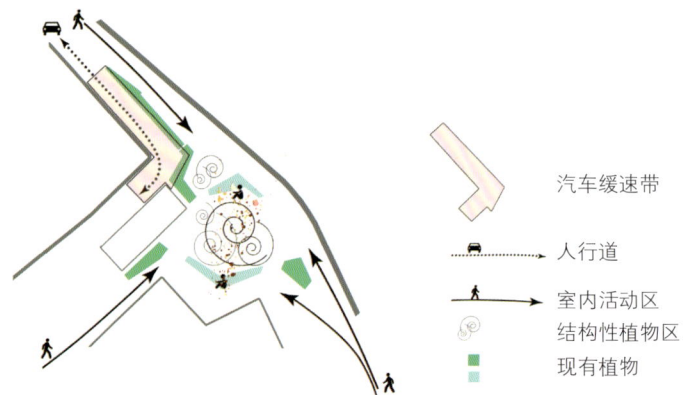

水广场的植物计划图

汽车缓速带

人行道

室内活动区

结构性植物区

现有植物

植物区 6 的放大图和植物分布

植物 6 区

D – 新栽种树

C – 灌木
B – 季节型草类
A – 低矮草类

A

| 冰属草 | 羊茅草 | 披碱草 | 麦式草 | 地榆 |

B

| 三脉香 | 安寿花 | 土庄绣线菊 | 星苞矢车菊 | 草原鼠尾草 | 水芹 | 野胡萝卜 |

C

| 薰衣草 | 夏雪草 | 溲疏草 | 分药花 |

D

6 米　　　12 米

向阳面　　晴
　　　　　阴

| 唐李树 | 松树 |

高度　　150-200 厘米　色彩与开花季节
　　　　100-150 厘米
　　　　50-100 厘米　　　　　　　　草
　　　　0-50 厘米　　　　　　　灌木与树
　　　　　　　　　　W Sp Sm A

冬季色彩构造

多年树木

落叶树木

多年生草本植物

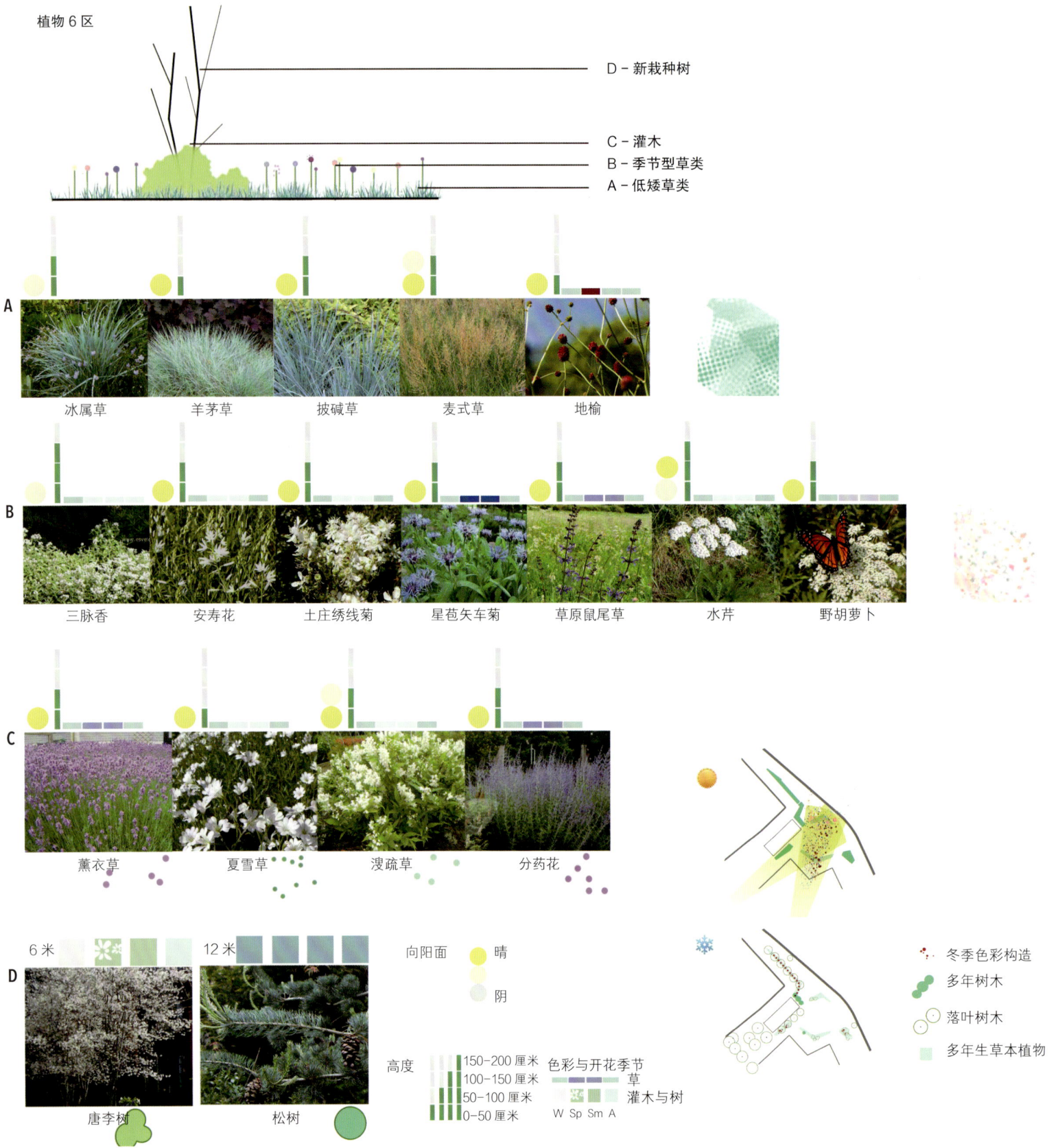

对页上图： 从小型浅池观看到的植物区 4 和植物区 2

迪肯大学中央区景观

项目地点： 伯伍德，澳大利亚
景观设计： rush/wright associates
竣工日期： 2014 年
面积： 1 万平方米
客户： 迪肯大学
预算： 350 万澳元

迪肯大学伯伍德校区中心已经重建。目前的校园中央区景观更加狭窄，铺着 6 种不同颜色的花岗石。空间上不对称的横截面带来一个双面效果：道路两边分别种着一排绿荫树，树下设置定制座椅，同时还有一排高达 12 米带 LED 平板灯具的灯柱，电线杆顶部集成太阳能电池板给电网提供电源。一片 6 米宽带后退线的空白区为频繁的校园活动打造合理的传播区域。

根据保罗·汤普森的种植设计，中央区景观带内还设置了一个广阔的旱地花园序列。这与扩大的灌溉校园绿化草地形成强烈对比，给项目增添了三种与众不同的新景观特色。该设计保留了原巴克斯特·雅各布森建筑师事务所设计师马克·巴克斯特设计的水景，以体现新景观"绿色"的一面，同时设计师把草放置在水景边缘附近，与水形成新的相互作用。

西方花园通过引入更丰富，更多样化，更易于维护的本土植物以增加生物多样性。

通过减少草坪面积减少灌溉依赖。大规模种植耐旱原生和本土物种减少使用饮用水进行灌溉，还建立了与伯伍德校园近期其他项目景观主题一致的校园特性。

中央广场利用本地雨水径流实现景观区水敏适应性；景观理念的目的是通过"绿色带"的形式将溪流周围环境引进校园来补充和利用嘉迪纳斯溪的土著性质。

草坪通过使用捕获的雨水给现有水景带来新生，并提供有关环保水系统的教育信息。选项 1：全水景，用捕获的雨水给水景补给水分。中央水景是 20 世纪 90 年代竣工的中央区景观带的最大元素之一。

场地环境图

其本来意图是在雨水排入小溪之前收集和净化雨水。2. 现有水景边上保留了新湿地物种栽培，以体现近期利用循环水的绿色倡议，并可在水景关闭后增加运动元素。水景底部将设置额外的花圃以收集雨水径流。

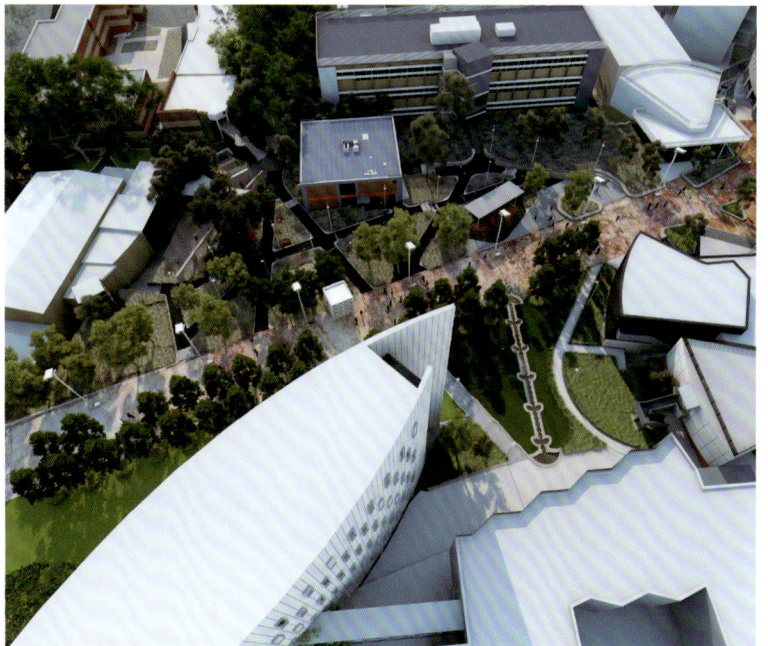

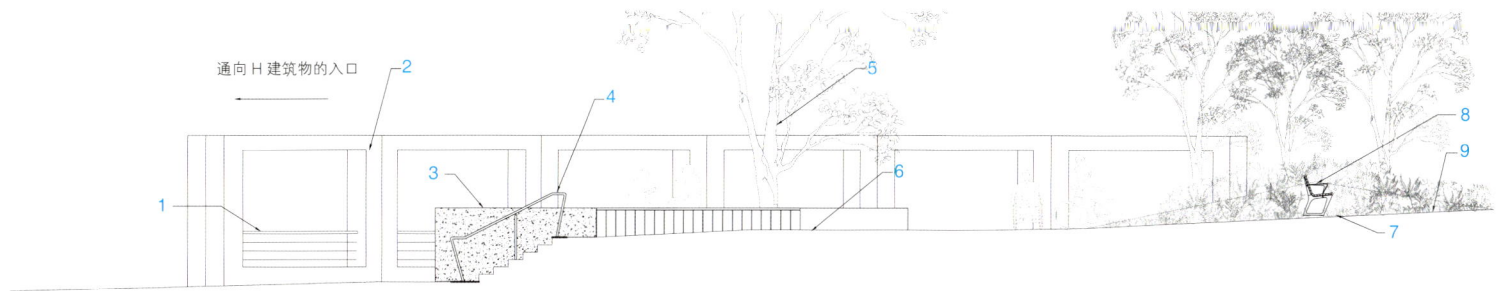

AA

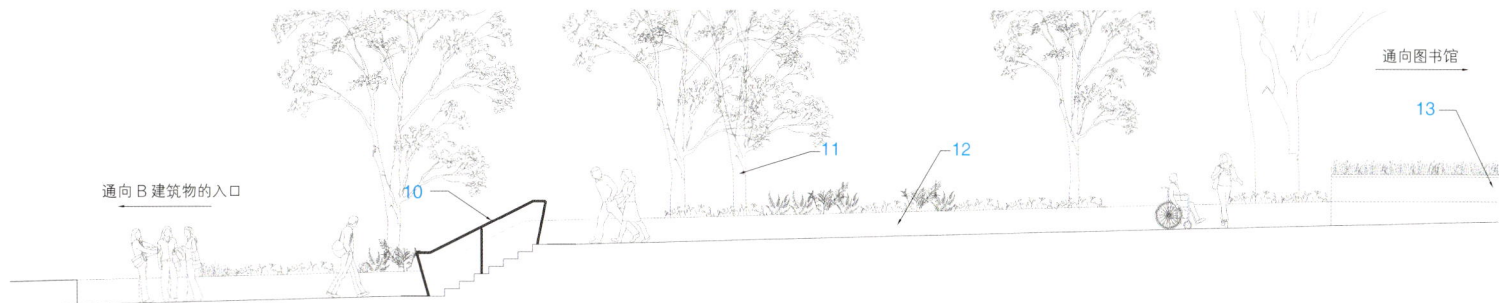

BB

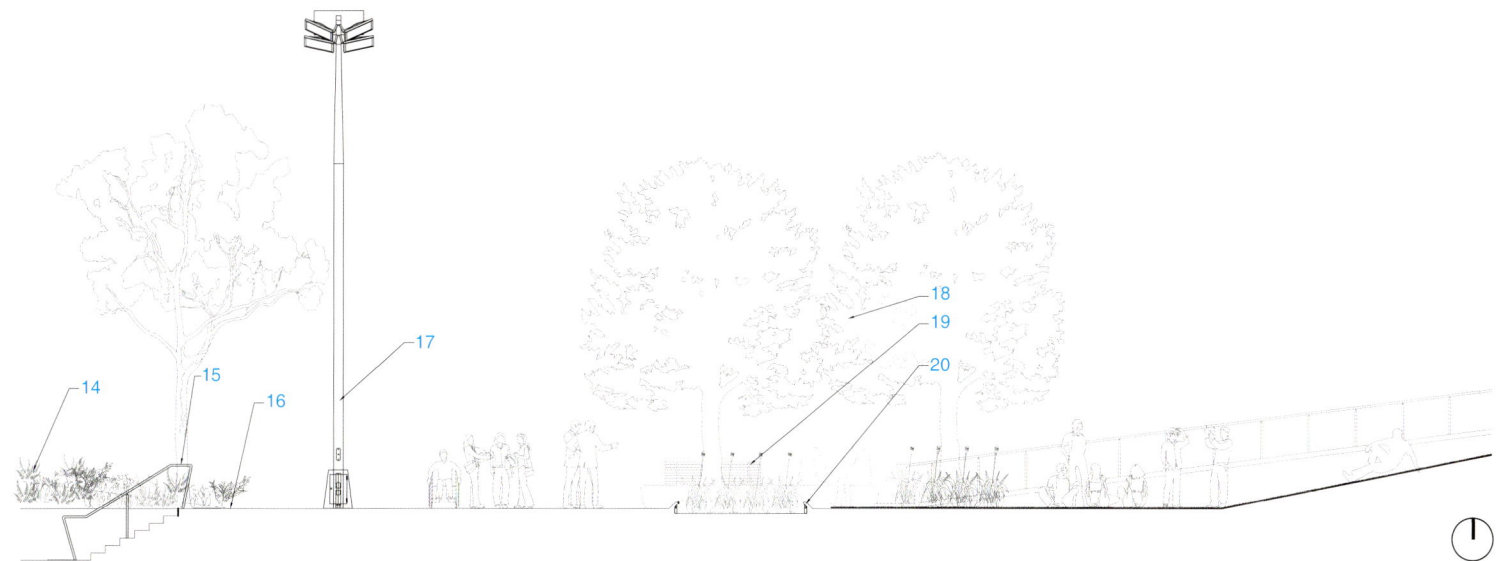

CC

剖面图 (比例尺 1: 50)
1. 低高度混凝土和栏杆。补偿和应用 X 粘合剂连接所有表面
2. 现有混凝土墙需要移除。弥补和应用 X 粘合剂连接所有表面
3. 英西图混凝土墙
4. 不锈钢扶手
5. 现有树木应保留及保护
6. 实木地面和座位
7. 1:8 斜坡通道至混凝土板
8. 长椅类型 2
9. 厚混凝土边缘
10. 不锈钢扶手
11. 现有树木应保护和保留
12. 英西图混凝土墙
13. 现有英西图混凝土墙混凝土座位
14. 花园床
15. 不锈钢扶手
16. 厚混凝土边缘
17. 设计灯柱带有电源输出口
18. 设计绿荫路
19. 座位类型预制实木抛光混凝土
20. 石头边缘

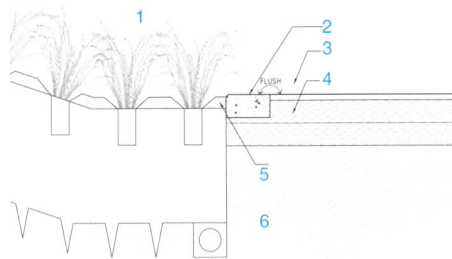

混凝土边缘石细节图（比例尺 1∶10）

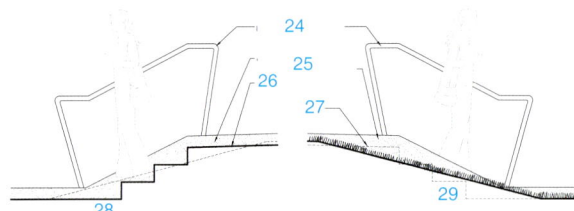

石制边缘类型 2 立面图（比例尺 1∶20）

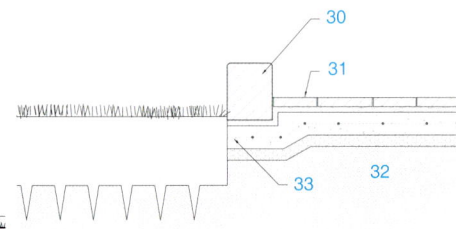

石制边缘类型 2 细节图（比例尺 1∶10）

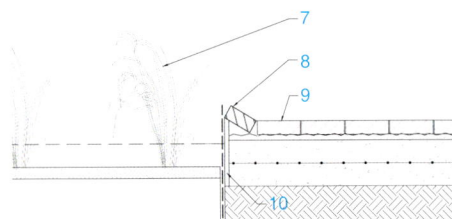

石制边缘类型 1 细节图（比例尺 1∶10）

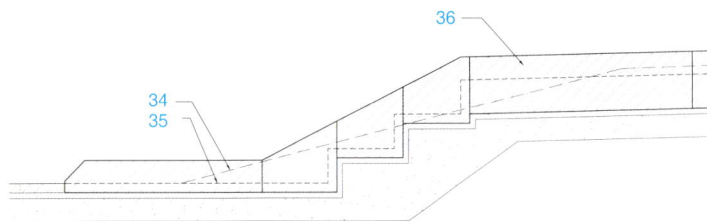

石制边缘类型 2 典型截面图（比例尺 1∶10）

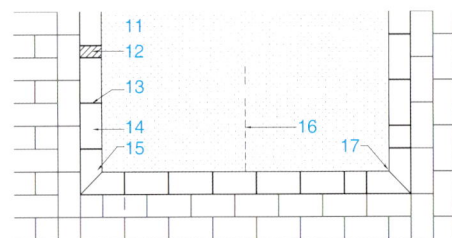

石制边缘类型 1 细节图典型规划图（比例尺 1∶20）

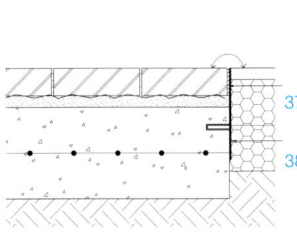

沥青路面的不锈钢边缘（比例尺 1∶5）

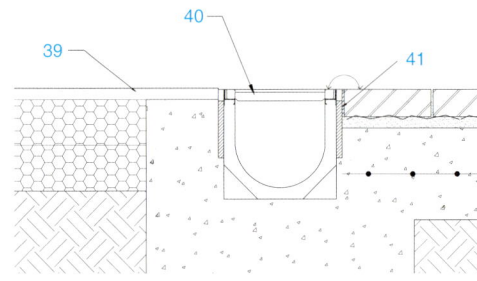

长椅栅栏 – 沥青连接处（比例尺 1∶5）

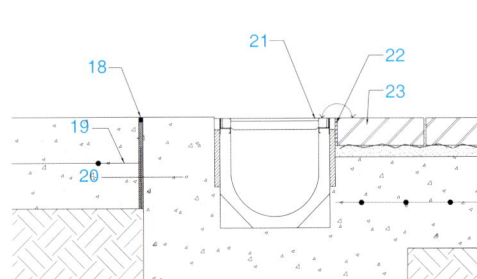

长椅栅栏铺设混凝土区域（比例尺 1∶5）

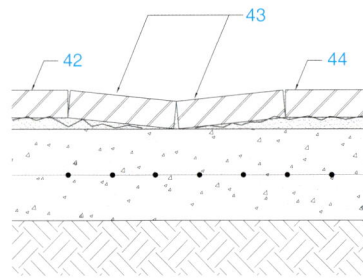

石谷细节图（比例尺 1∶5）

1. 花床
2. 英西图混凝土路石，外漏面 10 毫米凹槽参考硬质景观长度与形状细致要求
3. 相连路面
4. FCR 底座
5. 防止行人扭到脚踝的路边石覆盖物
6. 压实路基
7. 花园床参考软质景观细节图，植物图标
8. 花园床参考软质景观细节图，植物图标
9. 相连路面
10. 木炭
11. 花床参考软质景观细节图，植物图标
12. 花岗岩路面利于排水
13. 5 毫米灌浆接缝
14. 花岗岩放置角度
15. 花岗岩块弯角
16. 花床山谷
17. 街区
18. 充填缝具体规格与建筑方细节吻合
19. 450 毫米传力杆
20. 混凝土建筑底座
21. 不锈钢长椅
22. 最大沙地连接区
23. 新混凝土板带铺砖
24. 不锈钢扶手
25. 大理石路石
26. 草边路堤
27. 台阶线

28. 典型南立面
29. 典型北立面
30. 200 毫米 x 250 毫米 花岗岩路边石 10 毫米外露面
31. 相连地面
32. 压实路基
33. 台阶板，石头面朝着草坪
34. 草堤线面
35. 台阶正面
36. 通常 200 毫米 x 250 毫米花岗岩带 10 毫米外露面
37. 最大 5 毫米沙地连接区
38. 4 毫米厚度不锈钢边缘
39. 设计沥青路面
40. 不锈钢长椅
41. 最大 5 毫米沙地连接区
42. 路面
43. 白色石路面铺设，最厚 15 毫米
44. 随机混合路面

学生们享受长椅休闲时光

现有水景边缘细节图（比例尺 1：20）

1. 靠近泵房的地点
2. 禁止重机械靠近泵房
3. 现有树坑靠近泵房
4. 保护泵房附近小路
5. 靠近泵房地点
6. 4 毫米厚的不锈钢边缘，镶嵌于结构型版面
7. 花床
8. 直边段抛光现有板面
9. 不锈钢边缘焊缝，最小挖掘 400 毫米提供底土排水
10. 石谷
11. 两种不对比色路面铺设成 90 度相互垂直于石谷
12. 两种不对比色路面铺设成 90 度相互垂直于主路面
13. 混凝土边缘
14. 现有水景确保水体免于污染
15. 植物
16. 植物具体信息参照详图
17. 处理过的松木板边缘
18. 保持现有混凝土边缘清洁

模拟天然路面铺设的六色花岗岩地面

上图：草坪收割宽度到中央广场的过渡

下图：位于雨水花园区的双排树与座位处于中央广场的一侧边缘

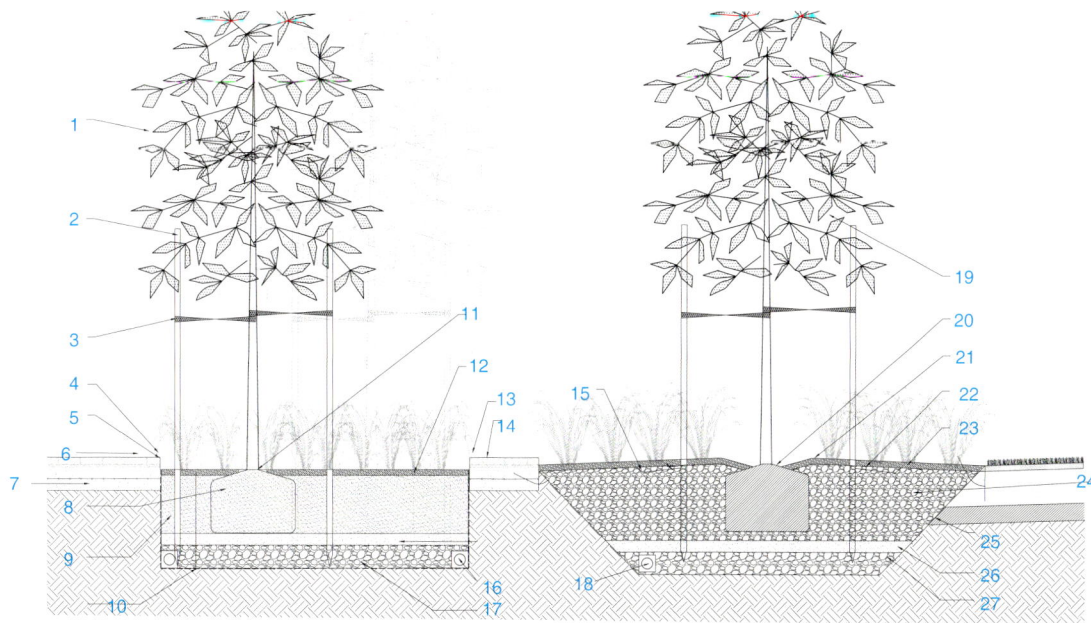

生态花床中长成的树沿着中央脊线与结构型土壤分部

1. 成熟树木不需要树桩
2. 木桩应符合镀锌钢条板，高 2000 毫米，安装临时防护帽确保树桩安全
3. 不可在树的 1/3 以下使用弹性绑带
4. 花岗岩边缘
5. 街边石允许径流流入花园
6. 进入花园
7. 现有石板
8. 植物坑不深于根球。填充土壤，优先于植树
9. 沙壤土过滤质
10. 高密度聚乙烯线
11. 根垛顶部与植物坑连接，护根与树干之间留空隙
12. 根垛顶部与植物坑连接，护根与树干之间留空隙
13. 花岗岩边缘
14. 硬质景观细节
15. 铁铲边缘
16. 粗砂过渡层
17. 粗砂 / 砾石排水层
18. 穿孔地下排水道带有土工布维护套
19. 成熟树木

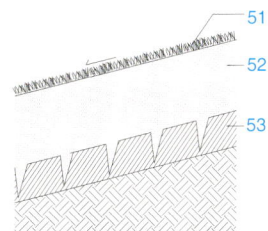

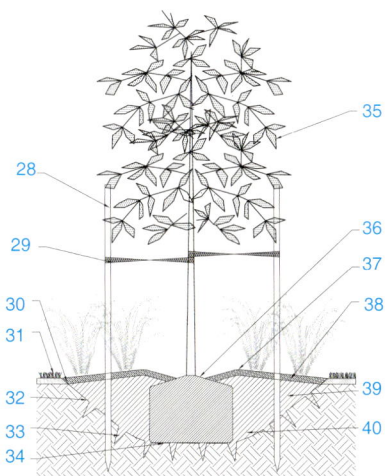

草坪中长成的树

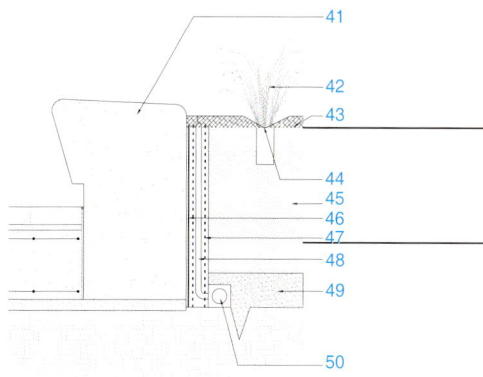

草坪细节图

凸起的花园土床

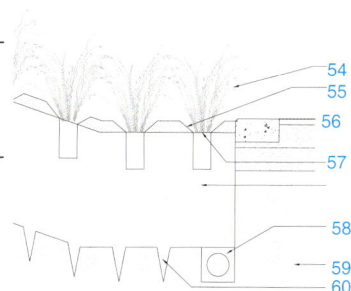

花园土床细节

20. 成熟树木
21. 在水池雨植物根球之间留 75 毫米大空隙
22. 安置后留 50 毫米覆盖物，植物洞外重叠土壤
23. 保持良好的草坪状况
24. 以结构性土壤填充植物洞，优先于植物。
25. 缓坡植物洞宽度最小应为植物球根的 2–3 倍
26. 粗砂过渡层
27. 粗砂 / 砾石排水层
28. 3 号镀锌钢条尖木桩 2000 毫米高，在木桩顶端安装临时防护帽
29. 3 号活动带与 8 号或 1/3 高度
30. 铁铲边缘
31. 草地
32. 缓坡植物坑 宽度最小应该是根茎球的 2–3 倍
33. 最小 150 毫米
34. 植物坑不深于植物球根
35. 树木，参考植物表
36. 根垛顶部与植物坑连接，护根与树干之间留空隙
37. 植物球茎外形成 75 毫米高崖径的灌溉池
38. 植物洞外 50 毫米覆盖物覆盖原土
39. 改良后的表土 150 毫米表层回填
40. 现有土壤填充树洞底部
41. 彩色混凝土墙
42. 管中植物参照植物详图
43. 50 毫米覆盖物，将覆盖物放置于要求地点

44. 植物根球
45. 最小 500 毫米
46. 沃尔夫防水膜
47. 土工布
48. 排水孔 30 毫米或 52 毫米
49. 排水层
50. 100 毫米管道连接到雨洪系统
51. 速生草坪
52. 300 毫米 深表层土
53. 150 毫米耕作土壤
54. 植物，参考植物计划图
55. 放置覆盖物确保清除和切坡植物
56. 植物根部
57. 最小 400 毫米表层土
58. 雨洪与地基排水
59. 现有路面
60. 最小 150 毫米深耕作土壤

127

上图：草坪收割宽度到中央广场的过渡
下图：位于雨水花园区的双排树与座位处于中央广场的一侧边缘
对页：位于中央广场的定制灯柱由汤普森·艾特赛设计

绿荫大道

项目地点： 华盛顿，美国

景观设计： Sasaki

竣工日期： 2011 年

摄影师： 克雷格·科耐

面积： 约 1.42 万平方米（其中街景和庭院：0.7 万平方米）

客户： 波士顿物产公司

绿荫大道，以前称为广场 54，坐落于白宫西北的第六街区，与华盛顿圈、第 23 街和宾夕法尼亚大道接壤，邻近乔治华盛顿大学和主要公共交通枢纽。本设计是一种动态混合用途景观开发项目。整个街区综合楼由办公、住宅、零售元素和丰富的绿色公共空间、街景、露台及庭院组成，全部采用了创新的雨水管理策略。这些空间常年为游客、写字楼员工和居民提供愉悦的户外体验。

广场 54 上面的四个建筑的占地面积以提高综合建筑内开放空间的公共用途为目的而设计。周围街景设计包括两边种植着成排绿荫树的宽阔人行道、种满各种多年生植物、低灌木丛和观花树木的大型种植池，以及一系列长满五颜六色的时令栽培的建筑花盆。所有的停车处都位于开发中的一个五层室内停车场内。

停车楼上方的中央庭院以水饰为特色，体现了历史上著名的华盛顿城市电网和宾夕法尼亚大道轴线之间的交集。此水饰是较大雨水管理系统的一部分。雨水管理系统用于收集落入物产公司内的全部雨水，然后雨水经过雨水过滤器过滤后排入位于庭院下方五层停车场内 7500 加仑的水池中。雨水在含有水生植物的水景中经多次循环

花园整体景象

和处理，水景中的水生植物也有进一步过滤雨水的功能。储存的雨水也可以满足庭院栽培植物在整个生长季节内的全部灌溉需求。开发项目的屋顶包含一个 743.22 平方米的广阔绿色屋顶，此处形成微气候可减少局部热岛效应，又给鸟类提供栖息地，还可隔离建筑，以及最大限度地减少屋顶的径流。多余的雨水在被收集到水景和下

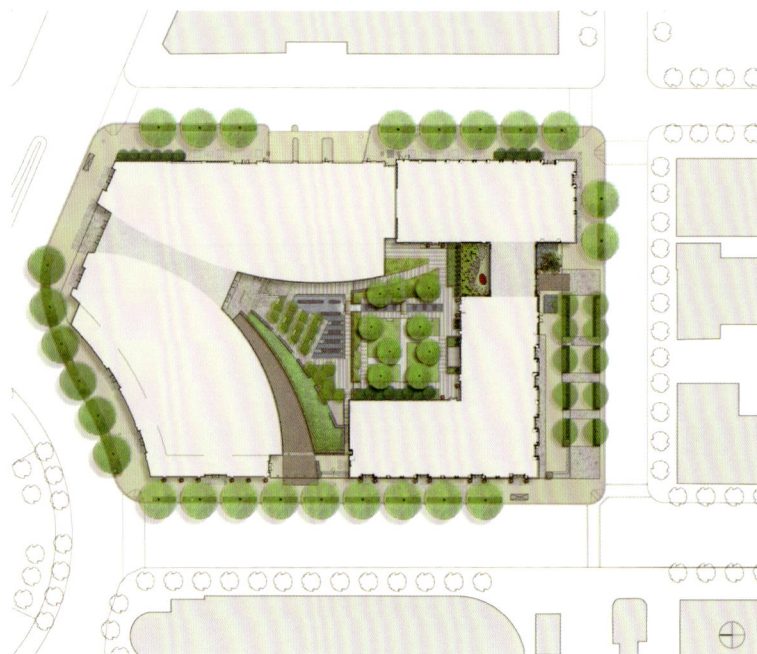

场地规划图

面的水池前经绿色屋顶层层过滤，这种可持续性雨水系统极大地降低了对城市开发不足的合流下水道的依赖。城市下水道系统因开发不当会对国家广场和低洼地区造成周期性的洪水灾难并导致该地区河水和溪流的污染。

透视图

截面图

1. 办公销售办公楼
2. 生态排水沟
3. 预制混凝土底座
4. 传统水景截面
5. 人行道 / 台阶
6. 水池
7. 栅栏
8. 座位区
9. 结构土壤
10. 座位墙
11. 玻璃混合区
12. 植物区
13. 缓坡人行道
14. 办公 / 销售区
15. 线性路面

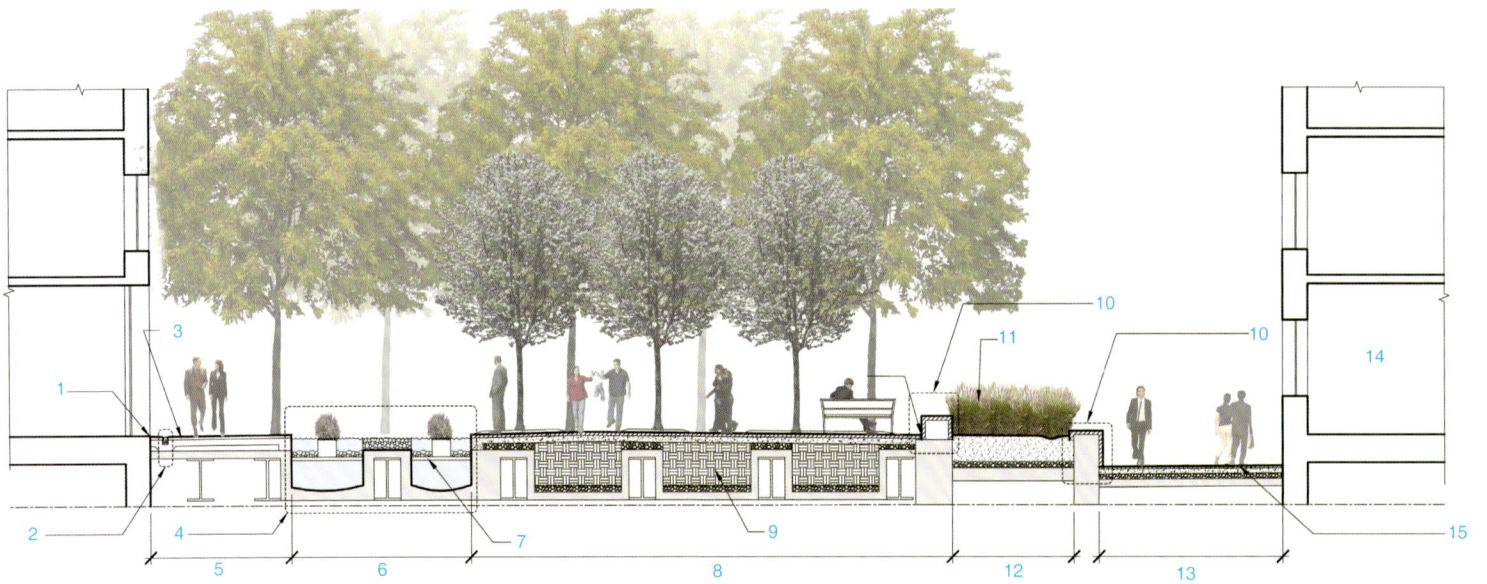

庭院中的水景特点

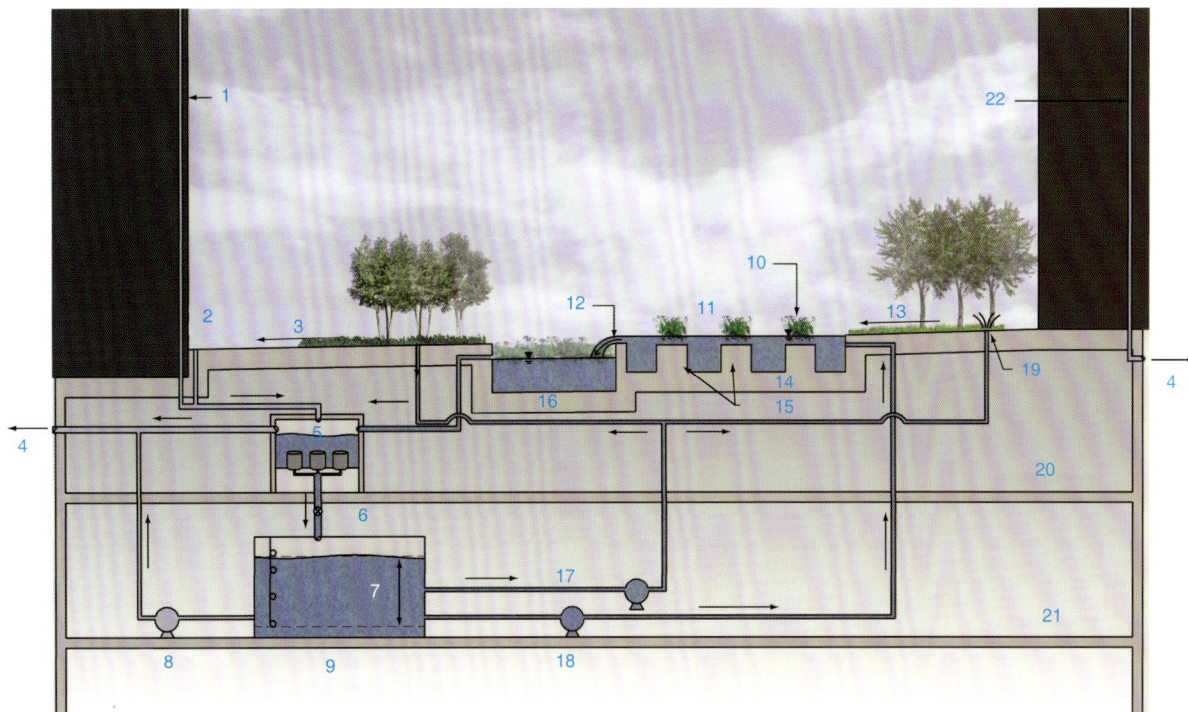

雨洪图标

1. 雨水从办公楼屋顶落下
2. 排水
3. 表面径流
4. 通向城市雨洪排水道
5. 雨洪过滤
6. 电磁阀
7. 存储量
8. 高水泵
9. 雨水回收池
10. 水生植物
11. 雨水处理池
12. 水坝
13. 地表径流
14. 上池
15. 结构横梁
16. 下池
17. 灌溉泵
18. 灌溉系统
20. 车库平面 1
21. 车库平面 2
22. 雨水引向

上图：水景细节
左下图：中庭花园景色
右下图：植物床可坐区域
对页上图：花园夜景
对页下图：庭院水景特点

多梅尼西法院可持续性景观改造

项目地点：阿尔伯克基，美国
景观设计：里奥斯·克莱门蒂·黑尔设计工作室（RCHS）
竣工日期：2013 年
摄影师：罗伯特·雷克
面积：1.34 万平方米
客户：美国总建筑师和纳税人总务管理局

中央雨水花园与洛马斯林荫大道在一条线上，分为三个独特但是相互关联的花园类型，种植着相应的植物种类。三种花园分别是：小溪谷（种植着德克萨斯州槲树、摩门茶、格兰马草、黄鸟蕉、雏菊、绿色有毛百合、黑脚雏菊和丝叶波斯菊），台地（种植着阿帕奇羽果树、拖尾蓝灌木、冷蒿和俄罗斯鼠尾草）和高地沙漠（种植着龙舌兰、皂树丝兰和短叶丝兰）。除美国皂荚树外，中央花园的第三大街（东面）和第四大街（西面）边上还种植着黄鸟蕉、秋季鼠尾草、日落牛膝草和松毛钓钟柳，浓密的树影倒映在地面上。

台阶式小道逐渐爬升至花园的主入口，而花园主入口位于一个正面朝向台阶的基座上。抬升的台阶后是大型浅滩植物栽培池，种植着黄荆、冷蒿、龙舌兰、仙人球、蓝色野生燕麦、粉色乱子草和松毛钓钟柳。略高于装饰排水格栅的漂浮式种植槽下方安装着照明设施，

可在夜晚营造出迷人的灯效。格栅装饰以雨点溅入水中时形成的同心圆图案为设计原型。整个景观区域布满这样的设计使得项目场地内实际雨水流向显而易见。

项目后面的停车场以生态草沟为特色，种植有栾树、粉色乱子草、格兰马草、蓝牛毛草、绿色有毛百合和冷蒿等植物。如今项目场地上小径公园里全新的圣母像让人们想起历史上著名的麦克莱伦公园，当时这个公园里也矗立着同样命名的雕像。这处小园位于项目场地的西北角，一片草坪上包含有一处悬浮底座，而雕像矗立在基座上，草坪上还有供人休憩的长凳。几种与前花园一样的物种以及一些其他试种植物构成了此处的主要种植基调，植物种类有栾树、黄鸟蕉、冷蒿、俄罗斯鼠尾草、麻黄、格兰马草、雏菊、绿色有毛百合、黑脚菊、丝叶波兰菊和粉色乱子草等。

MADONNA OF THE TRAIL

N·S·D·A·R· MEMORIAL
TO THE
PIONEER MOTHERS
OF THE
COVERED WAGON DAYS

第三大街

大理石路

洛马斯林荫大道

第四大街

0 16 32 64

平面图
1. 本地生植物
2. 下设水收集罐（可能位置）
3. 屋顶光伏列阵
4. 现有花架
5. 现有美国皂荚树
6. 碎石路
7. 重用混凝土墙与路缘
8. 光伏网关标识
9. 本地雨水花园植物
10. 花园中扩展的人行道
11. 公交车站
12. 碎石路
13. 公园草坪
14. 美国小径纪念公园女神像
15. 再利用路缘
16. 长椅
17. 碎石过滤层
18. 现有街边树木
19. 现有人行道残垣
20. 再利用木制及混凝土长凳

功能区
A. 北停车场与集水区
B. 拐角公园
C. 多梅尼西美国法院
D. 入口广场及花园
E. 东车库入口
F. 东面树林
G. 西车库入口
H. 西面树林
I. 雨水公园

里奥斯·克莱门蒂·黑尔设计工作室（RCHS）对多梅尼西美国法院进行的可持续性景观改造。

该设计方法体现了美国总务管理局致力于"以卓越的设计为现有联邦大楼打造理想公共空间"的目标。在此项目中，自然景观与低矮花园围墙、梯式栽培露台和小路相呼应，逐渐营造出法院建筑的庄重性、使命感和权威性，实现了司法机关的理想。访客既可以通过有序的路径也可以从景观中悠闲漫步至法院主入口。现在法院建筑景观以其苍翠的树木和本土植物为身处喧嚣都市的人们提供了一处享受宁谧空间的优美环境。

可持续性：里奥斯·克莱门蒂·黑尔设计工作室 RCHS 的生态友好式景观设计以生态、经济和文化三种相互联系的手法成功地实现了美国总务管理局的节约成本型可持续性目标。

经美国总务管理局委托对多梅尼西美国法院在联邦级别上进行设计改造与可持续性规划

生态方面景观设计：

• 重新引进补充灌溉需求量小的本土植物。

• 通过收集和再利用来自大型建筑物屋顶的雨水，建立雨水储蓄区域，用雨水补充地下水位，以满足灌溉需求。

• 保持、过滤和处理项目现场生态草沟以及雨水花园中的雨水径流;

• 减少 85% 的用水量。

• 用适当的小路径替换原先宽大的不必要的路面，并进行绿化处理，增加遮阴处，降低热岛效应。

经济方面景观设计：

• 在原有表面安装太阳能电池板为地面提供所需电量，从而降低能源成本。

• 重新利用原有混凝土，战略性地将它们整合到现场设计中。

• 简化景观维护，减少修剪、补给水、除草剂以及施肥等需求。

上图：将景观设计成对角线布局，该思路源于具有当代抽象主义特点的普韦布洛图案

对页：金色和紫红色相间的风华大理石（一种岩粉）铺设的露台地面

预计景观月用水量 1120.48 立方米

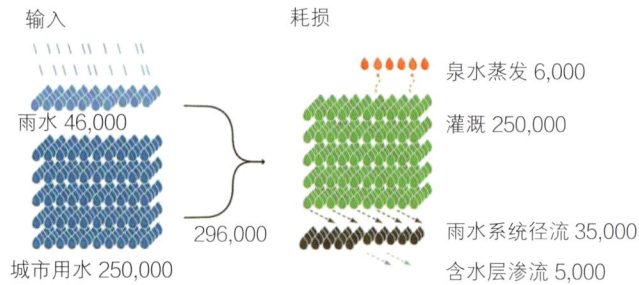

输入   耗损

雨水 46,000

城市用水 250,000

296,000

泉水蒸发 6,000

灌溉 250,000

雨水系统径流 35,000

含水层渗流 5,000

预计景观月用水量 249.84 立方米

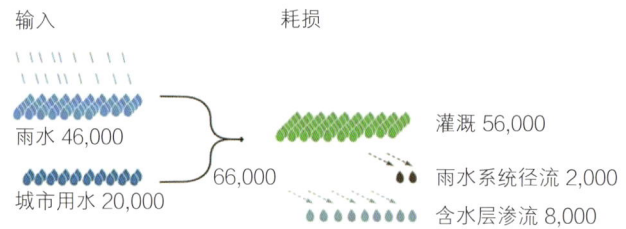

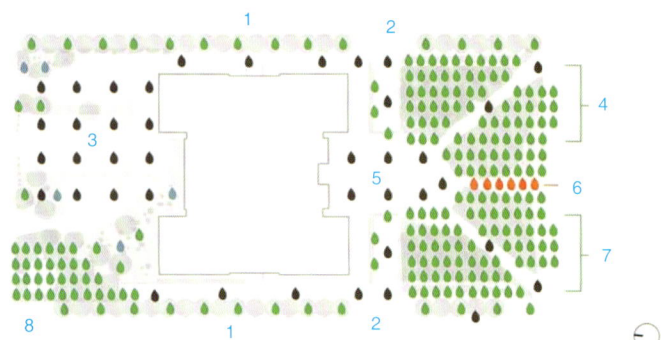

输入   耗损

雨水 46,000

城市用水 20,000

66,000

灌溉 56,000

雨水系统径流 2,000

含水层渗流 8,000

- 泉水蒸发
- 灌溉耗损
- 市政雨水系统径流
- 含水层渗流
- ◊ 4.55 立方米

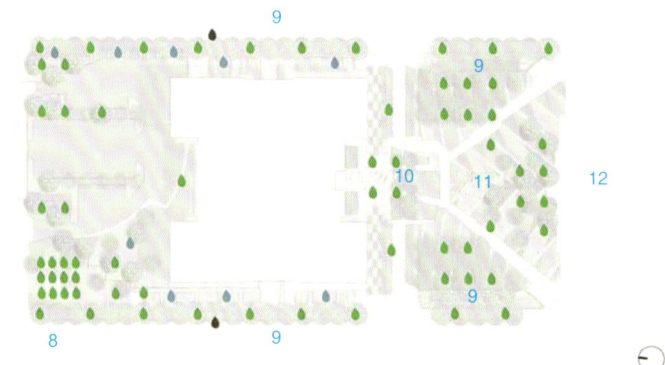

1. 行道树
2. 出库坡道
3. 后面停车场
4. 东南草坪
5. 入口广场
6. 泉水蒸发

7. 西南草坪
8. 小径公园女神像
9. 现有树木
10. 入口公园
11. 台面植物
12. 河谷植物

142

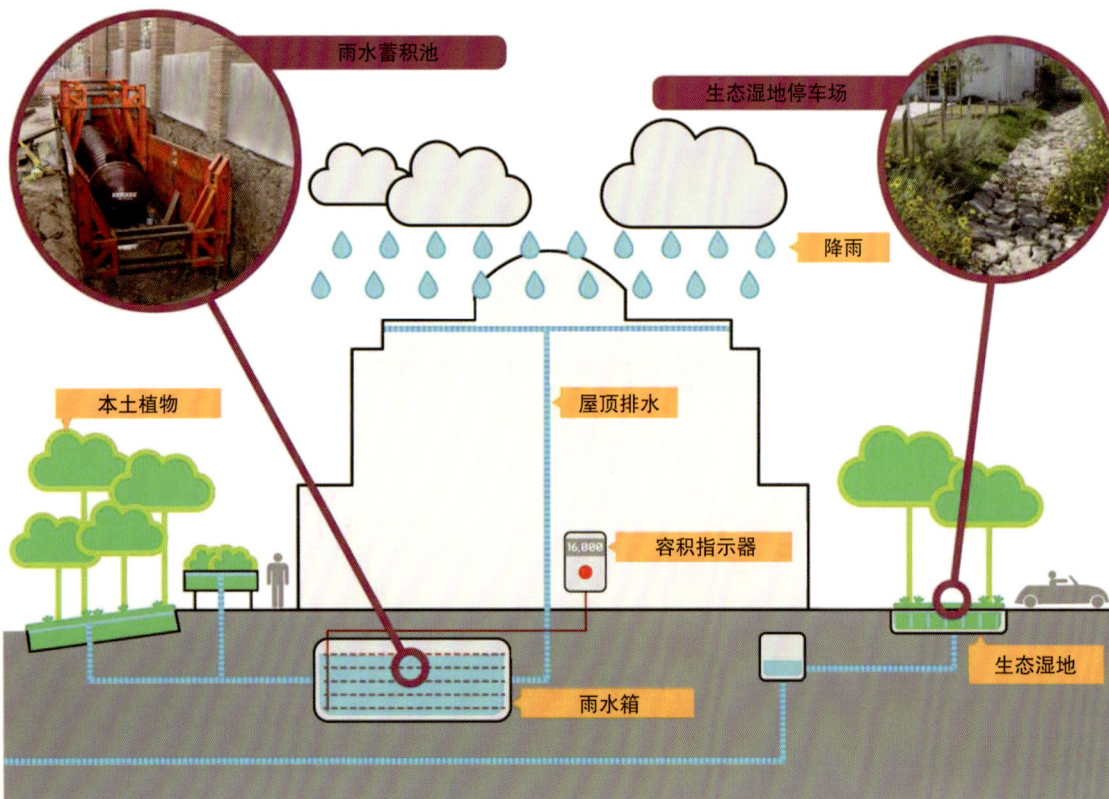

雨水蓄积池

生态湿地停车场

降雨

本土植物

屋顶排水

容积指示器

16.000

雨水箱

生态湿地

水

可持续性景观改造在 3 个方面围绕水元素
进行：

1. 在主要停车场，场地地表径流直接流入
生长了植物的生态湿地，在这里化学污染
物得到降解与剥离，结果从这里流向格兰
德河的水流洁净率达 80%

2. 房顶雨水被收集存储到容积为 60 立方
米的地下储水箱然后用于景观灌溉

3. 草坪扩展区得到重新规划，种植上了适
宜本地生长的物种，这就表明改造后的景
观用水只是此前用水量的 15%

对页上图：台地景观花园种植阿巴伽羽果树，拖拽槐蓝灌木，加穗苦艾草及俄罗斯鼠尾草

上图：在花园中生长繁茂的蜂蜜槐，还种植了鹤望兰、鼠尾草、日落牛膝草和松叶钓钟柳

下图：该景观项目融合了艺术、生态、工程设计与历史文化，既衬托了法院的庄严肃穆又为这里带来灵动生机

循环利用材料

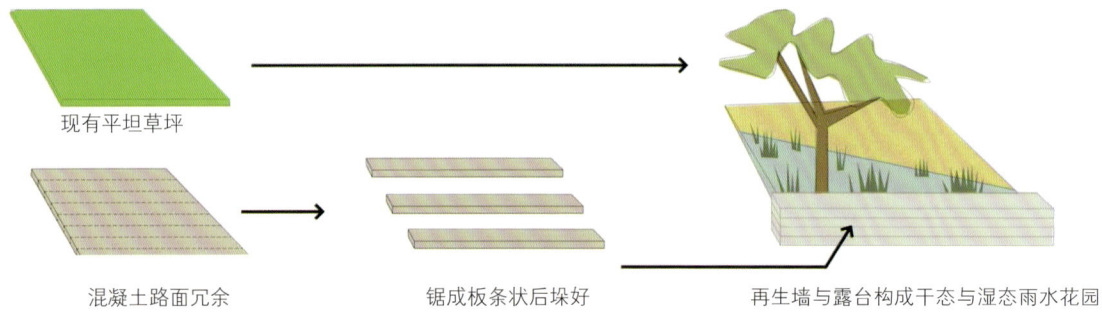

现有平坦草坪

混凝土路面冗余

锯成板条状后垛好

再生墙与露台构成干态与湿态雨水花园

上图： 碎石过滤层、再生混凝土长凳与安全防护围栏外生长着的行道树有机结合在一起

对页上图： 场地的西北角是一个街心花园，花园里的草坪上设有浮动柱基

对页左下图： 沿台阶而建的大型浅花池

对页右下图： 为突出夜景效果，修建的浮动性花池略高于观赏性排水格栅，并设计出朦胧的照明效果

中国"方圆"

项目地点： 修蒙，法国
景观设计： 北京土人景观规划有限公司（俞孔坚，陆小璇，涂先民）
竣工日期： 2013 年
摄影师： 俞孔坚
面积： 100 平方米

本项目是 2013 法国修蒙创意园林展的作品，并作为永久作品保留。"方圆"是对中国传统园林的当代解读，整体为外方内圆的形式设计，通过围合空间的建立和运用小中见大的中国园林手法以及填挖方的工程技术，将当代雨水利用理念及传统造园哲学相结合，创造亲切而富有美感的观赏和体验空间。

中国园林通常由文人和士大夫设计兴建，试图在围合的小空间中再现自然，以人工山水、亭台楼阁、小径曲桥和花木为元素。空间上，运用盒子套盒子的技术和小中见大的策略，在有限的空间中，创造无限的体验和风景。与同时代的西方园林的节点和放射视线及路径有截然的不同。"方圆"项目应用当代设计语言来重新解读传统中

国园林的哲学、手法与体验，同时融入当代生态理念，包括雨洪利用的理念。设计上有以下几大特点：

挖填方技术和雨洪利用：本场地处于整个园区的低洼地带，所以通过挖填方，在场地中形成一个方形水池。将土方对于四周，形成围合的高亢之地，便于种植竹林，以形成围合的方形空间。水池反射天光，流动的浮云和变幻日月以及四季变幻的植被，在有限的空间中创造出无限的风景。

曲线形的木栈道对角穿越方形水池，漂浮于水面。小栈道仅 50 厘米宽，容一人穿行。它是"圆"的符号，也是体验水池无限风光的

儿童们在"方圆"中玩耍

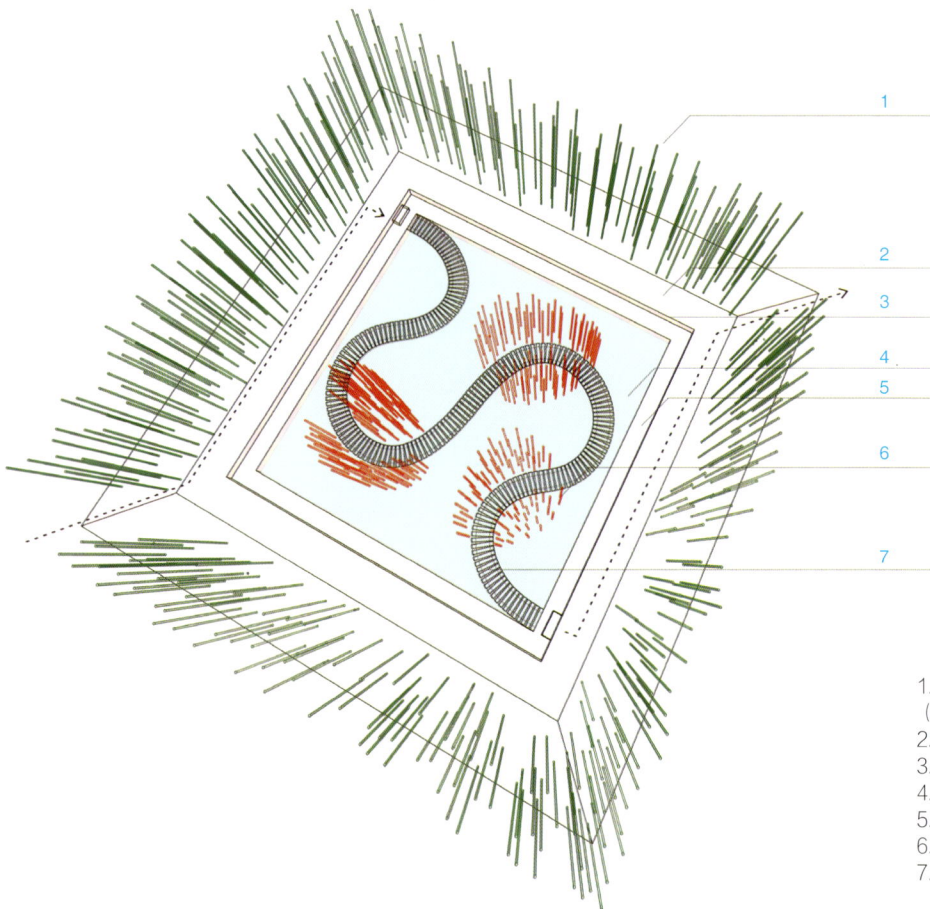

1. 竹林
（4 厘米 –6 厘米面积：110 平方米 6-8 / 平方米 600-800 ）
2. 鹅卵石路
3. 砖 / 支流口
4. 荷塘
5. 湿地植物
6. 刷漆竹子 2 米 –3 米面积：18 平方米 15-20 / 平方米 200-350
7. 木板面积：16.4 平方米 0.1 米 ×0.6 米 ×0.08 米 195 个

方圆全景

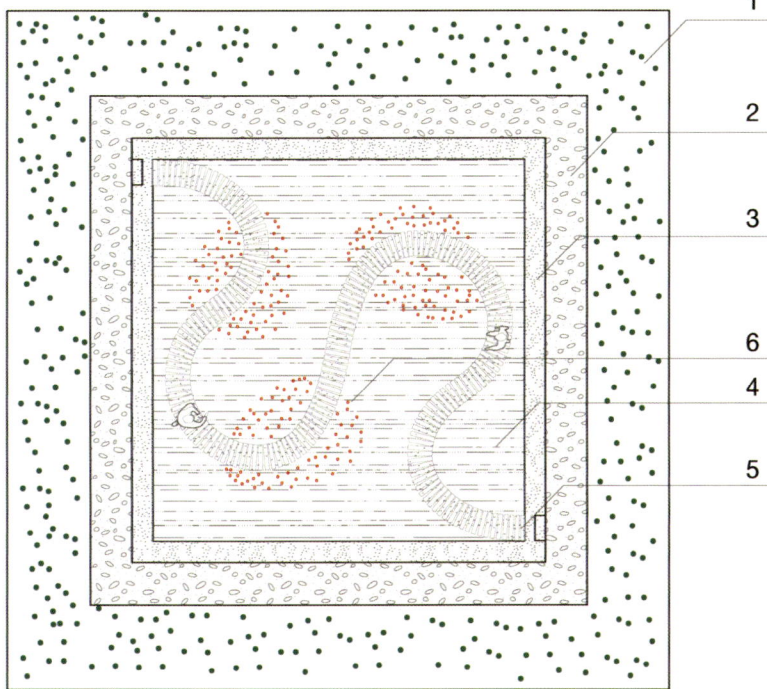

路径。水池中间是三丛红色竹竿，它们可取之四周竹林的老杆，是可再生的材料。垂直的竹竿丛沿木栈道分布，令行走在栈道上的游客体验穿越的快感。垂直的竹丛倒影水中，与变换的天景相辉映，创造出宁静和深远的氛围。虽然水深只有 30 厘米，却通过垂直向天的红色竹竿，创造出无限深远的感觉。"方圆"周边和水中植物全部为中国植物，渲染出浓郁的中国气氛。

方与圆，直与曲，饱和的红色与变换的水色和天空，生机勃勃的绿色竹丛与刺上天空的红色竹竿，从元素到空间，"方圆"让人体验到的中国既是传统的中国，更是当代的中国！

1. 竹林 (6 米 –8 米)
2. 鹅卵石路
3. 湿地植物
4. 荷塘
5. 木板路
6. 红色竹枝 (15 平方米 –20 平方米)

151

新门区再开发

项目地点： 米兰，意大利

景观设计： LAND Milano srl + Edaw

竣工日期： 2014

摄影师： LAND Milano srl

面积： 4 万平方米

客户： 意大利，海恩斯

预算： 700 万欧元

新门区再开发项目是规模最大的单项城市重建项目，开发项目中的景观设计与其他三个子项目（Garibaldi，Varesine，Isola）的设计相互结合，又彼此独立。该重建项目位于米兰市中心，自 2000 年开始实施，原是一块 290,000 平方米的废弃地，其闲置时间已经超过 50 年。

新门区再开发项目是开发米兰市再开发项目，项目旨在提升并整合相邻的三个街区（Garibaldi，Varesine and Isola）。在项目开发地上创建一个大型公园，公园的设计理念要求体现人性化，还要体现出这里作为公共设施所具有的社会意义。设计师正是秉承这样的设计理念，力求能使环境、城市与基础设施均可实现可持续性发展。

不但在理念上，而且本项目在设计层面上也体现出了这样三个可持续性理念：城市可持续、基础设施可持续及环境可持续。当城市加速扩张时，城市居民的生活质量可以用建筑物之间的空隙来衡量。米兰市实施"绿色通路"战略实际上基于这样的设计理念：密实化是实现可持续性与提升人们生活品质的工具。本项目的设计如同贯穿城市的通道，透过八条"绿色通路"使城市的公共空间变得活泼生动起来，这八条"绿色通路"将那些原本彼此孤立、鲜为人知的城市空隙——广场、公园、绿地、运动场等——贯通起来。

新门区再开发项目是"绿色通道项目"的重要组成部分：第一条"绿色通道"，实际上始于大教堂，并从新门区穿过。该项目无疑是实

现城市密实化、保证城市渗透性与建设绿色城市战略中的重要契机。

整个新门区再开发项目在实践"政府土地规划"及"绿色米兰计划"中都起到先锋作用。再开发项目作为这条绿色线路的组成部分，该线路将作为第一条贯穿城市的线路，其特殊的地理位置，使其在城市开发的更广阔视野下，更大范围的规划中能把握住重要的契机，可以对项目进行优化合理的再开发。本项目在开发中整合了城市合理开发上的三个基本特征：交通基础设施、建筑业与环境系统。

随着2015年世览会将在伦巴第首府举办颁奖仪式，该项目将会使其成为米兰和伦巴第城市开发上的新起点，也会在城市中成为综合运输网上的主要枢纽，还会覆盖市中心到2015年世博会主办地之间的沿西北轴开发带上成为新的开发起点。该项目可以无愧于成为"米兰新建筑复兴"中的一个项目。

如此规模宏大的项目只有整合各方智慧才能顺利完成。公共部门与私营机构通力合作，充分显示出权威机构要通过鼓励个体与公司进行创新来振兴米兰和伦巴第的巨大决心与不懈努力。新门街区再开发项目被认为是现有居民区的自然发展，再开发项目通过建设高品质的公共场地、露天广场、步行街与大型的新门花园来确保可以突出体现这里的每个居民区所特有的历史积淀与风格特征。项目建设目的不仅要建设一个贯通三个街区的中转地，而且要建成一个具备自身价值的目的地，米兰人都可以光顾这里，可以来此参与社交活动。按照这样的理念，设计师设计了许多文化场馆，这些场馆既可满足本地需要又可以体现米兰人对可持续性发展的需要，使城市在更广阔领域展现出魅力与竞争力，提升城市发展潜力并加强城市积极管理自身发展的能力。

城市空间有很强的渗透性及可塑性。人们通过对各个结合区域的方位进行分析，来推断花园和街区的轮廓，感受新公园的"内外"是如何结合在一起的。人们提出边界扩展这一理念，将公园路径延伸到附近的居民区，这样的设计理念体现到三个建设项目中，在这些项目中各条道路互相贯通，这样就自然而然地将各个社区的建筑物连接起来，确定了环境上的可持续发展。

新门区再开发项目肇始于此前的加里波第共和货场与火车轨道区的再建项目，项目所在的火车站于1873年被关闭。该区域位于米兰市中心，在现代加里波第火车站开发建设时有些部分发生了改变，

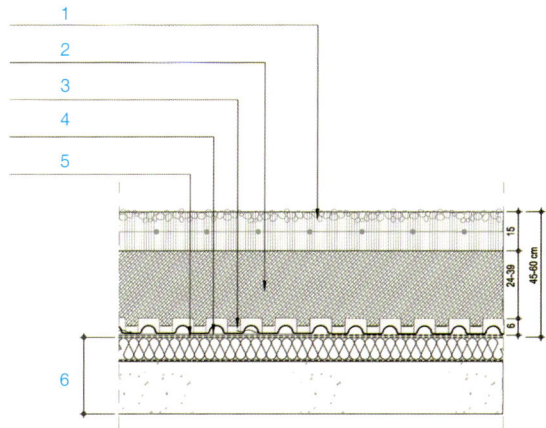

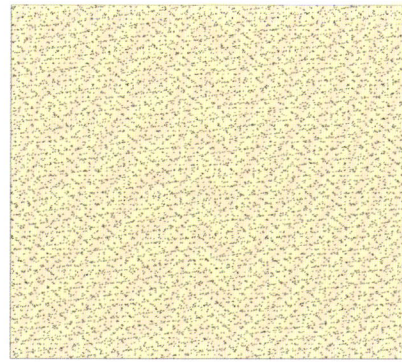

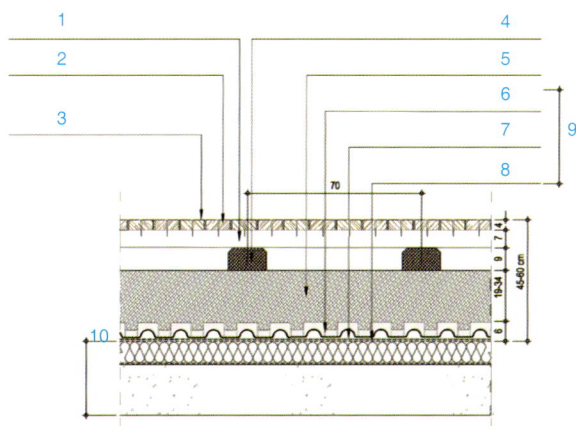

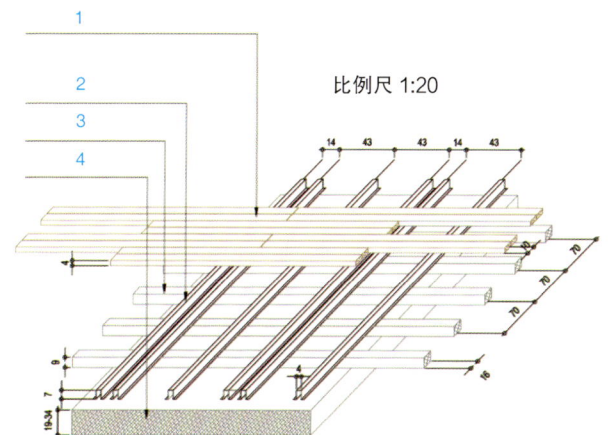

标准花园地面铺砌构件图

1. 各种尺寸的碎石终饰外加 15 厘米钢丝网式混凝土板（类型"格雷夫利特"）
2. 轻质混凝土找平层
3. 6 厘米排水板

4. 防渗挡水土工布（毡制品）
5. 防水防根膜
6. 参照详图

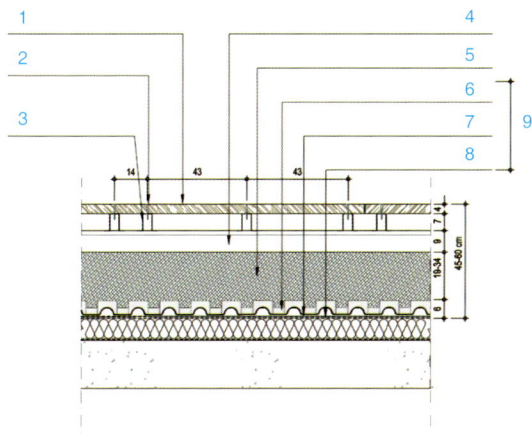

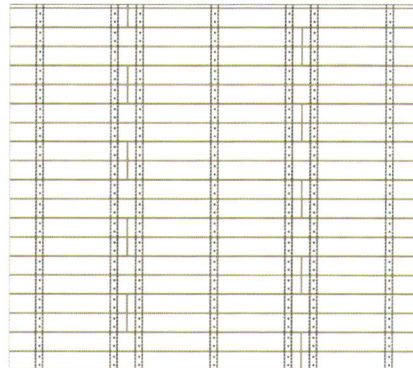

地面铺板类型

规格为 10 厘米 x 200 厘米 x 4 厘米木板

标准花园地面铺砌构件图

1. 外铺路面木制防滑板材，槽口边缘间隔 5 毫米
2. 不锈钢平头螺钉
3. 镀锌铁皮外形带 4 厘米 x7 厘米剖面
4. 9 厘米 x15 厘米混凝土路缘石
5. 轻质混凝土找平层

6. 6 厘米排水板
7. 防渗挡水土工布（毡制品）
8. 防水防根膜
9. 封装类型

比例尺 1:20

标准花园地面铺砌构件图

1. 镀锌铁皮外形带 4 厘米 x7 厘米剖面
2. 不锈钢平头螺钉
3. 外铺路面木制防滑板材，槽口边缘间隔 5 毫米
4. 9 厘米 x15 厘米混凝土路缘石
5. 轻质混凝土找平层

6. 6 厘米排水板
7. 防渗挡水土工布（毡制品）
8. 防水防根膜
9. 封装类型
10. 参照详图

轴线测定木制地面铺砌类型

1. 镀锌铁皮外形带 4 厘米 x7 厘米剖面
2. 不锈钢平头螺钉
3. 外铺面木制防滑板材
4. 槽口边缘间隔 5 毫米

155

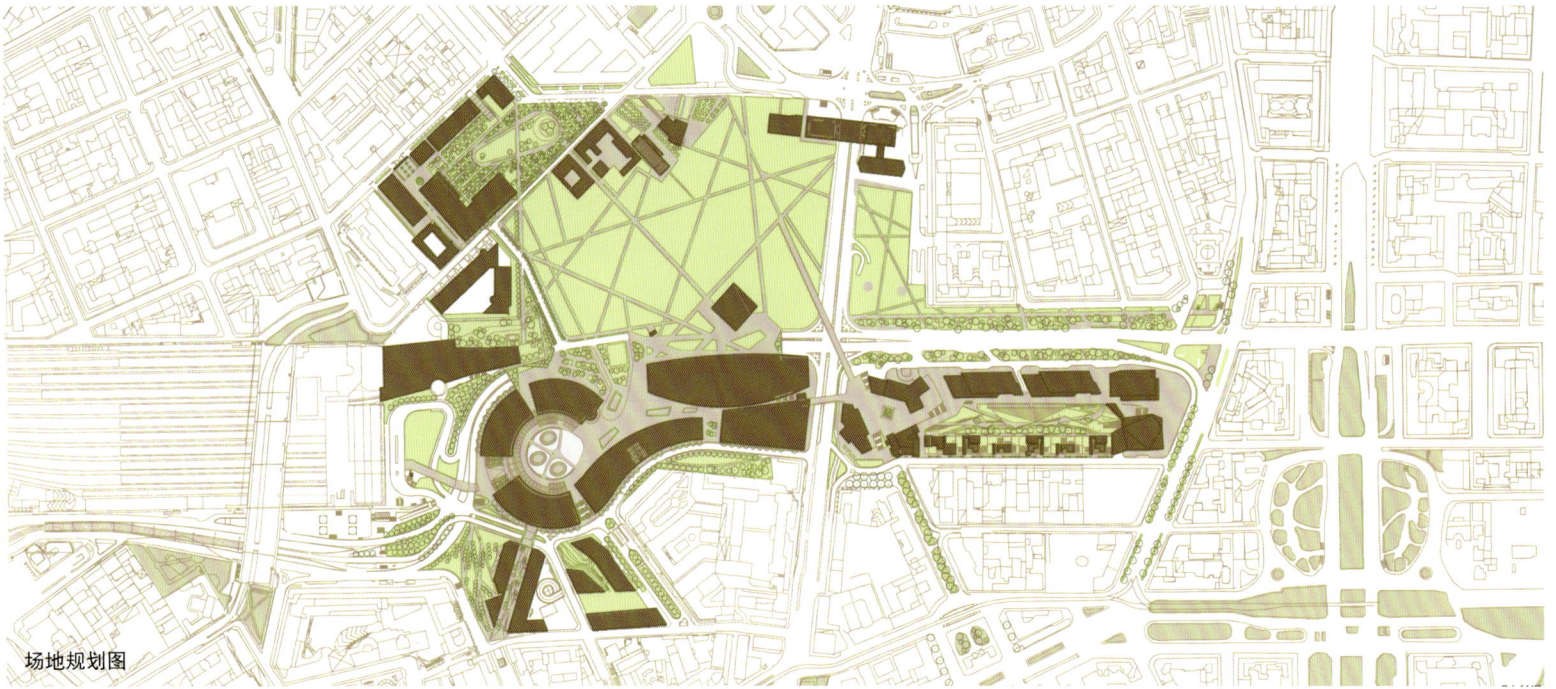

场地规划图

对页：通到居住区的过道

而有些部分在几十年前就遭到了遗弃，一直荒废至今。现代加里波第火车站由三位建筑师（E. Gentili Tedeschi，G. Minoletti and M. Tevarotto）通力合作设计完成的。这里从来都是建筑投资商竞争的焦点所在，也承载着市民与公共管理者的各种期盼，但各种期盼终因土地所有者间存在着种种分歧而无法圆梦。

从 2001 年初期，委托方海恩斯开发公司（Hines）坚信本项目在地理位置上显著的中心性，并致力于加强本项目与另外两个临近区域之间的联系。其中一个临近区在以前是 Varesine 站，该火车站于 1961 年关闭，此后直到 20 世纪 80 年代末，这里一直是月亮公园。另一个临近的区域是伊索拉（有孤岛的意思）社区的一部分，由于从这里到城市繁华区交通不畅，又与市中心处于隔绝状态，因而有"孤岛"之称。

加里波第的总体规划由美国纽黑文的西萨佩里（CPC）主持，对此前月亮公园的总体规划则由英国伦敦的 KPF (Kohn Pedersen Fox Associates) 完成，而设计上最精巧的伊索拉区总规划由意大利米兰博艾里设计所的设计师斯特凡诺·博艾里完成。作为委托方的海恩斯开发公司秉承高品质的规范开发程序：委托丹麦哥本哈根的一家建筑设计所（Gehl）负责公共区域调研工作，以保证米兰市中心的开发项目能够为公众提供积极有品质的生活，而委托跨国公司 Edaw 负责景观设计。

新门区开发项目在设计上充分遵守 LEED 认证规范，设计师的设计理念是：只有依照正确的原则进行设计，才能取得高品质的成果。此外，该开发项目不仅致力于提高建筑设施本身的性能，还志存高远，成为引领意大利乃至欧洲城市可持续发展的典范项目。

新门区开发项目也成为米兰社会经济发展的战略枢纽。这里将要兴建的主要基础设施会更加便利人们出行。

开发项目还包括一个 8.5 万平方米的"新门花园"，花园又是占地 16 万平方米步行街（包括 2 公里的环形路）的组成部分，而花园里规划了景观区与广场区，此外花园与外边居民区之间还可通过一座座安全便捷的小桥将彼此连接起来。

新门区开发项目已经投入使用，在公共活动与日常生活中都收到积极的评价。此外，项目设施展示的良好性能得到社区居民、工作人员与游客的普遍认可。新门区开发项目作为"绿色光线"的组成部分，不但改变了城市的旧貌，还确立了新的城市中心区地位。通过

多功能花园：为人们提供放松和娱乐的空间

贯通米兰市繁华的市容区与作为文艺聚集地比克卡新开发区之间的交通，使得城市交通不便问题得到初步解决。由于发达的配置形态，完善的服务设施，现在这里的公共场所充满生机，成为人们乐于光顾的场所。作为"绿色光线"项目的组成部分，以前彼此孤立的绿地与步行街现在形成完善复杂、彼此相连的服务设施网。

这里有符合城市规划的公共交通路线与站点，还有与从这里穿过的"第一绿色通路"完美结合的大型月台，这条绿色通路可以从这里直抵米兰北公园。

环境的可持续是有品质生活的基本要求。因此，环境的可持续也成为评估再开发项目的关键因素。新门区开发项目无疑推动了城市服务品质，对一些新理念进行了挖掘、反思与检验，进一步推动了城市的可持续性发展。

与以往不同，如今所谓的"城市绿色空间"不再和城市的具体部分相脱离，而是成为日常交流互动的所在。因此，只有成为城市生活本身的一部分，"城市绿色空间"才体现出其价值。绿色空间必须从城市规划中产生的泾渭分明的边界束缚感中解脱出来，融入到整个城市宜居环境中，才能将米兰改造成交通便捷、简易质朴、受人欢迎的城市。

通过改善城市的环境、社会、经济面貌，提高空气质量和露天场所的舒适度，促进经济可持续性发展，绿地和高品质场所才能在可持续发展框架中起到根本性作用。在PGT框架中，根据绿化规划战略，绿色通道成为景观城市主义的样本。景观城市主义用来解释城市空隙，通过灵活的土地治理模式避免城市无节制的盲目发展。

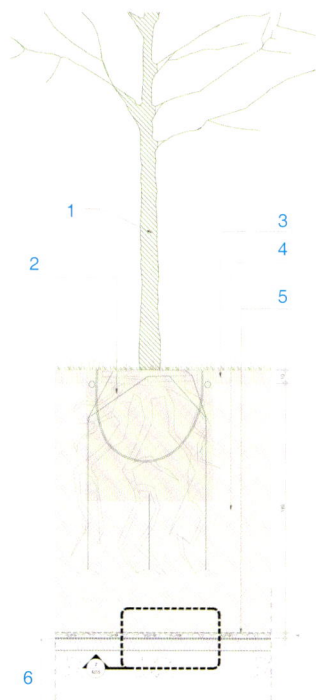

树木栽植土层

1. 混合土
2. 无纺土工布过滤物
3. 火山岩鹅卵石
4. 4 厘米厚蓄水、排水及曝气元素
5. 机械性保护与水滞留毡
6. 屋顶防水合成膜
7. 保温层
8. 结构板
9. 参照详图

树木栽植土层

1. 栽植在新树坑的树木
2. 容积为 100 厘米 x100 厘米 x70 厘米树坑回填表土
3.10 厘米回填表土
4. 混合土
5. 封装类型
6. 参照详图

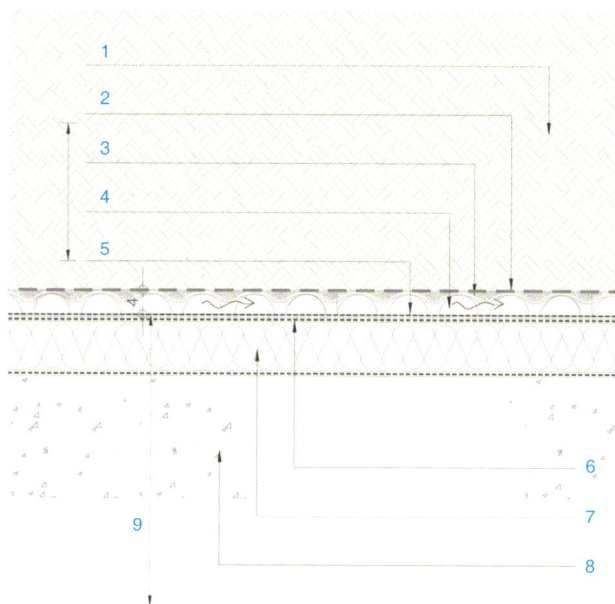

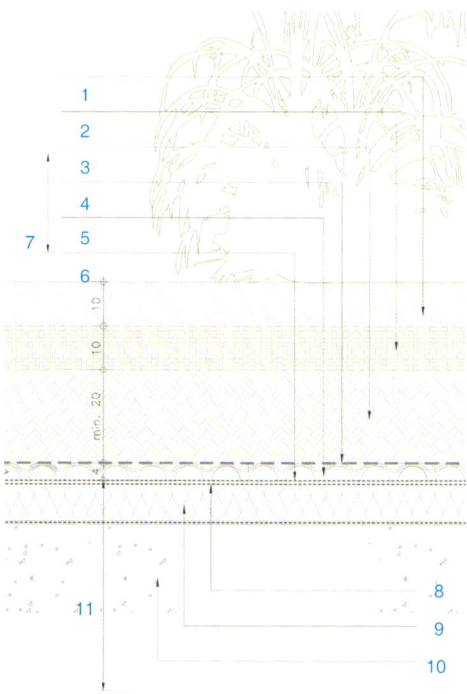

灌木与地被植物种植土壤

1. 10 厘米护根
2. 10 厘米表土
3. 混合土
4. 无纺土工布过滤土
5. 4 厘米厚蓄水、排水及曝气元素
6. 机械性保护与水滞留毡
7. 封装类型
8. 参照图
9. 防根合成膜
10. 保温层
11. 结构板

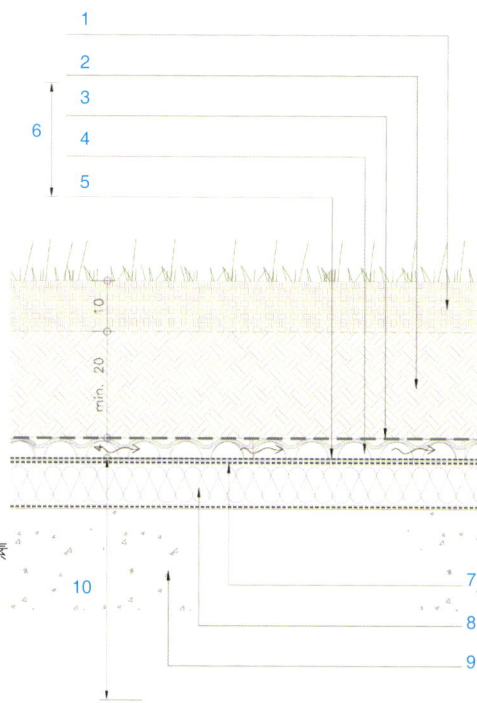

草坪土壤层

1.10 厘米表土
2. 混合土
3. 无纺土工布过滤物
4. 4 厘米厚蓄水、排水及曝气元素
5. 机械性保护与水滞留毡
6. 封装类型
7. 人造防腐层
8. 薄膜
9. 保温层
10. 结构板
11. 参照详图

上图：城市公园中的放松区域
对页：花园中的主要通道

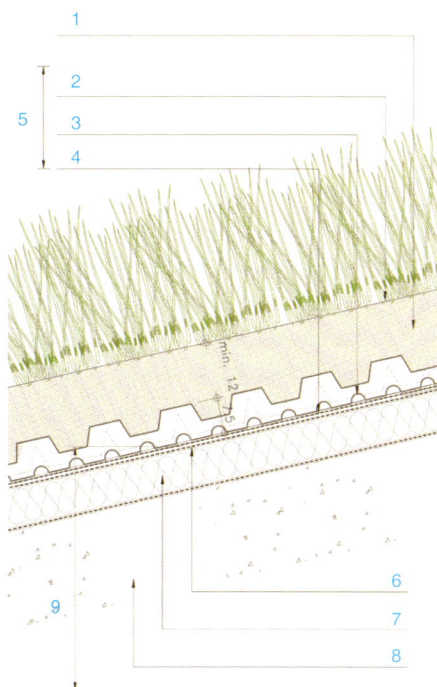

结构性边坡土壤层

1. 混合土和表土（厚度可变），最低 12 厘米
2. 朱塔纤维抗侵蚀土工布
3. 7.5 厘米含土排水曝气元素
4. 机械保护与滞水毡
5. 封装类型
6. 防根合成膜
7. 保温层
8. 结构板
9. 参照排水

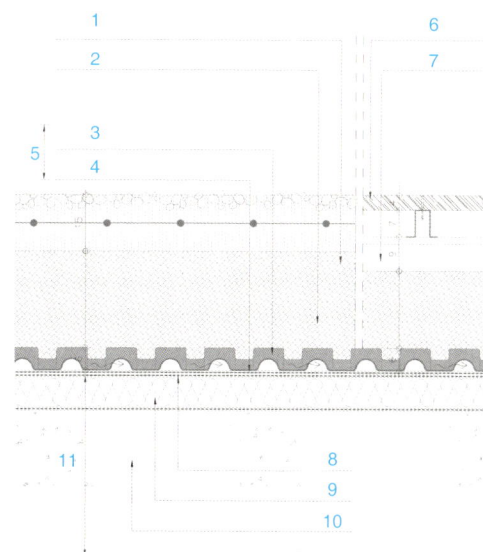

结构性边坡土壤层

1. 各种尺寸的碎石终饰外加 15 厘米钢丝网式混凝土板（类型"格雷夫利特"）
2. 轻质混凝土找平层
3. 6 厘米的热力塑型排水元素
4. 机械性保护毡
5. 封装类型
6. 木板
7. 混凝土梁
8. 防根合成膜
9. 保温层
10. 结构板
11. 参照下水系统

上图：从广场看到的公园景色
下图：人们攀爬公园的小山
对页：过道的绿色小山

163

文瀛湖公园

项目地点： 大同，中国

景观设计： AECOM（本杰明·菲舍尔，梁钦东，沈同生，朱世人，王旭，高铭杰，谢漪钒，孙天佑，周婷，牛牟，赵晓庆，江丹，赵菁，张文，蒋燕）

竣工日期： 2012 年

摄影师： 江丹，杜淼

预算： 6 亿人民币

文瀛湖古称"文莺湖"，占地 6.7 万平方米，距离大同明代古城约五公里，位于御河冲积平原上，是黄土高原少见的天然湖泊。大同与邻近地区，古时气候温润潮湿，现今的御河平原本来是大型湖泊。然而随着气候条件改变，生态逐渐改变，大同逐步转变为极端干燥的地区，仅有少数地方仍保留湿地形态的生态体系，如大同浑源县的神溪湿地，大同市南郊的十里河湿地，与御河的文瀛湖等。

在 70 年代，为了保证文瀛湖的水量，这个天然湖泊的周边修筑了一圈约十公里长的堤坝。于是文瀛湖形成了一个平原型水库。堤顶较外侧高出一到三米左右，内侧则有二到四米的深度。但短短数十年的时间，在大同市快速的城市化与工业化的需求下，超抽地下水的情况让文瀛湖的水资源在本世纪初已然殆尽；文瀛湖与其周边的生态体系也近乎消失。

21 世纪初在政府的推动下，太行山以北的水库与水系进行了整合，将黄河水引入补注。于是文瀛湖的水源有了保证。同时，大同市的老城区已不敷使用，为寻求城市生活质量的改善，大同市跨过御河向东发展，规划了御东新区。未来的行政中心、文化中心、学术中心、乃至于体育中心，都将迁至御东新区，成为大同市未来的发展重点。而新区的重中之重，便是临着文瀛湖岸的景观与城市设计。文瀛湖全新的湖岸景观，将成为御东新区开发的核心，以及新城区投资建设的触媒。在这样的契机下，开始了文瀛湖生态体系的修复。文瀛湖生态体系的修复面临了三个主要的课题：

一、水。文瀛湖本身依旧是一个水库，库容量必须保证。同时文瀛湖作为区域最大的地表水体，需充分发挥其生态功能，使其调蓄区域雨洪，维持水质洁净，创造湿地湖泊生境。

二、景观。大同地区的环境干旱，气候条件极端，需要一个兼容性强的景观设计。

三、保护。文瀛湖生态体系重新建立后，如何维持的问题。

文瀛湖是区域最大的地表水体，御东新区开发后，周边地块的雨洪将排入文瀛湖，使其发挥区域调蓄的功能，同时也为文瀛湖补充了水源。但是城市开发后，地表径流在水量和水质上都发生了变化，水量和洪峰流量增加，水质污染加剧。因此如何管理好区域的雨洪资源，确保文瀛湖的水质洁净和生态功能的发挥，是本项目的设计重点。文瀛湖区雨洪管理主要采用四种形式：

一、雨水花园。人流量较大的硬质广场，潜在污染风险较大。在这些区域周边设计雨水花园，通过雨水花园集中净化广场等硬质地表的雨水污染，减少入湖的面源污染。

二、下沉绿地。文瀛湖西侧开发强度较大，周边开发后不透水面积大量增加，在湖西侧绿地空间内设计大面积下沉绿地，用以滞蓄汛期的雨洪，促进雨水下渗，提升周边地块防洪排涝能力。

三、净化湿地。北侧环境较为自然，在文瀛湖堤外设计大面积自然湿地。利用泵的动力抽文瀛湖湖水进入湿地，净化后排回文瀛湖，形成水力循环，确保文瀛湖的水质洁净。

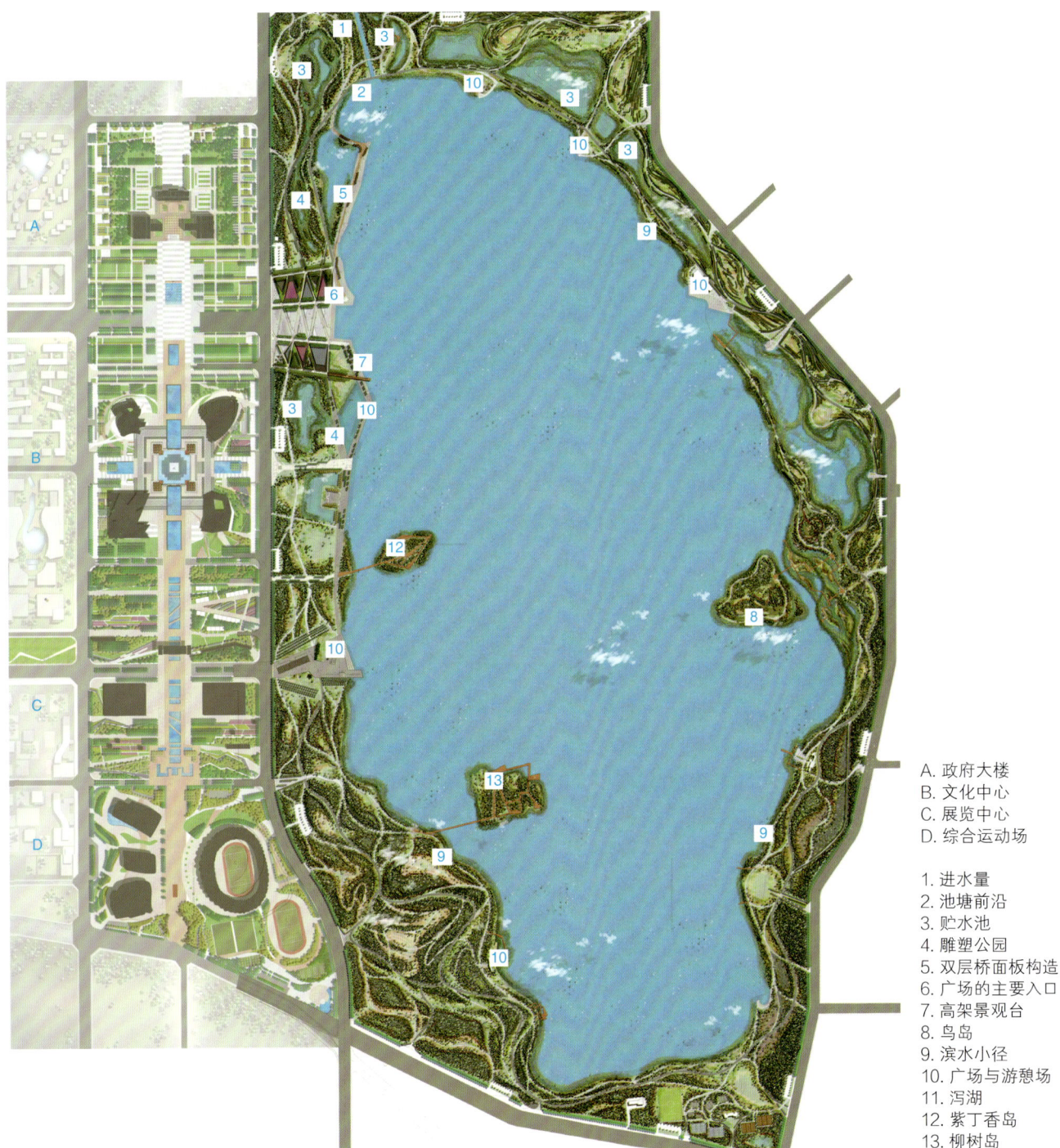

A. 政府大楼
B. 文化中心
C. 展览中心
D. 综合运动场

1. 进水量
2. 池塘前沿
3. 贮水池
4. 雕塑公园
5. 双层桥面板构造
6. 广场的主要入口
7. 高架景观台
8. 鸟岛
9. 滨水小径
10. 广场与游憩场
11. 泻湖
12. 紫丁香岛
13. 柳树岛

四、滨水缓冲带：文瀛湖整个湖区 90% 以上的岸线都采用缓坡入水的生态岸线，同时确保 30 米以上的绿地作为滨水缓冲带，确保入湖地表径流的水质净化。

雨洪资源与文瀛湖水资源的综合生态化管理，利用生态景观净化和滞留雨水，使文瀛湖公园、水体与周边环境达成稳定共生的可持续状态。

文瀛湖的堤坝较周边原地势高约一米到三米。而周边的市政道路也较原地势高一米到三米，形成了堤坝与道路同高，中间较为低洼的情形。在当地条件有限的规划中需要土方平衡的情况下，地形的重新设计受到很大的限制。如何解决在湖滨公园中活动，却看不到湖水的困境，便成了设计中的一个主要议题。我们的做法是将洼地转化为大小不同的下沉绿地、雨水花园、景观池和净化湿地，如此做法解决了数个问题：

一、这些设施可调节雨水排洪，并形成调蓄空间，帮助蓄水容量。由黄河调节导入的水利网络，固定排放进入文瀛湖及周边水体，维持水质健康。

二、增加的水体也扩大了水禽活动的范围，有助于稳定生态体系。

三、原本阻挡视觉的堤坝，在这样的做法下变成让人行走在湖中的堤路，视觉上湖面变得更为广阔，也增加了在湖滨行走的多样性与趣味性。

这一系列的下沉绿地、雨水花园、净化湿地和周边的草原，除了雨洪管理的功能外，也形成了雕塑花园的展厅。在规划之初设计师们就已经定位，将临近主入口广场与城市道路连接的各个节点，作为雕塑公园的区域。在植栽的布局上，也体现出展厅的概念。艺术家受邀在此进行艺术创作，将湖岸边人的活动节点转化为大同市与众不同的焦点。城市家具与景观小品的陈列方式也让民众尽可能有机会亲近艺术，与雕塑品对话。

另外，大同地区气候干旱，蒸发量大，在景观设计中既要符合当地气候特征也需满足雨洪管理的需求及生物栖息的需求。针对雨洪管理设施，通过在下方种植土混合粒径的级配，增加水量下渗，植被以原生地植物，配合一定的草本、灌木和树木，选择本土耐旱又耐湿、景观观赏性强的蜜源性植物，以适应雨洪管理设施对干旱与洪

1. 水域
2. 扩展区
3. 禁猎区
4. 喷出区
5. 边缘区

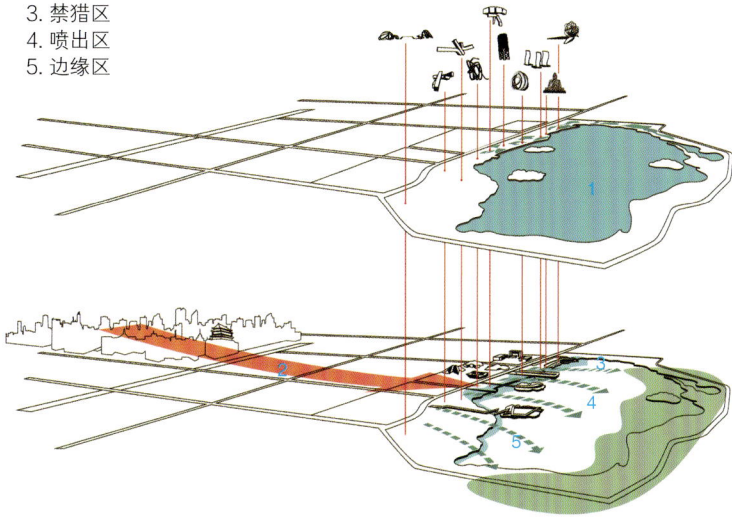

设计理念与总平面图

涝的适应性。针对滨水岸线，大部分以缓坡入水的形式，周边的植栽以满足不同水深的湿地植物为主要选择，创造不同水深条件下的湿地状态，形成多样化的生态环境，吸引不同类型的生物栖息，以提高文瀛湖的生态栖息地功能。

东侧湖岸中一个面积超过10万平方米的"鸟岛"。文瀛湖过去一直是西伯利亚候鸟南北迁移时的一个重要栖息地。这个岛完全是为鸟的栖息而建造，除了定期维护以外，一般时间人类不能上岛，完全将这个区域留给鸟类栖息，植栽设计选用了多种多样的食源、栖息地提供植物，并采用灵活多变的植被空间组合形式，为重建富有活力的生态链提供了基本的物质条件。鸟岛周边则是一系列的浅水区与滩地，植栽设计早期就介入其中，与地形塑造施工有效配合，创造出一片错综复杂、水陆交融的理想栖息地，并引入了种类丰富的水生湿地生植物，增加水禽的活动面，为他们提供了觅食、筑巢的安全场所。

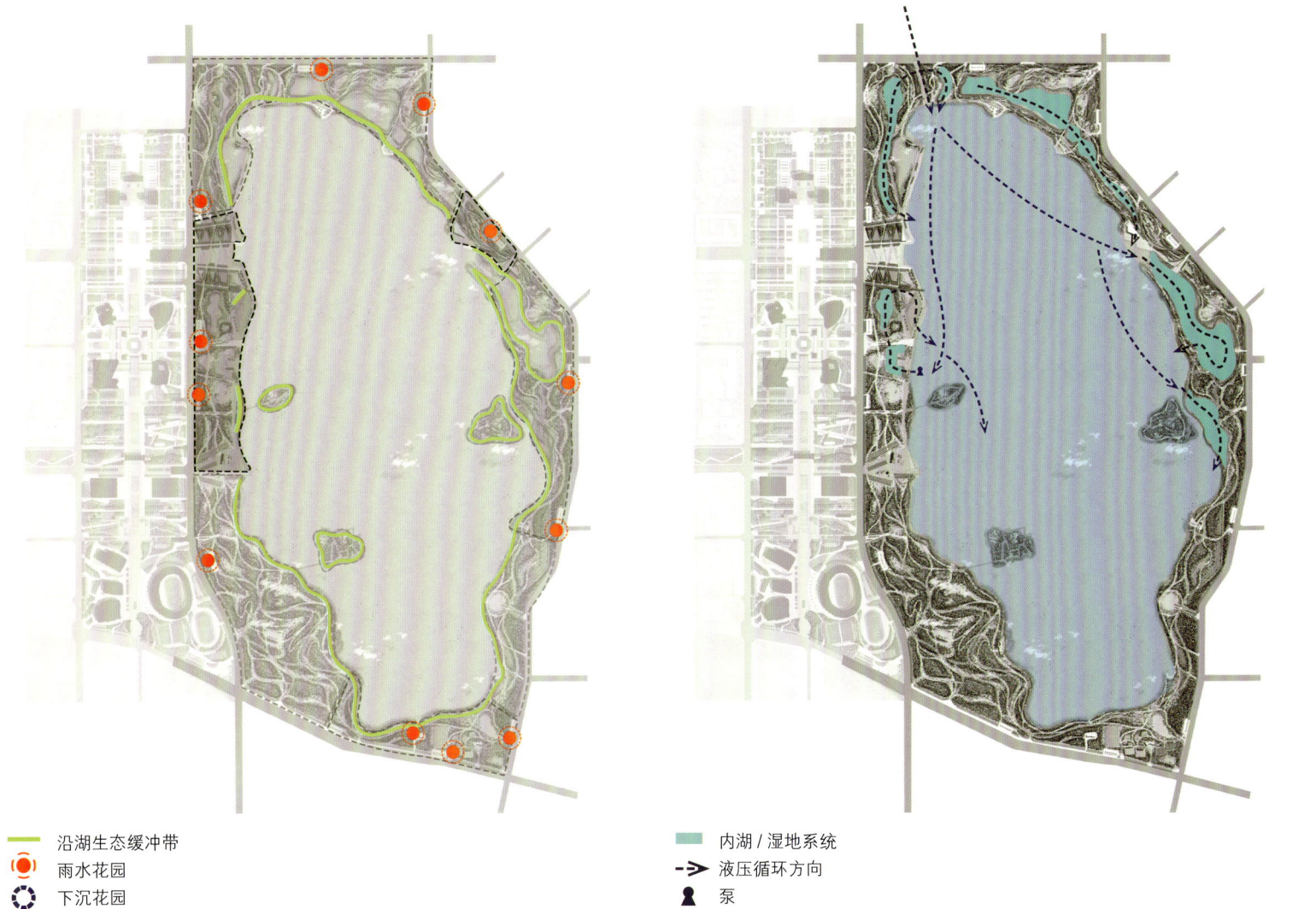

沿湖生态缓冲带
雨水花园
下沉花园

内湖 / 湿地系统
液压循环方向
泵

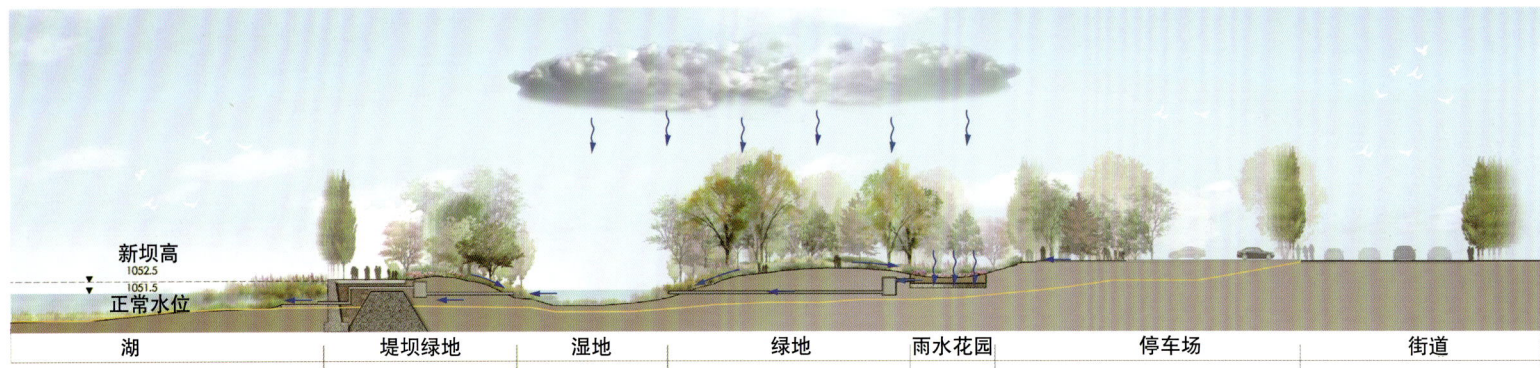

新坝高
1052.5
1051.5
正常水位

湖　　堤坝绿地　　湿地　　绿地　　雨水花园　　停车场　　街道

170

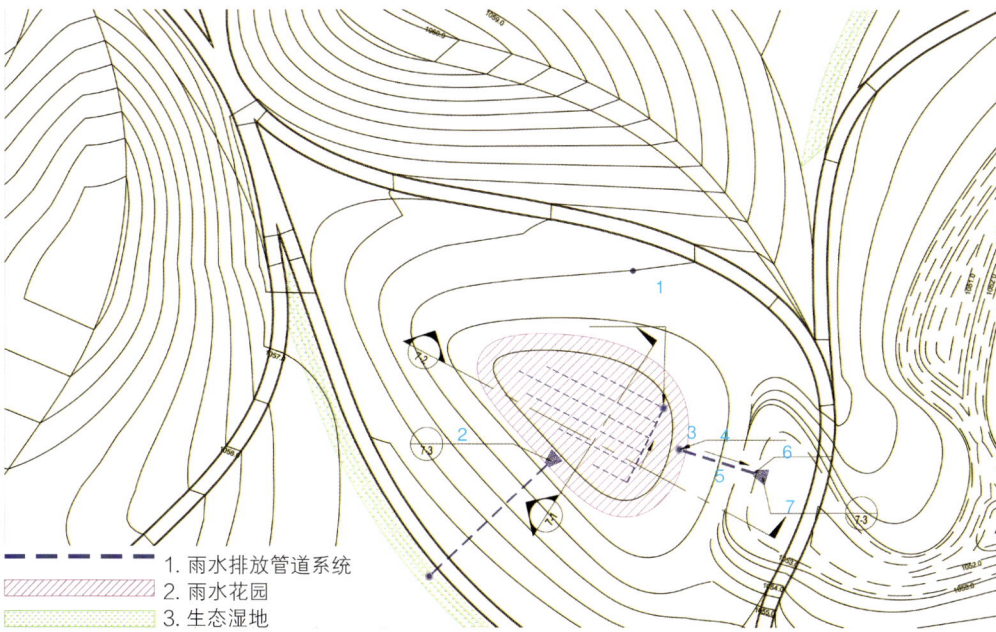

雨水花园 #2

（ 顶高 1054.50; 顶下高度
1053~1053.55 ）

1. 排水井 Φ900
2. 冲刷防护 #1
3. 溢流软管
4. 溢流井 Φ1200
5. 雨水花园溢流软管

Φ350-13.8-0.007
6. 底管 1052.8
7. 冲刷防护 #3

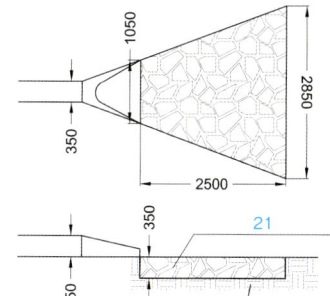

冲刷防护 #1, #3, #4 1:60

1. 雨水排放管道系统
2. 雨水花园
3. 生态湿地

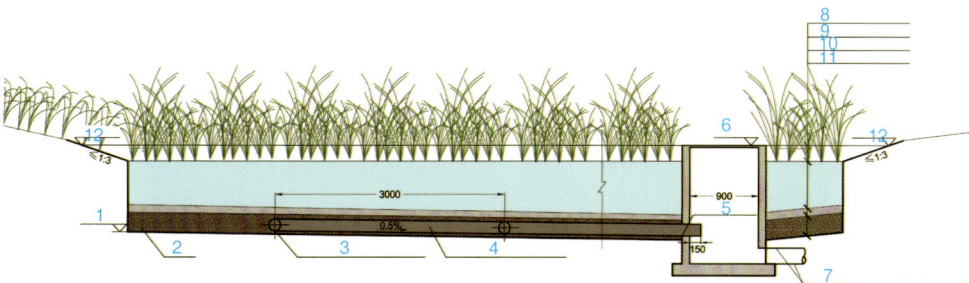

雨水花园 #2 剖面图（1：30）

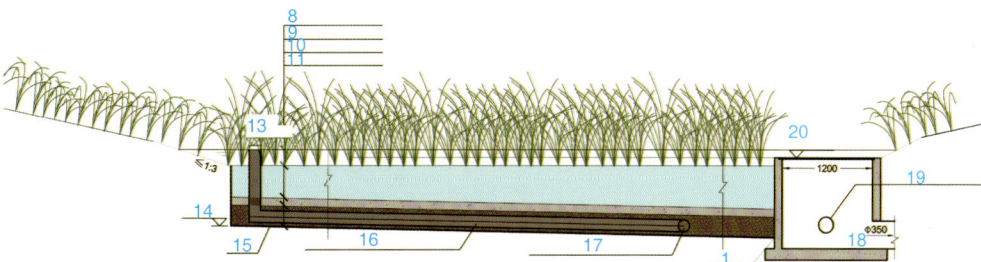

雨水花园 #2 横截面图（1：30）

1. 高 53.40
2. 土工布
3. 单一聚氯乙烯（UPVC）穿孔集水软管 Φ150.3
米间距，高 53.45
4. 聚氯乙烯（UPVC）非穿孔集水软管
5. 高 53.35
6. 排水井高 54.50
7. 单一聚氯乙烯（UPVC）穿孔集水软管 Φ200.3
米间距，高 53.00
8. 200 毫米储存面积
9. 400 毫米 -550 毫米砂过滤层
10. 100 毫米砂过渡层
11. 250 毫米碎石滤水层
12. 高度 54.5
13. 排水井高 54.55
14. 高 53.55
15. 土工布
16. 单一穿孔集水软管 Φ150
17. 单一不锈钢非穿孔集水软管 Φ150
18. 底管高度 Φ350 53.25
19. 地下储藏罐溢流管 Φ200
20. 溢流井高 54.40

整个区域与南北侧文瀛湖以外的绿色廊道连接，形成一个南北连贯的生态走廊，直达北界的马铺山森林公园，与南缘的御河南十里河湿地。这也界定了大同市在未来发展上的东侧边缘，缓冲了城市在这个面向上的扩张。

大同市多年以来对大型开放空间期待已久。作为一个拥有 150 万人口的大城市，大同一度仅有两个设施陈旧的大型城市公园服务市民。文瀛湖的规划以及生态廊道向新区的延伸，将开发机遇引向湖滨，并重新定义了畅享大型绿色空间的崭新生活方式。

自 2012 年底开放以来，文瀛湖公园成为这个饱受环境问题困扰的城市的重要资产与公共设施。精细的硬质景观巧妙地平衡它周边的自然野趣和城市环境（2013 年英国景观协会评语）。在东岸的鸟岛、用于雨洪管理的湿地与绿地及周边区域，尚未开园之际便有成百上千的水鸟到这里来栖息，其中包括了上百只的天鹅。这样的生态景观，在紧邻大同市区的区域已多年未见。大同市已决定开展第二期，将东岸的区域再向东扩 100 米到 150 米，扩大了鸟类栖息的环境，形成一个缓冲区更宽阔的生态廊道。部分入口区块也形成社区公园提供给临近的小区使用，提高了附近居民的生活品质。

生态系统的保护与修复对重工业城市而言，有着重拾昔日辉煌与孕育未来生活愿景的重要意义。在城市扩张的进程中，关注生态修复与提前规划绿色基础设施无疑是缓解其影响的重要策略与解决方法。随着项目完工和 2012 年底文瀛湖的对外开放，曾面临湿地退化、水库干涸的大同市迎来一处极具价值的公共空间，这是首次引入国际水准的公共空间设计。这个项目将自然景观环境的创造与大胆、现代工业风格的硬质景观，巧妙地融为一体，同时，公园作为大同市门户，将以往生态环境恶劣的大同市转变为环境怡人且健康可持续发展的城市。

滨水区缓冲带

远东芨芨草

拂子茅

芙蓉葵

阿拉伯黄背草

中华狼尾草

四季康乃馨

水中绿化带

溪荪

中华狼尾草

黄毛茛

千屈菜

射干（交剪草）

匍枝委陵菜

水芹

千屈菜

细叶芒

黄毛茛

旋覆花

溪荪

| 0.6 米 -1.5 米深水区 | 0.1 米 -0.5 米 浅水区 | 滨水区 |

湿地过滤

0.1 米 – 0.5 米 浅水区

鸢尾花

花蔺科植物

溪荪

水毛花

千屈菜

滨水区

拂子茅

阿拉伯黄背草

大油芒

黄毛茛

射干（交剪草）

旋覆花

0.6 米 –1.5 米深水区

泽泻

蔗草

水芹

香蒲

达克兰公园

项目地点：墨尔本，澳大利亚

景观设计： rush/wright associates

摄影师：大卫·西蒙兹，伊桑·卢洛特，彼得·班纳特，迈克尔·怀特

面积：3.5 万平方米

客户：达克兰区管理局

预算：300 万美元

达克兰公园是墨尔本达克兰区最正式的大型"绿色空间"。占地约3.5万平方米，园内包括野餐场地、烧烤区、儿童乐园、著名的公共艺术作品和本地生植物。

作为公共建设，它是一种景观试验，旨在通过设计揭示和展示可持续性的环境过程。这就是构建生态和墨尔本景观建筑的未来。

该公园主要被设想和规划为具有美感的地带，设计了一系列共四个造型：两个弯曲的梯形草地平台，一个倾斜缸和一个高大的偏心锥。这些形式用于存储从现场处理湿地挖出来的以及从达克兰周围其他地方挖掘的低级污染废物。系统的高点，由灌溉草地组成。

构想初步概念时，水敏感性作为公园设计的一部分被计划在内。公园地势较低的地方设置了三个小型雨水公园。它们接受来自公园、周边道路以及沿埃斯普拉德海港公寓7万平方米铺就流域的所有雨水。湿地向地下储库输送处理过的水，然后这些水经消毒用于草地灌溉。

种植设计与系统中特定的生态位和未来的微气候有关：灌溉草坪区的滨海热带雨林树木，湿地附近的沼泽爱好者，适合广场的旱地物种以及当地本土植物给新城网格镶了边儿。

02 千层杉木

02 山龙眼

03 南洋杉

04 高羊茅

04 千层灌木

01 柳香柳

02 异姆麻黄属

17 金丝雀蔓草

16 斑皮桉

15 灰桉

14 柠檬桉

13 地中海柏木

13 禄桐

达克兰公园种植概念设计图

A. 雅拉湿地
B. 山顶观景台
C. 科林斯街湿地（公园）
D. 绿色堤岸
E. 北部湿地

F. 中心平台
G. 北部平台
H. 滨海游憩场
I. 科林斯街扩展区
J. 伯克街扩展区

种植亮点包括一小片粗枝木麻黄树林，一片蜜味桉防风林、水紫树和白千层小树林，一堆细叶雪茄花树和婀娜的紫薄荷湿地树木。奖杯将属于贝壳杉、广叶南洋杉和瓦勒迈松。

树木大体上被种植成成片的东西方向的小树林，间距很小，这有助于在剧烈的局部风影响下树木个体的成活。树木的这种布置和多样性也有助于给人一种公园比其实际规模大得多的感觉。该公园依据地形、水体的叠加、桥梁，以及在同一平面的蜿蜒连接路径，而首次建立一系列标志性且有创新意义的景观。

公园设计的另一项重要面是向公园使用者展示风、水和资源再利用等环境要素与高品质城市艺术的包容与融合。三个这样的作品是：

05 桉树（脆口香糖树）　　　07 巨尾桉　　　　　　　　　　　　　　　　　　　　　10 槭叶苹婆

08 黄牛奶树　　　　　　　　09 锈叶榕　　　　　　　　10 红胶木

11 白藓叶桉树

比例尺：1：250　　　N

12 榕树

• 由艺术家罗伯特·欧文和丹顿·科克·马歇尔设计的韦伯桥。

• 新西兰艺术家弗吉尼亚·金设计的芦苇船。

• 艺术家邓肯·斯德穆勒设计的风环。

韦伯桥，原连接韦伯码头与港口其他地方的重轨桥，现在被改造为一个集横跨雅拉河的行人和自行车休闲环节和公园南入口的综合艺术作品。芦苇船，公园湿地一个非常显著的集成特色，参考了迁徙、河流和海洋。水瀑布从支撑架的一侧飞流直下，落入倒影池，然后进入湿地。风环位于公园的南端，是南游乐场的西部边界。该作品与娱乐区紧密相连。 可从不同的高度和观景点体验，该作品通过与风相交互作用，让体验者够与不断变化的周围环境融为一体。

比例尺：1∶250

1. 雅拉河
2. 韦伯（码头）桥
3. 驶出匝道
4. 雅拉湿地
5. 水泵站
6. 滨海游憩场
7. 山顶观景台
8. 非经常性工程用地
9. 科林斯街扩展区
10. 维多利亚港管理区
11. 科林斯街湿地
12. 生长青草的河岸
13. 非经常性工程用地
14. 北部湿地
15. 中心平台
16. 北部平台
17. 布瑞克街扩展区
18. 澳大利亚国民银总部
19. 大广场

上图：达克兰公园鸟瞰图，展示公园西侧区域商业开发布局

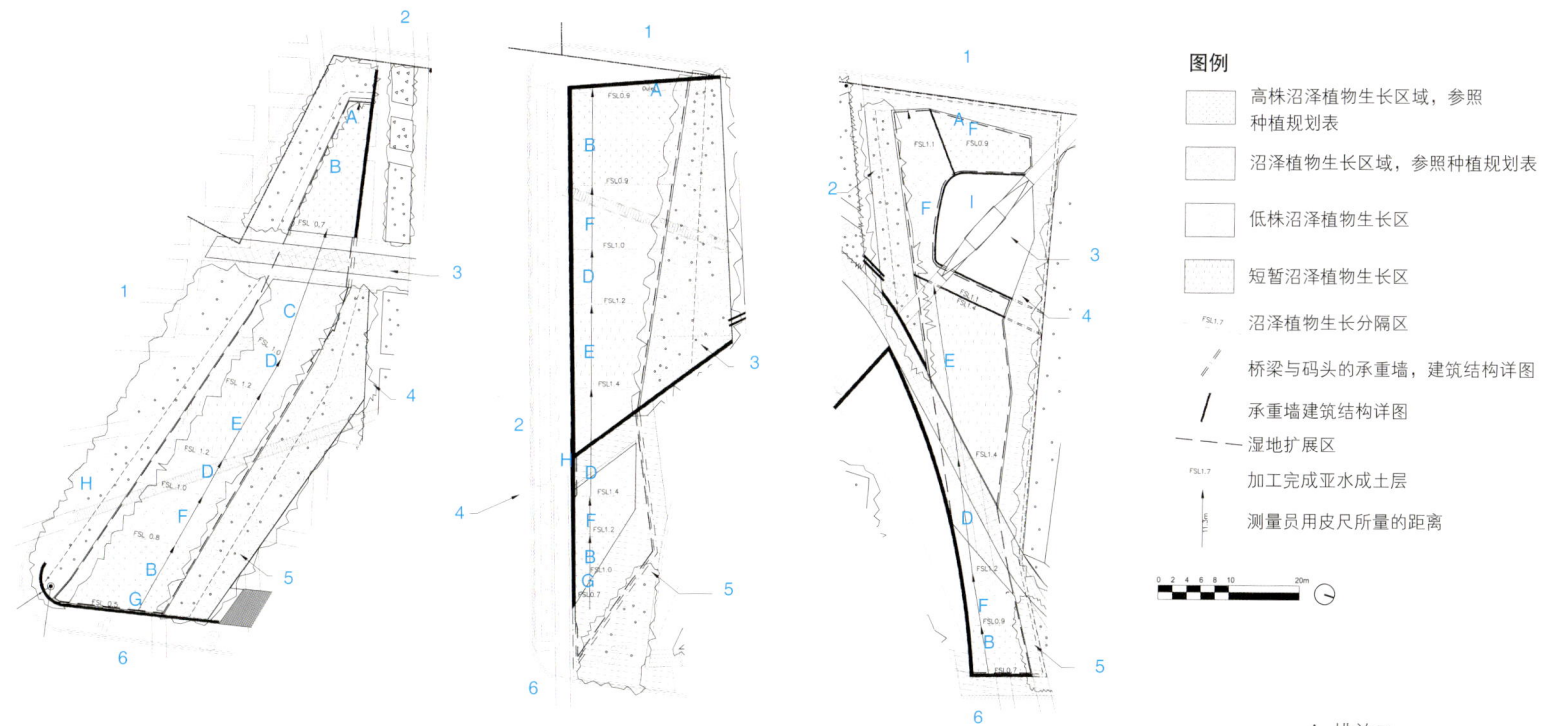

图例

高株沼泽植物生长区域，参照种植规划表

沼泽植物生长区域，参照种植规划表

低株沼泽植物生长区

短暂沼泽植物生长区

FSL1.7 沼泽植物生长分隔区

桥梁与码头的承重墙，建筑结构详图

承重墙建筑结构详图

湿地扩展区

FSL1.7 加工完成亚水成土层

测量员用皮尺所量的距离

A. 排放口
B. 深沼泽
C. 桥下沼泽
D. 浅沼泽
E. 临时沼泽
F. 沼泽
G. 进口
H. 人行道
I. 人工水塘

南部湿地

1. 未来北码头公路改建
2. 拟建公路
3. 桥上自行车与行人共用道
4. 人行天桥
5. 岩石倾斜面
6. 滨海游憩场准线

中心湿地

1. 拟建公路
2. 拟建科林斯街
3. 岩石倾斜面
4. 临时共用的自行车与人行道
5. 未来的塑料甲板铺板
6. 滨海游憩场准线

北部湿地

1. 拟建公路
2. 岩石倾斜面
3. 芦苇船艺术品与倒影池
4. 再生塑料甲板铺板
5. 未来塑料甲板铺板
6. 滨海游憩场准线

水质风险

如果湿地公园中的滞留槽因泥沙淤积而堵塞，那么未经处理的雨水就可能会泛滥成灾最终泻入雅拉河。这就会对水生动植物造成极大伤害。在很大程度上，进行大量离散式湿地水处理，就不会出现所有设备同一时间全部崩溃。离散式湿地水处理能够避免未经处理的雨水泻入河道这样的风险。不仅如此，采用离散式湿地水处理会使每一台设备所服务的集水区在面积上变得很小，每台设备要处理的污水径流也就相应变小。由此，对水处理设备定期维护和检修也会减少，这样，水处理系统运行故障可能导致的损害就能避免。

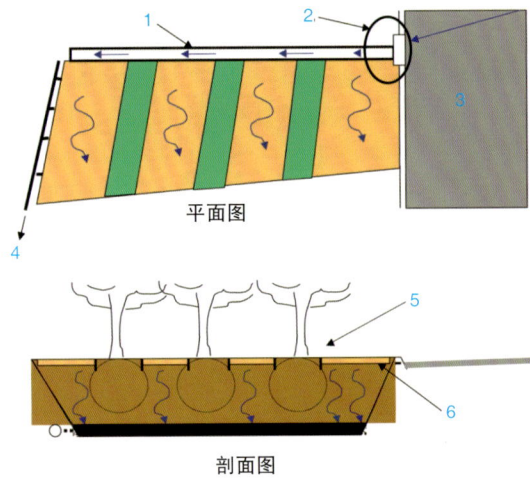

A 详图——垂直剖面

平面图

剖面图

达克兰公园港口休憩区生物滞留园

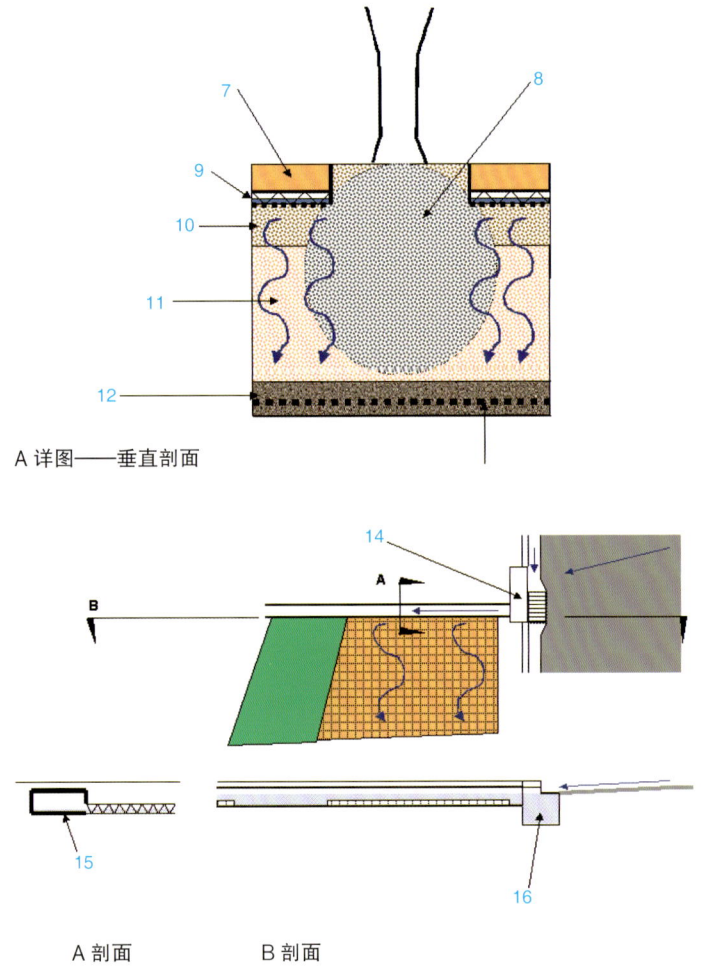

A 剖面　　B 剖面

B 详图：海港游憩区连接关系

1. 雨水分流管道
2. 见 B 详图
3. 港口休憩区路幅
4. 雨水储藏的循环利用
5. 见 A 详图
6. 亚特兰蒂斯排水单元上风化花岗岩
7. 非渗透性塑料衬套上 150 毫米厚风化花岗岩
8. 根团
9. 径流分配和储水层（100 毫米厚的亚特兰蒂斯排水管）

10. 树木生长表层土
11. 树木生长底层土
12. 排水层
13. 有孔雨水收集管
14. 标准侧入口
15. 0.2 米高 X1.0 米宽混凝土管道
16. 移除沉淀物而建造的潜水坑

北部湿地"芦苇船"

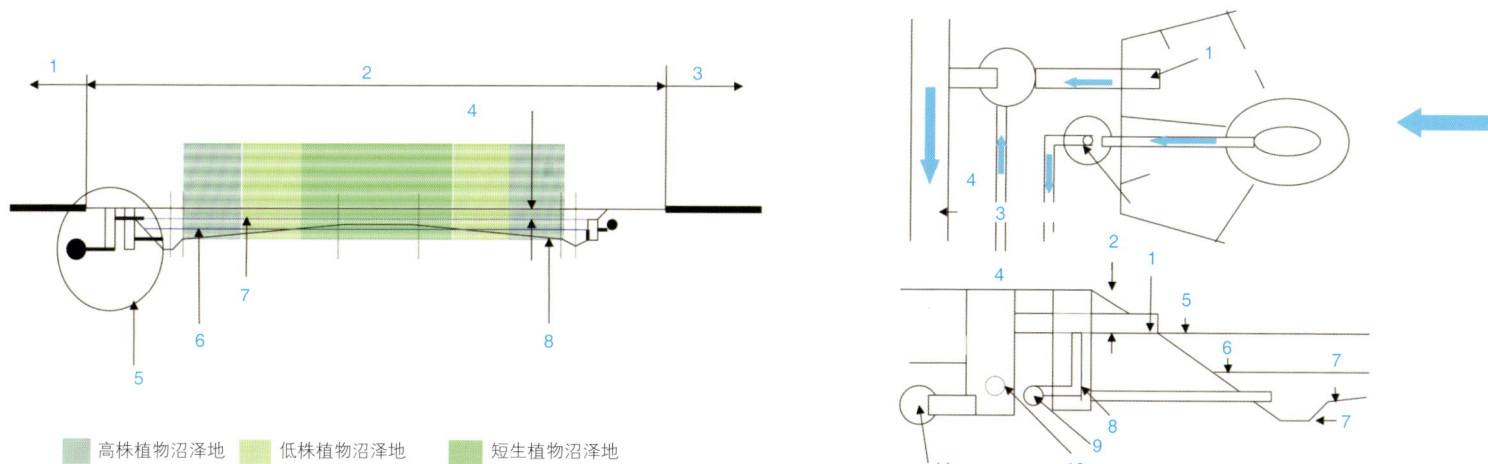

高株植物沼泽地　　低株植物沼泽地　　短生植物沼泽地

典型长剖面图

1. 西面公路
2. 达克兰公园
3. 海港游憩场
4. 扩展滞留区上出水高度最低限度 0.6 米
5. 湿地泄洪口配置结构
6. 湿地长期水位线
7. 湿地扩展滞留带 0.5 米（用于水处理）
8. 湿地底部斜率达 2%

典型泄洪口配置结构图

1. 溢洪涵洞
2. 加高的湿地泄洪口
3. 通向雅拉河的泄洪管道
4. 扩展滞留区上出水高度最低限度 0.6 米
5. 扩展滞留区最高水位
6. 湿地长期水位线
7. 入水 / 泄洪池基底
8. 加高的湿地泄洪口
9. 循环利用泄洪管道
10. 循环蓄水池溢流管道
11. 通向雅拉河的泄洪管道

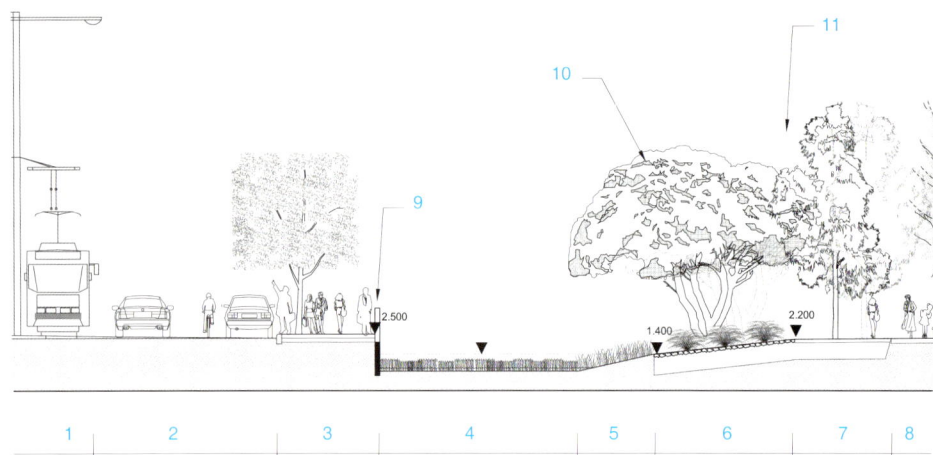

典型湿地横截面图

1. 柯林斯街电车区
2. 向东延伸的柯林斯街
3. 柯林斯街人行道
4. 湿地植被区
5. 边缘带植被区
6. 堤岸植物带
7. 花岗岩沙地林
8. 人行道
9. 未来工程详图中的挡墙
10. 湿地边缘地带真双子叶植物林
11. 桉树

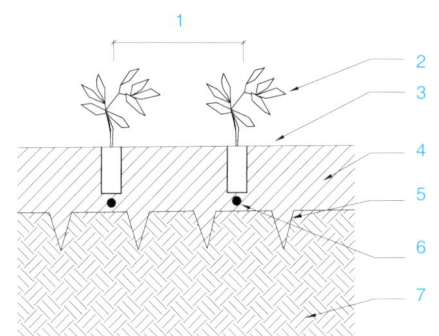

湿地种植详图

1. 多重复合
2. 海科林细胞湿地种植
3. 砂质壤土完成面根团地表能级
4. 达克兰权威部门提供 250 毫米外来表土式砂质壤土
5. 150 毫米培养层
6. 按每花冠层提供 Osmacote 颗粒
7. 粘土基础

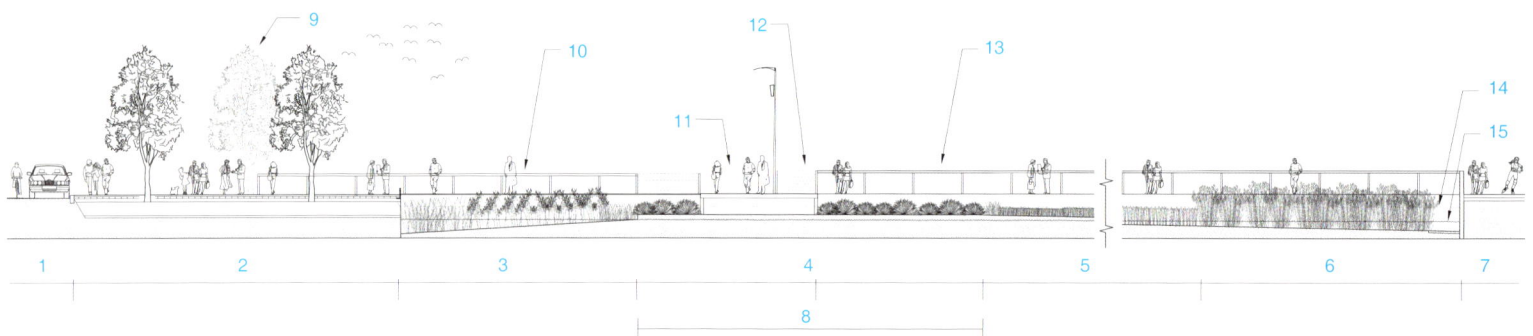

典型湿地纵剖面图

1. 北行滨海大道
2. 入口露天平台角落
3. 高株沼泽植物
4. 柯林斯街桥口
5. 沼泽
6. 高株沼泽植物
7. 人行道
8. 矮株短生沼泽植物
9. 千层树林
10. 柯林斯街外围墙参照实际详图
11. 桥面未来详图
12. 未来柯林斯街入口详图
13. 柯林斯街外围墙参照实际详图
14. 高水位
15. 低水位

上图：湿地边缘碎岩石地上生长的边际湿地植物
下图：带不锈钢格栅的再生塑料甲板铺板和主题为沙洲上的青蛙

剖面图（I）雅拉湿地与桥梁

1. 人行道
2. 莎草
3. 苔草
4. 水麦冬与较远处的千屈菜
5. 水麦冬
6. 苔草
7. 节生尖喙莎
8. 苔草
9. 节生尖喙莎
10. 人行道
11. 未来南北公路
12. 湿地区
13. 短生植物混合生长区
14. 湿地区
15. 远处柳香柳种植林
16. 桥梁坡道
17. 韦伯人行桥跨接处

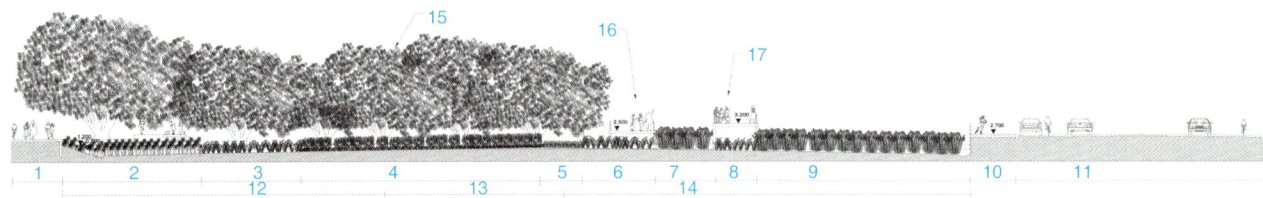

剖面图（II）雅拉湿地与桥梁

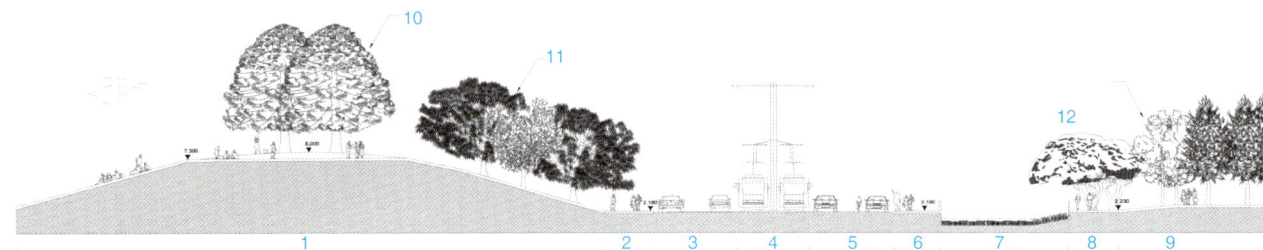

柯林斯街湿地山顶观景台

1. 山顶观景台
2. 人行道
3. 西向柯林斯街
4. 电车区
5. 东向柯林斯街
6. 人行道
7. 湿地植物
8. 桥梁
9. 草坪路堤
10. 公园树木图标：大叶南洋杉
11. 垂叶木麻黄与山龙眼
12. 千层树苗圃与远处的桉树及木麻黄

设计剖面图

上图：坡南地形与南游乐场和邓肯·斯戴姆勒工艺作品"气眼"
左下图：山顶观景区
右下图：柯林斯街湿地
对页上图：中心公园区夜景

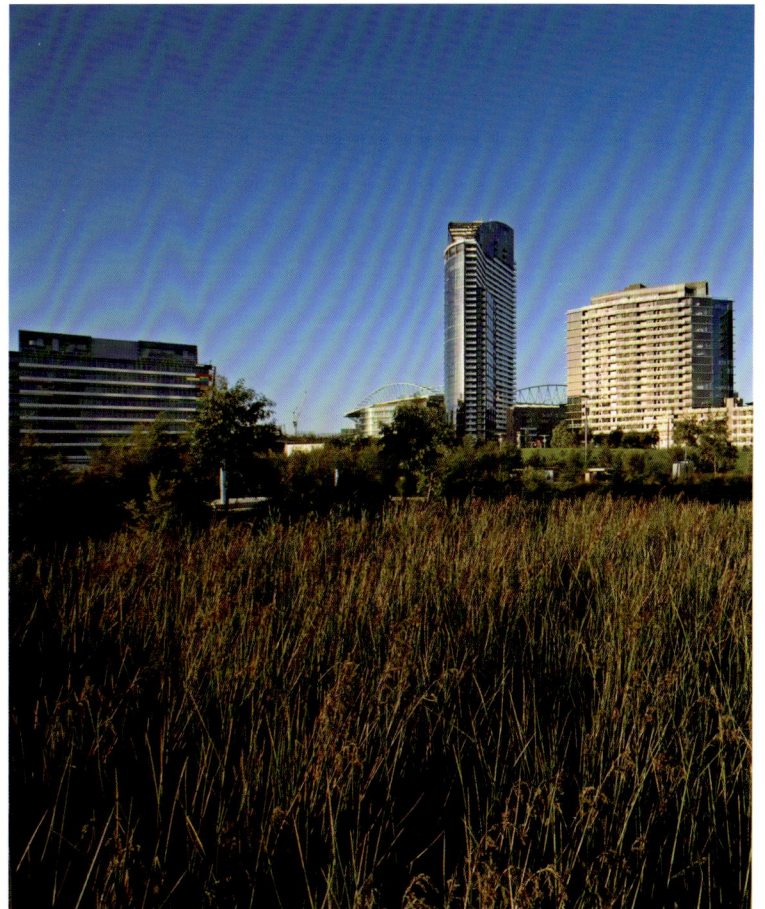

圣贝纳迪诺法院

项目地点： 圣贝纳迪诺，美国
景观设计： 汤姆领袖工作室（景观设计）SOM 建筑设计事务所（建筑）
竣工日期： 2013 年
面积： 1.62 万平方米
客户： 美国加利福尼亚州法院
预算： 800 万美元

根据 SOM 旧金山建筑设计事务所的设计，圣贝纳迪诺法院的方案主要包括集水和生物滞留。净化屋顶和广场排水的中央水库通向一系列生物沟渠，生物沟渠里的水流过种植着一片棕榈树林的斜坡公园，而最终流至停车场内的生物洼地里。整个计划构想为景观的 ADA 兼容系统，让游客在树荫下、在沟渠系统旁边缓慢适应 15 度的坡度变化。

这个拟定设计的目的是打造一款首创示范项目，体现创新性可持续性设计和精心的水收集和管理创意。如评论所说，这是一个炎热干旱的项目地址，然而此处的原有水景设计却是用于无偿的展示，这无疑是缺乏对负责的水管理方面的关注。本次设计完全与原设计方案相反——完全采用收集到的屋顶雨水，否则这些雨水也会消失在雨水沟内，反而会增加下游的洪水泛滥问题。水景设计完全不会涉及使用任何饮用水。

水景设计是这个项目系统的一个不可分割的部分，既可净化屋顶脏雨水又可通过蒸发冷却降低建筑物入口处的温度。初步筛除微小颗粒后，水景设施收集了大部分的屋面排水，并将它们保留在一个低科技的地下储藏"膀胱"内。水景整个季节都利用这个水池。雨水慢慢流入其周围的种植区域，经过生物过滤后，流进底端的开放水域。

这样仅仅使用雨水径流，就可以灌溉一个正常的湿地公园。部分径流还通过小型喷气机，向水中加入空气。湿地与喷气机的结合使用，在炎热的下午，至少可以让项目地址周围区域内的温度降低 10 度。暴风雨期间，当池塘内的雨水超过一定的高度，过多的雨水将转移到三个满满的沟渠内，因为沟渠沿着公园有一个缓缓的坡度，这样溢流出来的水沿着沟渠可以一路向公园渗透，同时还可使公园保持更多的水分，有利于树木成长，并减少灌溉需求。

上部为棕榈树园，下部为紫薇花园

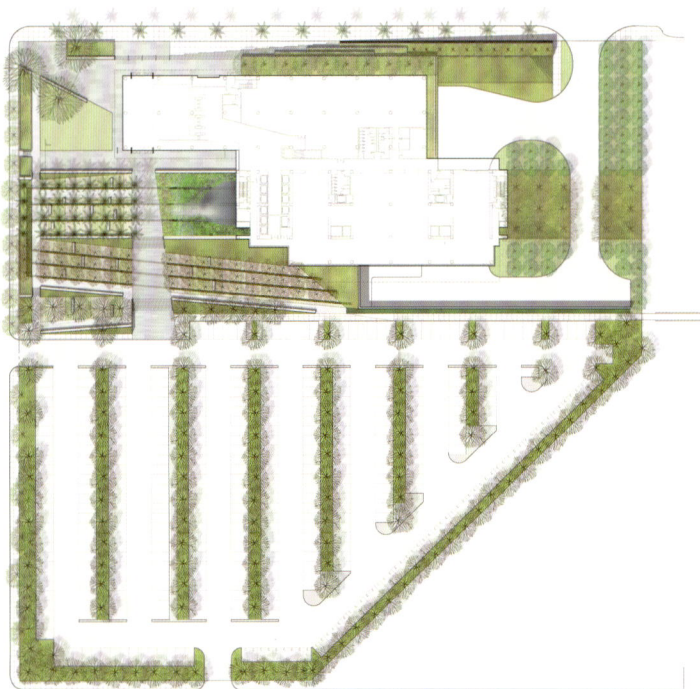

水池剖面图

总体平面图

草丛缓坡

前侧台阶

入口喷泉

带有景天植物的绿色屋顶

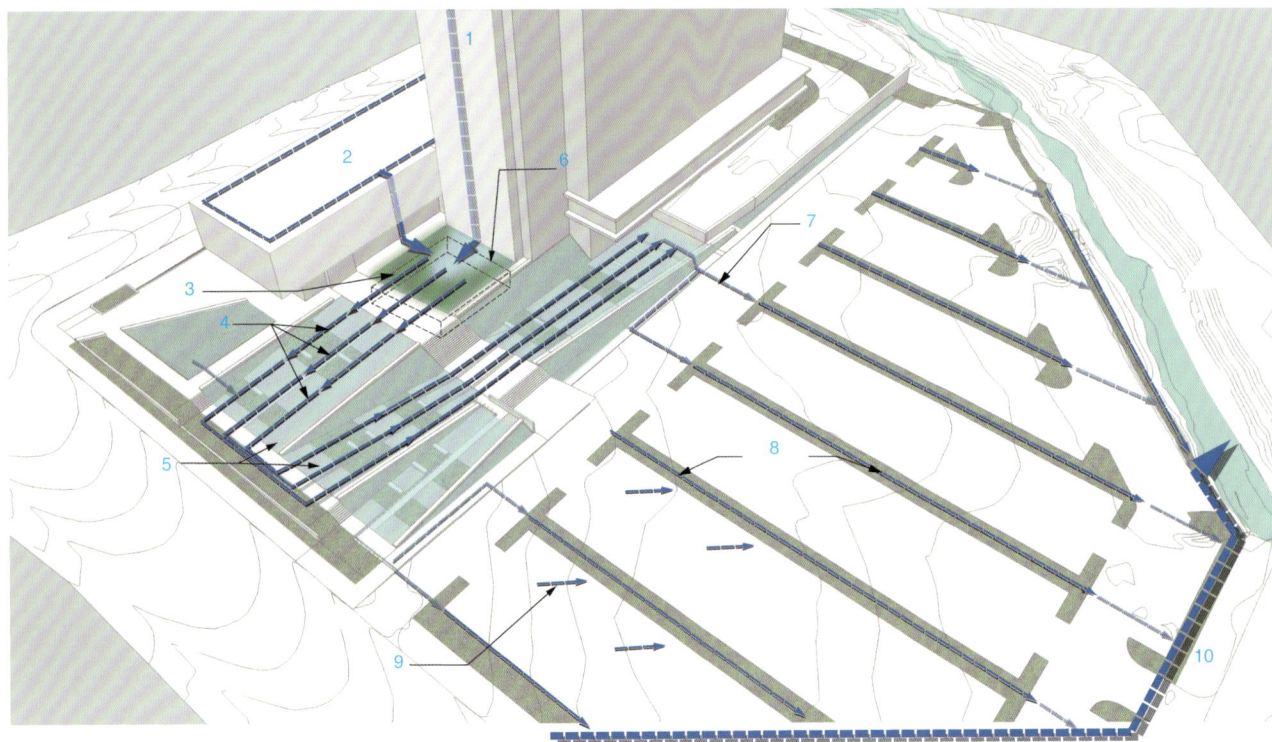

雨水图

1. 高楼楼顶雨水
2. 屋顶雨水收集
3. 湿地植物
4. 生物过滤通道
5. 渗滤带
6. 地下蓄水池
7. 生态湿地溢流
8. 生态湿地
9. 地表径流
10. 滤过水流向小溪

水沟末端的座位区

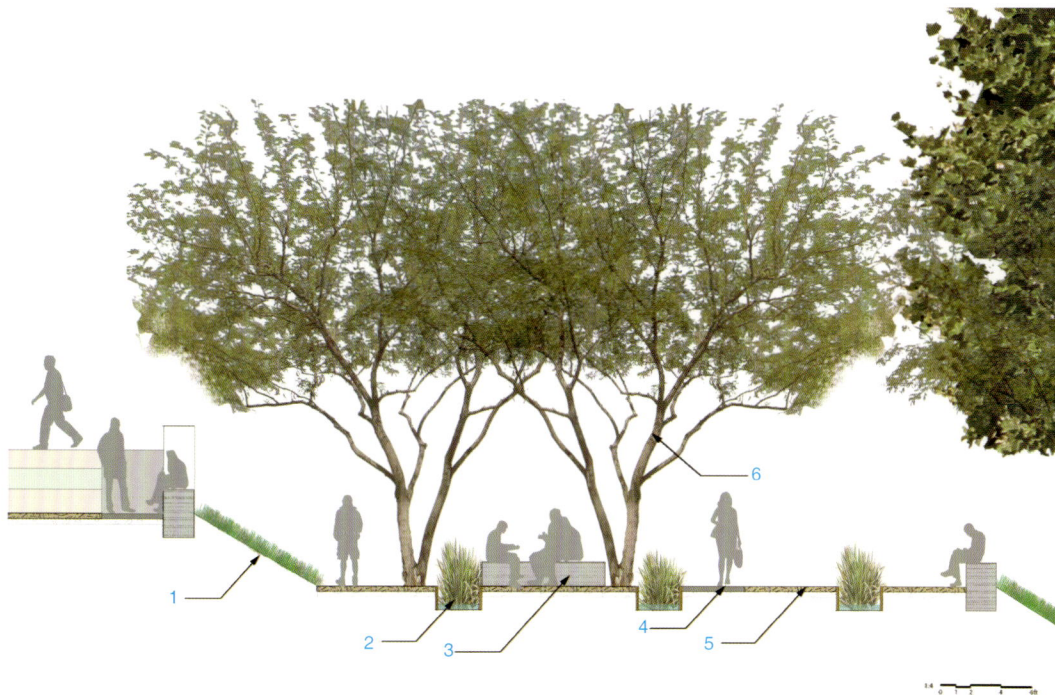

生态湿地剖面详图

1. 斜坡植被带
2. 生态湿地
3. 矮墙
4. 小路
5. 风化花岗岩
6. 美国紫荆

上图：棕榈树为人们遮荫免受烈日之苦
对页：棕榈园

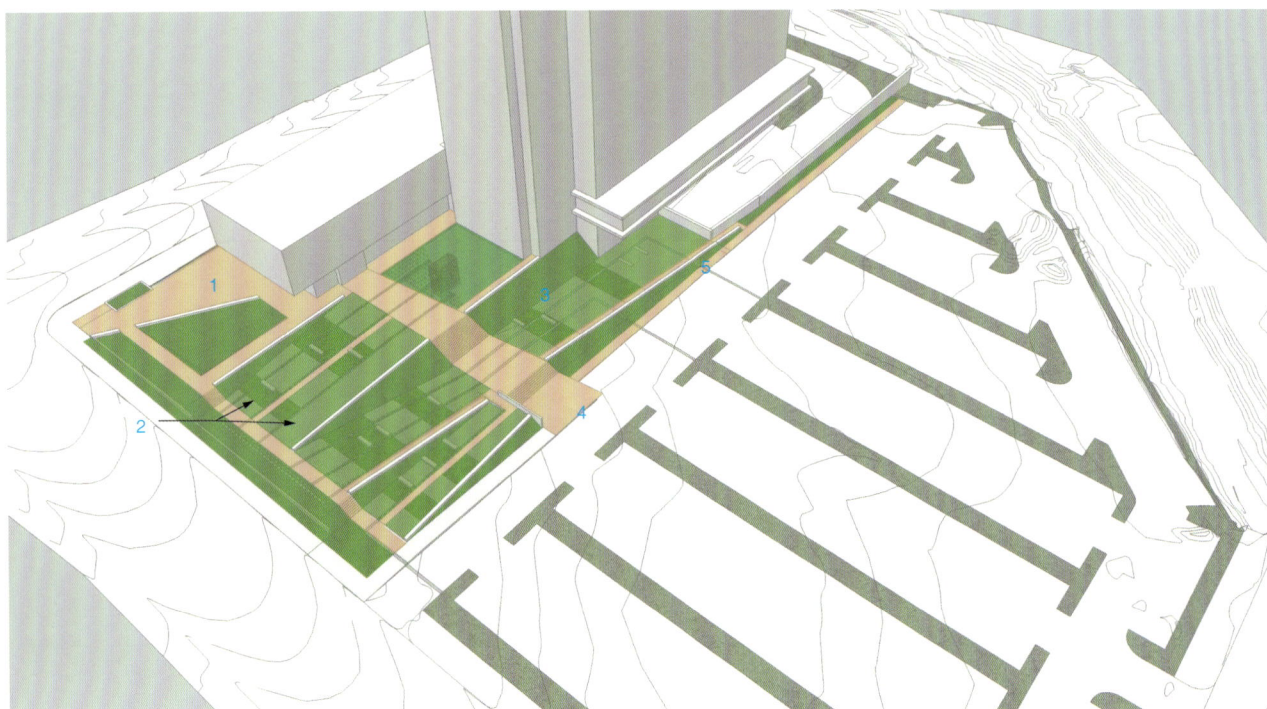

概念图

1. 广场
2. 渗滤带
3. 渗滤带
4. 硬景观
5. 坡道

上图：停车场到前门的通道
对页：斜坡上的排水道

场地截面图

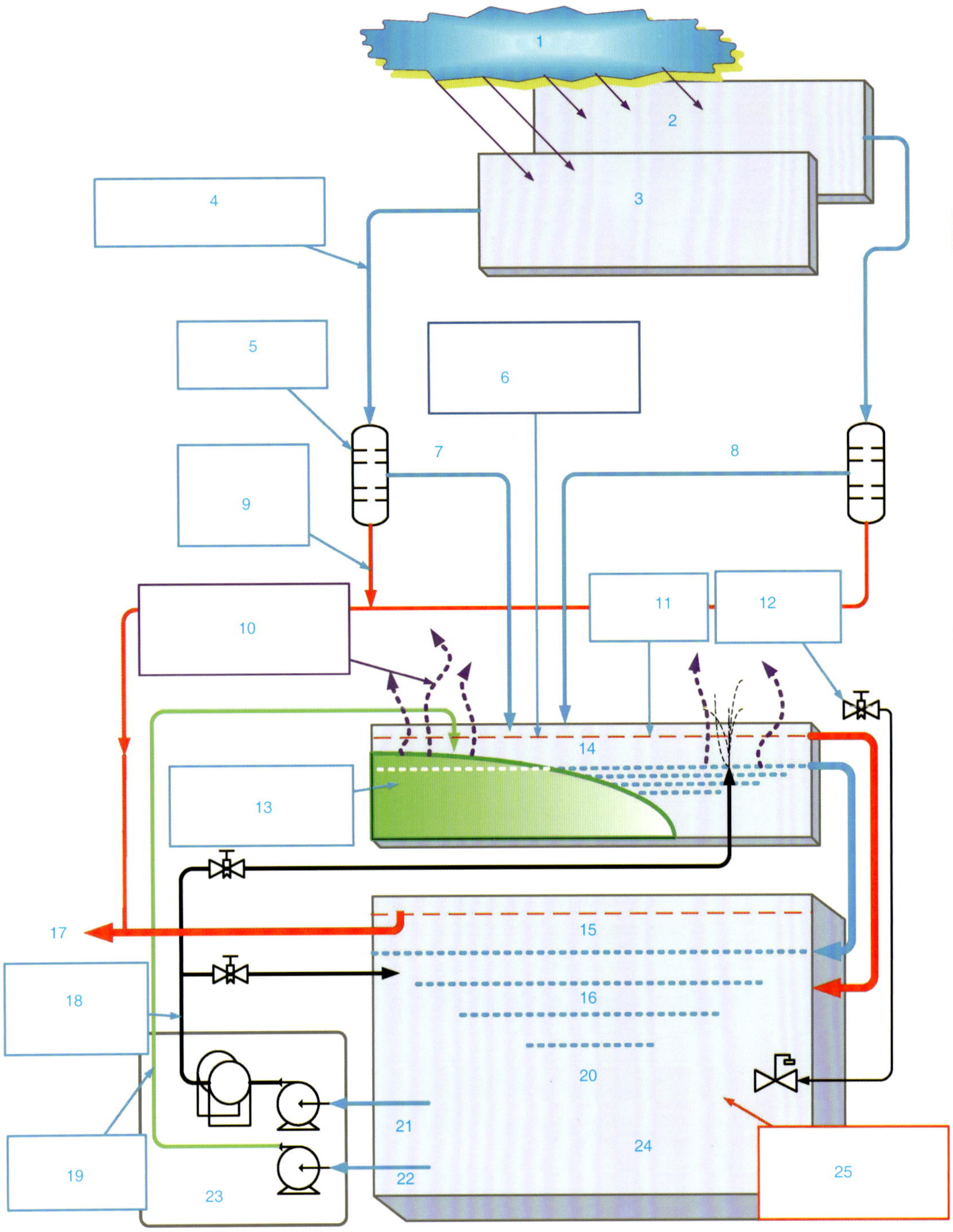
1
2
3
4
5
6
7
8
9
10
11
12
13
14
15
16
17
18
19
20
21
22
23
24
25

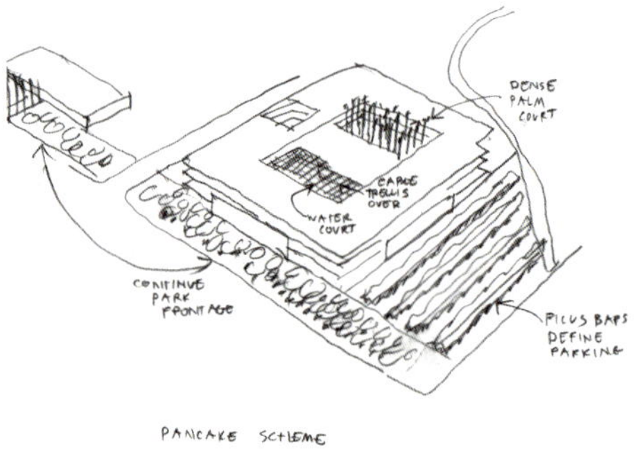
DENSE PALM COURT
CONTINUE PARK FRONTAGE
FICUS BARS DEFINE PARKING
PANCAKE SCHEME

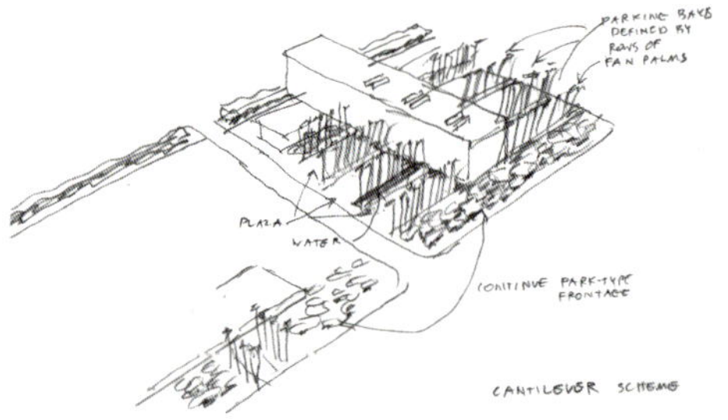
CANTILEVER SCHEME

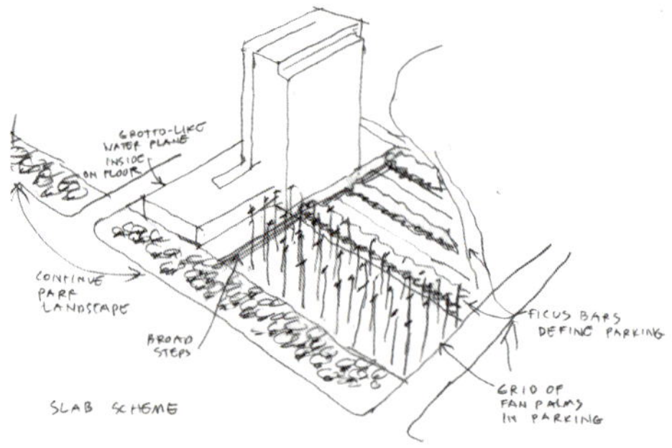
SLAB SCHEME

入口水景 / 图解系统元素

1. 16.07 厘米 / 年
2. 屋顶植物水 / 景天属植物 2378.32 平方米
3. 房顶面积 2132.77 平方米
4. 主要屋顶表面积共 2132.77 平方米 ，潜在用水 834.26 立方米
5. 涡流内联碎片分离器
6. 雨水集蓄分流入池 / 存储量 1253.19 立方米 / 年
7. 750.83 立方米
8. 502.36 立方米
9. 10% 水处理与残骸废弃处理（83.42 立方米 / 年）
10. 蒸散 (ET) 91.44 立方米—189.27 立方米 / 年
11. 敞水区面积 111.48 平发米水量 51.10 立方米
12. 水存储补给
13. 水介植物与媒介床植物覆盖面积 9.46 平方米用水量 106.46 立方米
14. 入水池装置 157.57 立方米
15. 高水位——溢流处理
16. 工作水位——再循环入池
17. 682.80 立方米盈余 / 年
18. 观赏水景 20-30 个喷水孔，水 / 生物滤池 / 离心泵
19. 再循环水箱灌溉植物
20. 低水位——加入 25% 补充水量
21. 0.53 立方米—0.98 立方米 / 分钟
23. 远程储水室
24. 远程存储罐
25. 储水量 343.74 平方米 / 569.42 立方米

上图：棕榈树下
下图：混凝土长椅和草丛

Pirrama 雨水公园

项目地点： 悉尼，澳大利亚

景观设计： 澳派（澳大利亚）景观设计工作室

摄影师： 弗洛莱恩·格伦，艾德里安·博迪，菲奥娜·罗博

面积： 1.8 万平方米

客户： 悉尼市政府

获奖： 2012 年澳大利亚景观设计师学会（AILA）国家设计奖，
2010 年澳大利亚景观设计师学会（AILA）新南威尔士奖牌，
2010 年 AIA 沃尔特·伯里·格里芬城市设计奖

Pirrama 雨水公园占地 1.8 万平方米，是悉尼的一个临水城市公园。公园的设计将城市和水资源紧密相连，呈现出独树一帜的临水社区设施景观，展现了具有可持续发展性的创新想法，如太阳能的利用以及具有深远影响的雨水收集概念。

这一屡获奖项的设计提供了一系列临海港的休闲娱乐体验。整个设计主干部分为一条全新的步行和自行车共享的道路，并以此延伸出多个公园围合空间和多条全新的道路。一条临水漫步道不仅是整个园区的主心骨，也是海港开阔空间 14 千米交通网络中的重要一环。在海港周边设有一处遮蔽港湾，是一项具有重要意义的海洋工程，展现了基地此前的海岸线。

公园的设计为人们提供了一次水边休闲娱乐机会，使得人们可以走下去，真正与水亲近。在水边新建的公共广场则是此设计的特色之一，而且此地还增添了廊架、咖啡厅、卫生间和参次不齐的海港设计。此地既可沐浴阳光，又可遮蔽风雨，人们在这里可以举办各种类型的公共活动，如文化庆典表演、会议、集市、节日及各类促进城市发展的活动。

Pirrama 雨水公园也向人们说明了城市所出现的严重环境问题。临水平台及台阶上刻着如海平面上升等现象的描述文字，提醒着设计师共同面临的更为严峻的环境挑战。雨水过滤区、生物沼泽地和遮阳亭的外层都被太阳能板所包裹，不仅提供了一次社区公共教育的机会，而且保护并充分利用了空气、太阳能及水等重要资源。宽阔的集水区更是通过利用基地和周边街道，对超过该基地的雨水量进行处理、储藏和重新利用。

下图：滨水人行道
对页上：滨水人行道
对页左下：滨水河岸
对页右下：公园人行道台阶细部图

Pirrama 公园总平面图

上图：综合游乐区
下图：互动游乐区
对页上图：过去生态和人行区，处理、贮存和使用回收水
对页下图：滨水人行道

上图：沙子和戏水区采用回收使用的悉尼砂岩
左下图：戏水区采用回收砂石

公园南部图

沙子和戏水区采用回收使用的悉尼砂岩

人行道透视图

埃斯特雷亚山社区学院景观

项目地点： 亚芳代尔，美国

景观设计： 科威尔·塞勒景观设计所

竣工日期： 2013

摄影师： 米歇尔·塞勒

面积： 1.50 万平方米

客户： 马利柯帕县社区学院

获奖： 2014 年第 34 届亚利桑那州向前协会环境卓越奖，科瑞艾斯考迪亚奖；
2014 年美国亚利桑那州设计荣誉奖项

该建筑景观项目毗邻埃斯特雷亚山社区学院新建的图书馆与会议中心，设计该景观项目旨在将校园内的一处处相互连接的花园进一步延伸，使校园的基础设施更加完善。该建筑景观在设计构思上仿佛是在校园中心区域建造的一座观赏亭，放眼亭子的四周到处都是花园，一座座花园像是围成一圈的饰品。亭子一楼不但视野开阔，而且具有渗透性，这些也突出了观赏亭建筑风格的关键元素。

可持续性是该景观项目的突出特点。被动式水收集可以增强渗透性，过滤雨水，补充灌溉。景观所在地的地形仿佛是流水自然形成的雕刻之作；精心设计的水流，从高处一泻而下，沿着高低起伏的地形，时而汇集，时而分流，营造出一处处亲切隐秘的小区域。低区域上

或称为生物滤池带上的植物在一块块积水区生长茂盛，而崖径上的植物生长则依赖较干燥的微气候环境。景观设计师采用天然钢制成的水箱通过在景观中的系列溢洪道将从房顶收集到的雨水巧妙地注入水箱或优雅地排出。在沼泽地上还架设了结构钢格栅桥。

低维护性景观看上去似乎显得既复杂又荒凉，然而，由于采用了滴灌技术，组成该景观的植物中又用水量较少、气候适应性较强的物种。这样，就消减了景观的建设成本。这里栽植的植物几乎不需要任何维护，但是像帕布瑞亚扁轴木与牧豆树杂交林仍需要策略性的修剪。

该观赏亭式建筑的立面上展示出了对比鲜明的质感，设置在立面上的固定花架上爬满蝴蝶藤，上面还盛开着黄色的兰花，藤蔓和鲜花映衬下的凉亭令人赏心悦目。观赏亭旁还生长着一株株修长的丛花萼叶茜木，它的树皮颜色清淡，而后面的建筑立面颜色黝黑，两者恰好形成鲜明的对比。凉亭附近的丛花萼叶茜木就像是一面延伸的小围墙，一直通向入口处。

在观赏亭外，紧挨着图书馆的一侧花园区中设置着各种各样的座椅，有的可供学生悠闲独享，有的则可供多人休闲使用。在花园里生长的一株株牧豆树，绿树成荫，形成了小树林，环绕在会议中心的阶梯台阶周围，为会议间歇出来休息的人们提供清爽的绿荫。实际上，这片牧豆树林还成为停车场和临时停车区与会议中心的中间缓冲区。观赏亭的南面，两侧生长着帕布瑞亚扁轴树，树下的花园小径蜿蜒曲折，树后的花草苗木姹紫嫣红。

校园中心区的大块草坪一直延伸到图书馆下，草坪除了具备日常使用功能，还是毕业生举办庆典的舞台，更是社交聚会的理想所在。

在草坪上，可举办的各种活动林林总总，其中包括放映户外电影、庆祝节日与举办一些集体活动。经过缜密设计的草坪区在面积设计上恰到好处，正好满足人们需要。通过景观的水流最终到达草坪区，为这里的灌溉做了有益的补充。崖径上的花盆沿着大草坪外缘排列，这条狭窄的风化花岗岩小路一直通向绿化区。

该景观包括一个个造型独特的花园以及分布于花园之间的一块块沼泽地，它直接体现埃斯特雷亚山社区学院的景观建设目标，那就是校园中的景观既要表现出周边社区的历史文化底蕴，又能为学生提供一个专注学业的校园环境。该景观成功地表明，设计时如果能精心考虑这里的微气候、栽植的植物、建筑材料及其他细节，即便在预算上是适度节俭，也能提升校园的环境品味，建设好令众人满意的教育环境，营造出令学生向往的学习氛围。

种植平面

	现有树木
⊕	金合欢
	紫荆花 / 水竹
	连香树
	早熟扁轴木
	杂交牧豆树

灌木 / 藤蔓

ⓨ	杨截菜
⊖	加利福尼亚珊瑚花
	矮橡林
▽	翅卫矛
⊛	大丛乱子草

特色植物

✤	现有沙坑
✳	库拉索芦荟
⊞	有毛百合
⬠	木贼 / 仙人掌
⊗	红雀珊瑚大果隆脑香
☯	变叶丝兰

材料、混合种子与草皮

	小于 1.27 厘米风化花岗岩，颜色：黄褐色
	小于 0.64 厘米，直径 15.2 厘米的花岗岩碎石，颜色：黄褐色
	步行区铺设小于 0.64 厘米压实风化花岗岩，颜色：黄褐色
	集水盆地花岗岩碎石，颜色：黄褐色
	1,400 平方米草皮

上图：俯瞰景色
对页：建筑物上俯瞰图

总平面图
1. 社交活动用草坪
2. 雕塑公园
3. 派洛福德树林
4. 户外公共用地
5. 图书馆入口
6. 贮雨水池
7. 即停即离区
8. 水景
9. 会议室
10. 图书馆

图例
- 峡谷植物
- 优型树
- 生态湿地链
- 园林植物
- 生态湿地园林植物
- 草皮
- 压实人行道
- 人行道
- 雨水运输

上图：绿荫路
左下图：当地耐旱植物
右下图：植物桥
对页：芦荟园

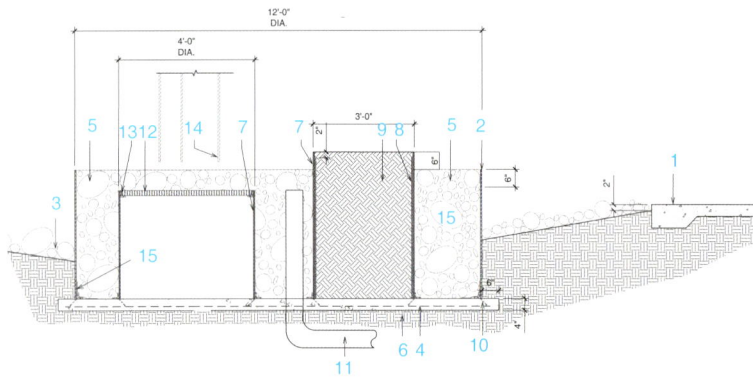

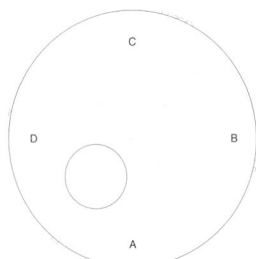

立面图标

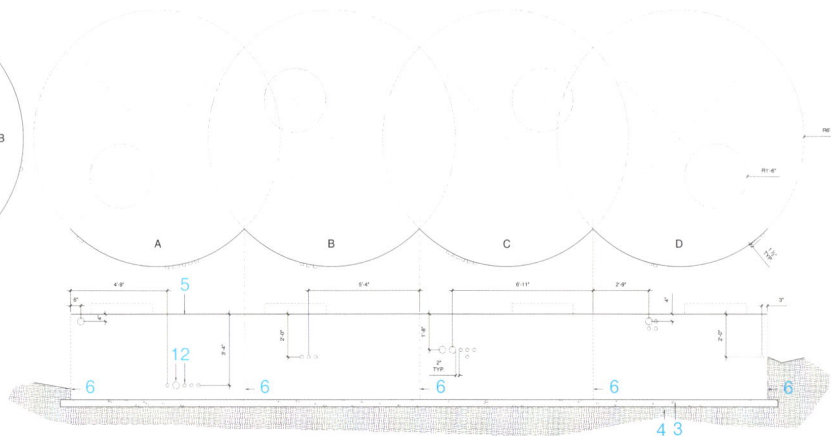

集水区

1. 厚 10 厘米平坦混凝土构造物
2. 1.27 厘米厚钢管
3. 碎石 / D.G. 地被植物
4. 10 厘米厚混凝土板
5. 10 厘米 –15 厘米花岗岩碎石
6. 夯实土
7. 0.95 厘米厚的多孔钢井壁管
8. 1.27 厘米厚的过滤织物,
井壁墙及安全墙内置线路
9. 改良土壤
10. 钢架 / 锚件
11. 加滤网式溢流管
12. 3.81 厘米 x 0.48 厘米 x 3.81 厘米
防溅格栅
13. 4.45 厘米 x 4.45 厘米 x 0.64 厘米劲
性钢筋,多孔井壁管焊接点
14. 落水链及落水链下的中心穿孔钢井
壁管
15. 捻缝接头与混凝土基脚上 15 厘米高
集水钢围粗粒式沥青防潮处理

集水排放口

1. 10 厘米 Φ 钢管,厚 0.3 厘米的墙体
2. 5 厘米 Φ 钢管,厚 0.3 厘米的墙体
3. 10 厘米混凝土板
4. 夯实土
5. 厚钢板水箱
6. 分界区导引

上图:雨水收集池干的状态
对页上图:雨水收集池
对页下图:雨水收集池细节

群力雨洪公园

项目地点： 哈尔滨，中国

景观设计： 北京土人城市规划设计有限公司

竣工日期： 2011 年

摄影师： 俞孔坚

面积： 约 30 万平方米

获奖： 2012 美国景观设计师协会杰出设计奖，
2013 世界建筑节——景观项目奖优秀奖，
2014 Zumtobel Group 奖城市发展与创举类提名奖，
2014 罗莎芭芭拉景观奖入围作品

现在的城市并不是水适应的，并且地表水的泛滥造成了严重的水涝问题，景观设计学在解决这个问题上可以起到关键性作用。雨洪公园可被连接并整合到不同尺度的生态基础设施中，作为绿色海绵来净化和储存城市雨水。

由于中国不断扩大的城市化，并且研究表明气候变化导致了前所未有的降雨，由于暴雨导致的城市洪水已经成为了全球性问题。在中国，多数城市都处在季风气候中，70%-80% 的年降水都集中在夏季，在一些极端的例子中，每年 20% 的自然降水可以在一天内完成。以北京为例，年平均降水只有 500 毫米，但在 2011 年，仅一天的降水就达到了 50 毫米到 120 毫米。因为不渗水铺装的增加，即使在常态降雨情况下，城市雨涝在中国的各主要城市中仍然屡见不鲜。

通常，人们会借助于工程的方法来解决城市雨涝问题：铺设大型排水管道，更大的泵或者建更坚固的堤坝，这种单一的方法带来很多的问题：

一、经济方面：建造足够大容量的地下管道系统来排放极端暴雨，是十分浪费和昂贵的，而且也会增加我们的子孙们的城市管理和维护负担。

二、水资源短缺方面：中国淡水资源短缺，大都市区域的地下水位下降是一个严重的问题。在 660 多个中国城市里，有 400 个正经历着水资源短缺的问题。比如，在中国的华北地区每年地下水位下降达 2 米之多。由于过度使用地下水，几乎没有给地下含水层以足

够的补给，可以看到北京在过去 30 年间，地下水位平均每年下降 1.5 米。所有降到城市的雨水都经由管道排走或引入河流。

三、生态系统服务方面：工程上的雨水排放系统造成了地表水体的消失，包括水生环境尤其是城市湿地。另外，当所有这些雨水被排走的时候，城市里的公园和绿色空间就需要更多的灌溉，于是就更加剧了水资源短缺问题。

使用景观起到海绵的作用是常规市政工程以外的、能对城市雨洪管理发挥很大作用的很好途径。这种方法的一个例子是土人设计的哈尔滨群力雨洪公园，综合了大尺度雨洪景观管理和乡土生境的保护、填充地下水、居民休憩和审美体验等多种功能，这些都是支撑着城市可持续发展所必须的生态系统服务。

2006 年，位于中国北方城市哈尔滨市的东部新城——群力开始建设，总占地 2733 万平方米。在接下来的 13 到 15 年里，将有3200 万平方米的建筑全部建成，约 30 万人将在这里居住。仅有16.4% 的城市土地被规划为永久的绿色空间，原先大部分的平坦地将被混凝土覆盖。当地的年降水量是 567 毫米，60%-70% 集中在 6-8 月份，历史上该地区洪涝频繁。

2009 年中，受当地政府委托，北京土人景观承担了这个新城中心一个主要公园的设计，占地 34.2 万平方米，原为一块被保护的区域湿地。受周边道路建设和高密度城市发展的影响，湿地面临着严重威胁。最初委托方只要求设计师能想办法维护湿地的存在，土人的设计改变了为保护而保护的单一目标，而是从解决城市问题出发，利用城市雨洪，将公园转化为城市雨洪公园，从而为城市提供了多重生态系统服务：它可以收集、净化和储存雨水，经湿地净化后的雨水补充地下水含水层。由于在生态和生物条件上的改进，该雨洪公园不仅成为了城市中一个很受欢迎的城市游戏绿地，并从省级湿地公园晋升为国家级城市湿地。

该项目中，创新性地运用了许多设计战略：

一、保留现存湿地中部的大部分区域，作为自然演替区。

二、沿四周通过挖填方的平衡技术，创造出一系列深浅不一的水坑和高低不一的土丘，成为一条蓝－绿宝石项链，作为核心湿地雨水过滤和净化的缓冲区，形成自然与城市之间的一层过滤膜和体验界面。沿湿地四周布置雨水进水管，收集新城市区的雨水，使其经过水泡系统，沉淀和过滤后进入核心区的自然湿地。不同深度的水泡

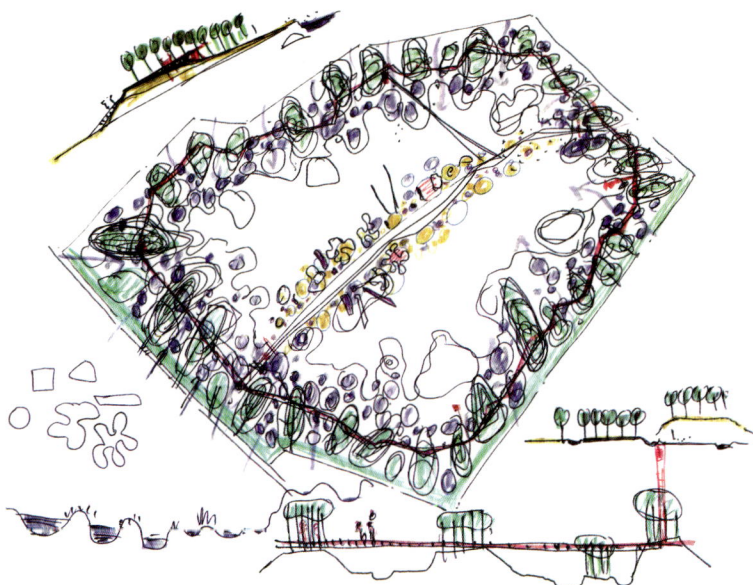

设计概念图：绿色海绵营造水适应城市

平面图

1. 东入口
2. 观光塔
3. 池塘
4. 覆盖白桦林的山丘
5. 西入口
6. 空中走廊
7. 亭子

公园北部边缘与雨水过滤池整合在一起的小路和平台，使参观者融入湿地和体验自然

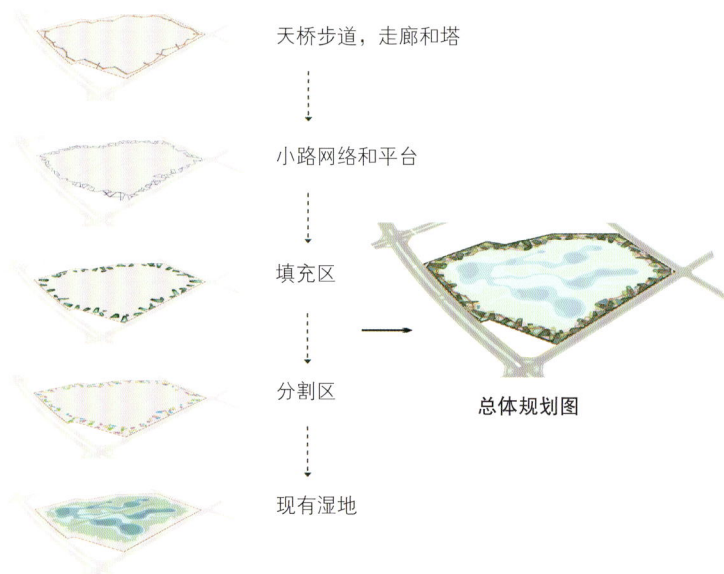

天桥步道，走廊和塔

小路网络和平台

填充区

分割区

现有湿地

总体规划图

为乡土水生和湿生植物群落提供多样的栖息地，开启自然演替进程。高低不同的土丘上密植白桦林，步道网络穿梭于丘林和水泡之间，给游客带来穿越林地的体验。水泡中设临水平台和座椅，使人们更加贴近自然。

三、高架栈桥连接山丘，给游客们带来了凌驾于树冠之上的体验。多个观光平台，五个亭子（竹、木、砖、石和金属）和两个观光塔（一个是钢质高塔，位于东部角落里；另外一个是木质的树状高塔，

改造前

改造后

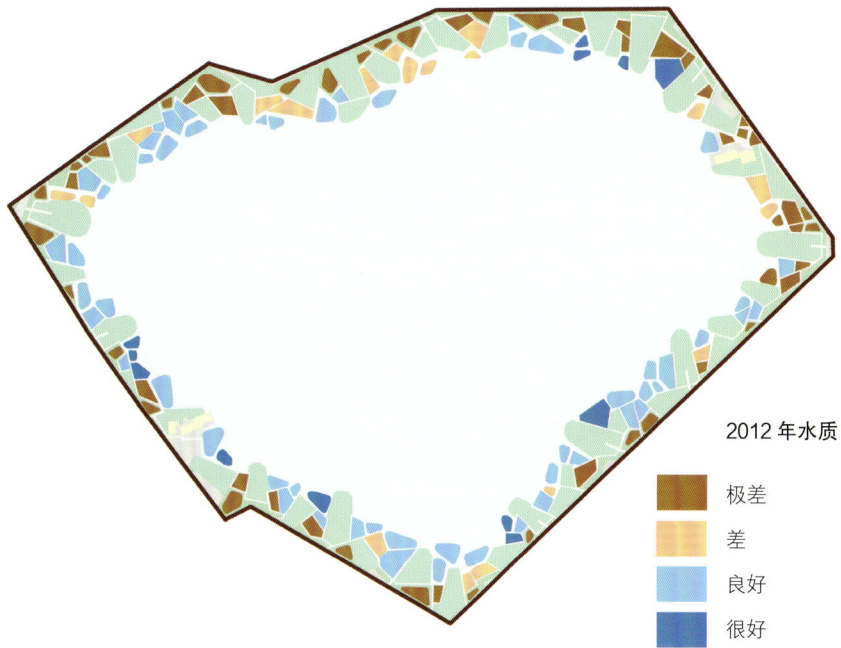

2012 年水质

- 极差
- 差
- 良好
- 很好

坐落在西北角）。在山丘之上，由空中走廊连接，通过这些体验空间的设计，使人远可眺公园之泱泱美景，近可体验公园内各自然景观之元素。

通过场地的转换设计，使湿地的多种功能得以彰显：包括收集、净化、储存雨水和补给地下水。昔日的湿地得到了恢复和改善，乡土生物多样性得以保存，同时为城市居民营造了舒适的居住环境。

设计团队：

俞孔坚，宋本明，韩晓晔，龙翔，李红丽，张文娟，孟繁，鑫孟，祥云，杨学宾，李果，张莉，官苗苗，徐波，袁文，何冲，陈枫，凌宏，李清（群力新城政府）

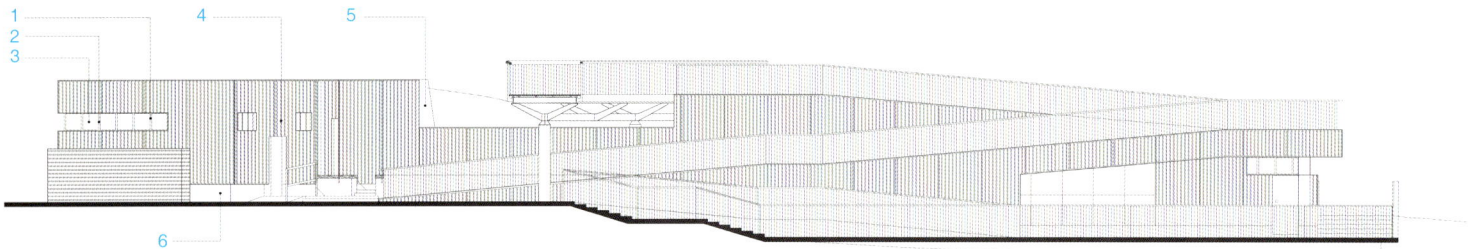

公园服务建筑立面图

1. 不锈钢板
2. 铝合金窗框灰色喷涂
3. 镀膜中空玻璃
4. 60 毫米 x 30 毫米防腐木板
5. 不锈钢收边，青灰色氟碳喷涂
6. 青灰色氟碳喷涂

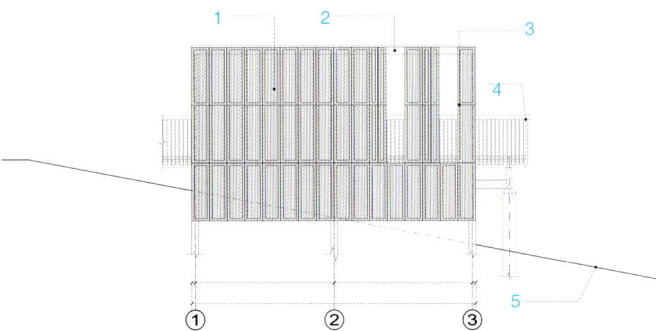

竹亭立面图

1. 竹杆
2. 锈钢板
3. 钢骨架
4. 空中步道
5. 基准线

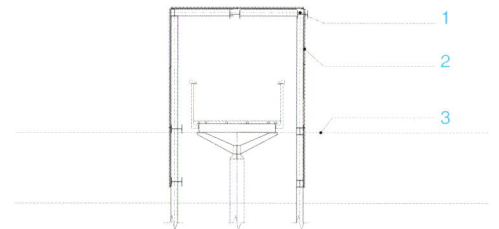

竹亭剖面图

1. H 型钢梁
2. L 型钢材框架
3. 基准线

上图和下图：湿地边缘与空中步道的坡道相结合的公园服务建筑
对页：在西北角的树状观光塔，使游客们可以俯瞰整个公园

公园北侧角落中的树形观景塔为游人呈现出公园全貌

上图：雨洪公园鸟瞰图（冬季，面向东）

下图：木亭，唤起对东北乡土建筑的回忆

对页上图：公园西边由挖掘出的泥土堆成的小山丘，
上植白桦林，形成具有东北地域特征的山林景观，人
行其中，有置身山林的感觉。

对页下图：石亭

伯明翰铁路公园

项目地点：伯明翰，美国

景观设计：汤姆领袖工作室

竣工日期：2010 年

摄影师：杰夫·纽曼，西尔维娅·马丁，布拉德利·纳什·伯吉斯

面积：7.689 万平方米

客户：伯明翰市铁路公园基金会

预算：1750 万美元

获奖：美国城市土地协会城市开放空间最高奖，
美国景观设计师协会（阿拉巴马州）荣誉奖

这个 19 英亩的城市公园主要体现那座横贯市区的 4.572 米高的铁路高架桥留下的历史痕迹。公园设置了精细雕琢的湖泊和溪流，不仅提供了防洪保障，还具备了生物过滤功能。一系列高低起伏的小山给游客提供直接体验火车交通的机会，也使公园成为一个"火车前线"公园。公园里不同的地形也给爱好美食和音乐的市民提供了各种节日庆祝和表演空间。

因为经济萧条时期预算和设计的因素，地形成为完成和组织公园的主要手段。项目地址南侧挖掘了一个新湖，用作灌溉水库和通过生物过滤径流的溪流系统；地址北侧建成了一系列高低起伏整体向南倾斜的小山。项目地址地势较低处是存储附近水域雨水的理想空间，并具备了防洪功能。新湖里配置了独木舟和明轮船，它不仅是满足公园夏季灌溉需求的主要水库，还给市区带来凉爽和娱乐休闲场所。此外，它的边缘种植了大量生物过滤湿地植物。当雨水通过公园流入西端蓄洪地点时，湖泊和溪流系统可组织区域暴雨排泄，水分保留，渗透和生物过滤。溪流流经的每个主要途径都创建了拦沙坝、堰和湿地池塘仓库，以逐渐减少公园的长度。

高空平面图

1. 煮龙虾台子	9. 铁轨	17. 东门亭子
2. 草坪平台	10. 散步花园	18. 联合站
3. 西门广场	11. 希腊剧场	19. 美国铁路站
4. 池塘	12. 桦木池子	20. 文化熔炉工程
5. 溪水	13. 湖	21. 市中心
6. 滑冰池	14. 铁路桥	22. 市中心球场公园（建设中）
7. 池塘	15. 湿地	
8. 儿童玩乐区	16. 露天剧场	

对页上图：鸟瞰图
对页下图：生态池塘

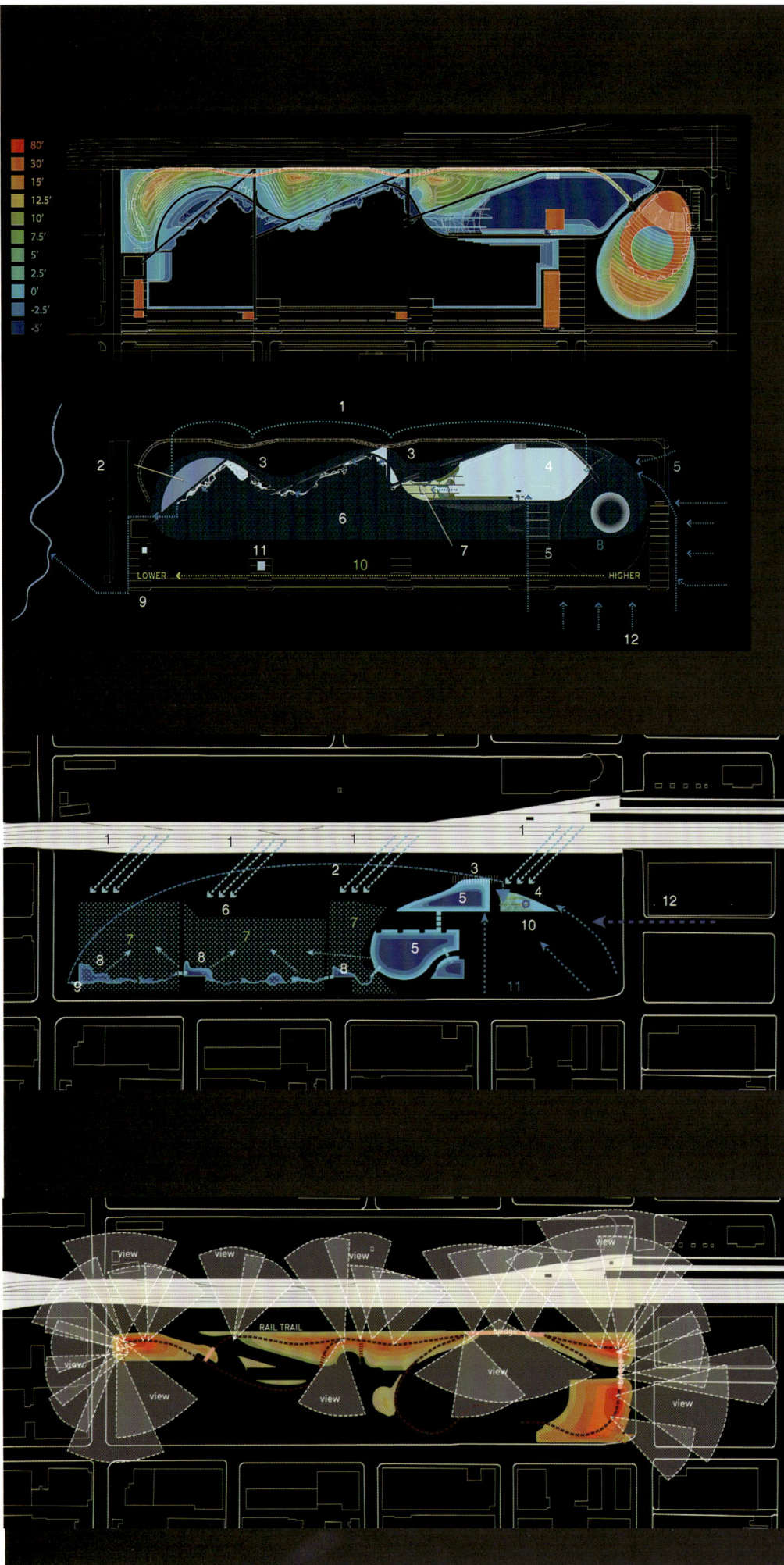

地貌和水文特点

1. 通过水泵的水循环
2. 小规模的雨洪存储
3. 池塘
4. 湖水
5. 雨洪进入
6. 主要洪水存储区
7. 带过滤系统的池塘
8. 雨水幕帘
9. 与村庄小溪相连的过滤水
10. 整体斜坡
11. 喷泉
12. 流域

水回收策略

1. 降雨
2. 通过水泵的水循环
3. 雨水幕帘
4. 井
5. 湖
6. 雨洪存储
7. 灌溉
8. 池塘
9. 水泵
10. 生态过滤湿地
11. 雨洪入口
12. 工业水

视觉策略
从不同角度看到的公园景色

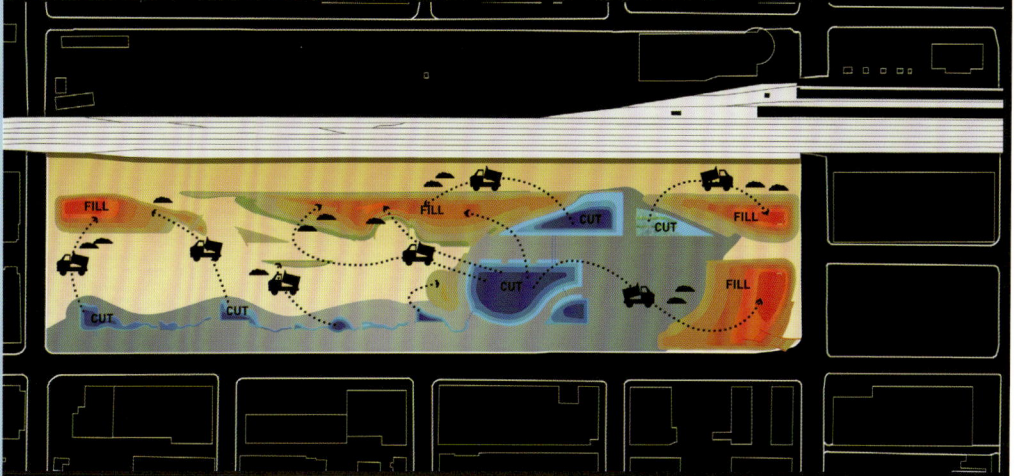

公园整体地形图
深色区比浅色区高

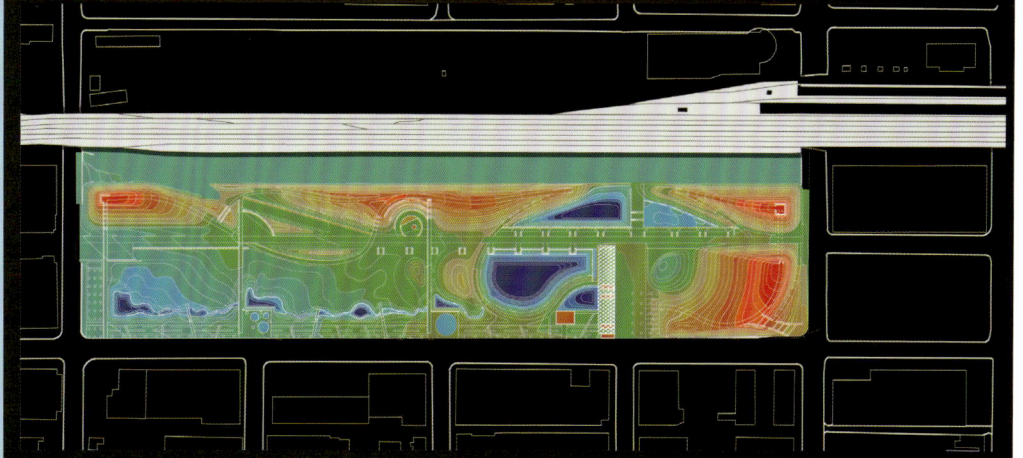

挖掘和填埋策略图
在公园建设期间，根据地形需要挖掘或者填埋一部分地点

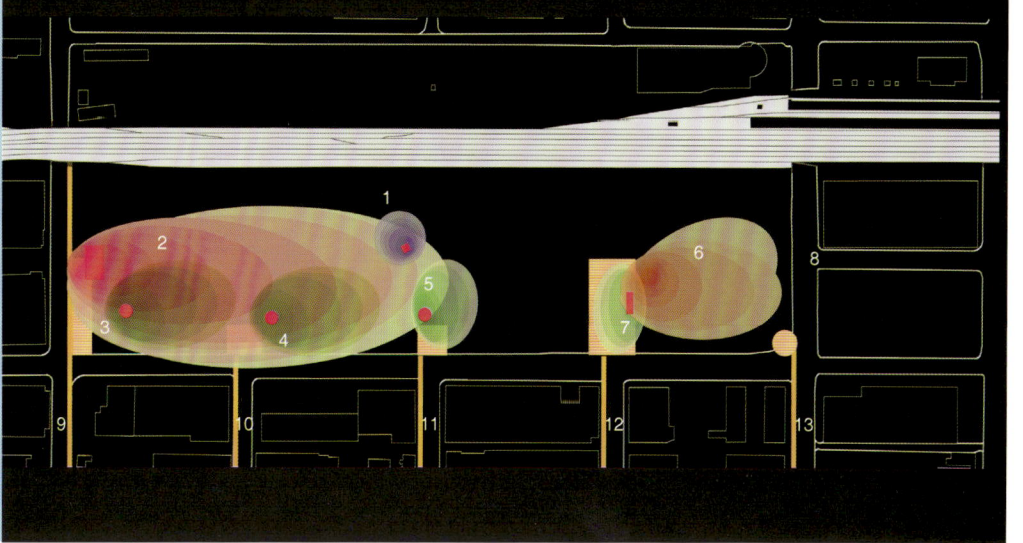

总体规划地图

1. 希腊剧场
2. 煮龙虾地点
3. 西门
4. 15街广场
5. 16街广场
6. 竞技场
7. 东门
8. 鲍威尔街
9. 14街
10. 15街
11. 16街
12. 17街
13. 18街

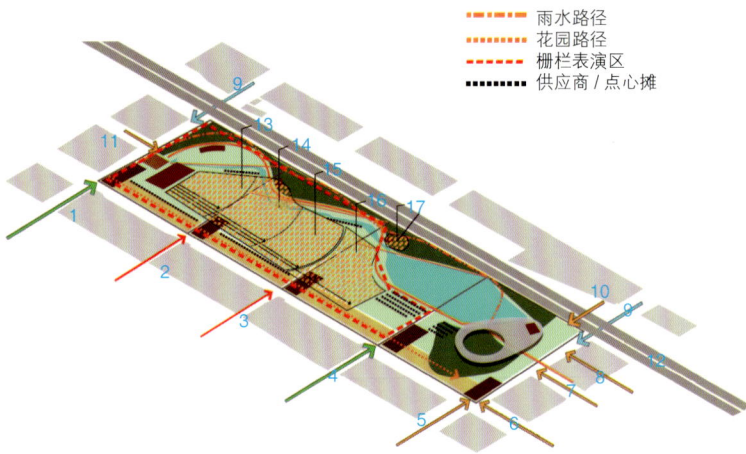

雨水路径
花园路径
栅栏表演区
供应商 / 点心摊

大型剧场

主舞台能提供 20,000 人甚至 30,000 人，将近 150 个商贩摊位遍布公园。

1. 14 街公共西入口对主舞台
2. 15 街入口对公共关闭
3. 16 街入口对公共关闭
4. 17 街入口正对煮龙虾舞台
5. 18 街东门入口
6. 第一大道
7. 鲍威尔街 —— 设施和摊贩入口
8. 剧场——设施入口
9. 地下入口
10. 地上入口
11. 主舞台——设施和摊贩入口
12. 铁路
13. 250 平方米
14. 46 平方米 –2,000 人
15. 1000 平方米
16. 1,500 平方米 –1000 人
17. 17,500 人

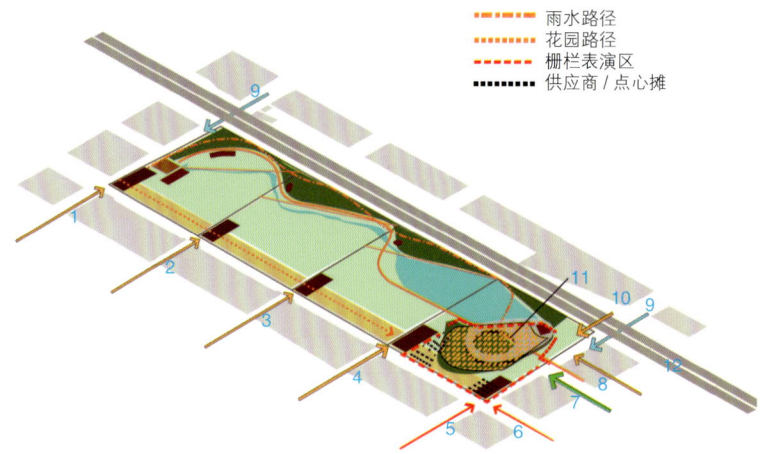

雨水路径
花园路径
栅栏表演区
供应商 / 点心摊

中型剧场

露天剧场能提供 5,000 人。鲍威尔街成为正面入口和剧场收费口。将近 50 个摊位遍布剧场。

1. 14 街公园入口
2. 15 街公园入口
3. 16 街公园入口
4. 17 街公园，摊贩和交替入口
5. 18 街入口
6. 第一大道
7. 鲍威尔街剧场入口
8. 剧场——装载与设施入口
9. 地下入口
10. 天桥入口
11. 可供使用人数 5000 人
12. 铁路

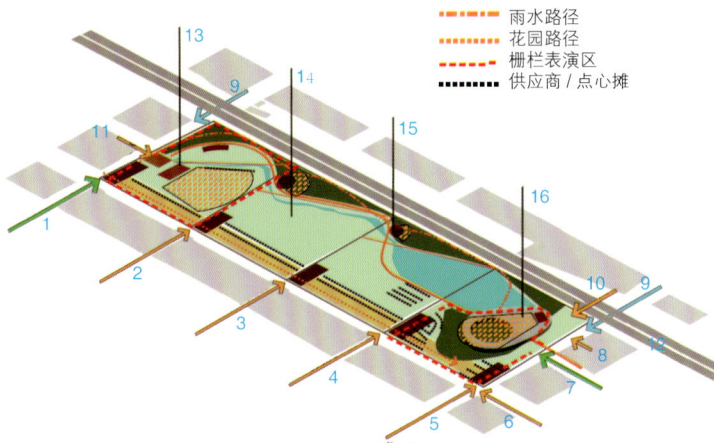

雨水路径
花园路径
栅栏表演区
供应商 / 点心摊

大型剧场

主舞台和剧场会为小型收费表演临时关闭，但是表演和希腊剧场仍然对外开放。将近 150 个摊位遍布公园。

1. 14 街入口
2. 15 街入口
3. 15 街入口
4. 17 街入口
5. 18 街入口
6. 第一大道
7. 鲍威尔街入口
8. 剧场——设施入口
9. 地下入口
10. 天桥入口
11. 主舞台——设施和摊贩入口
12. 铁路
13. 主舞台—— 8,000 人
14. 表演路——600 人
15. 希腊舞台——300 人
16. 剧场 5,000 人

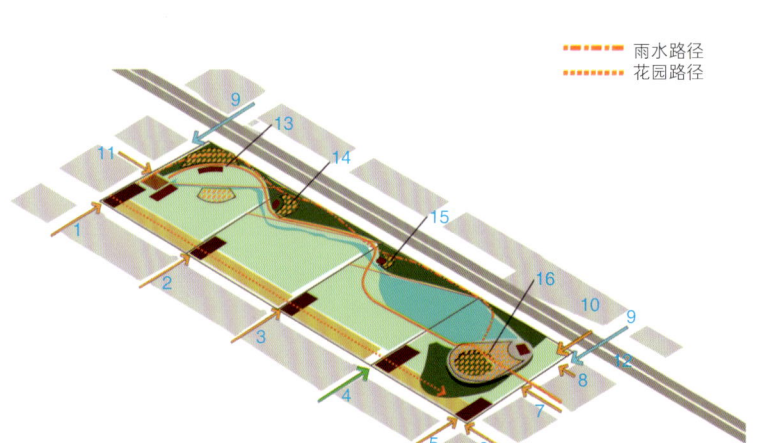

雨水路径
花园路径

小型剧场

小型表演和个人表演场地为重要和公共表演准备，这些设施提供了广阔的活动范围。所有入口都对外开放，任何表演都不收门票。摊位可随需要增添。

1. 14 街入口
2. 15 街入口
3. 16 街入口
4. 17 街入口
5. 18 街入口
6. 第一大道
7. 鲍威尔街入口
8. 剧场——设施入口
9. 地下入口
10. 天桥入口
11. 主舞台——设施和摊贩入口
12. 铁路
13. 可供使用人数 500 –100 人
14. 可供使用人数 200 – 600 人
15. 可供使用人数 100 – 300 人
16. 可供使用人数 1,500 – 5,000 人

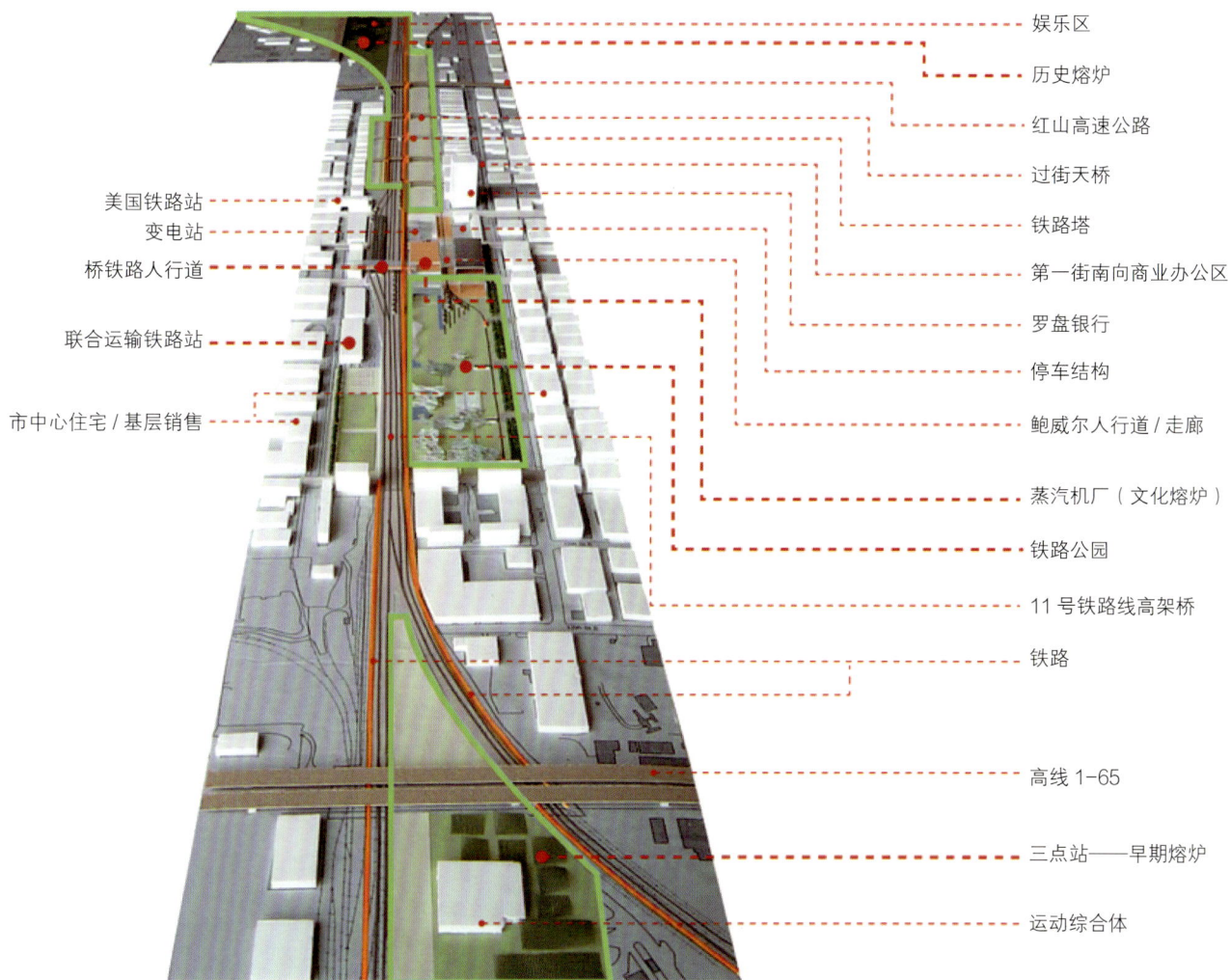

娱乐区

历史熔炉

红山高速公路

过街天桥

铁路塔

第一街南向商业办公区

罗盘银行

停车结构

鲍威尔人行道／走廊

蒸汽机厂（文化熔炉）

铁路公园

11 号铁路线高架桥

铁路

高线 1-65

三点站——早期熔炉

运动综合体

美国铁路站

变电站

桥铁路人行道

联合运输铁路站

市中心住宅／基层销售

公园内设施

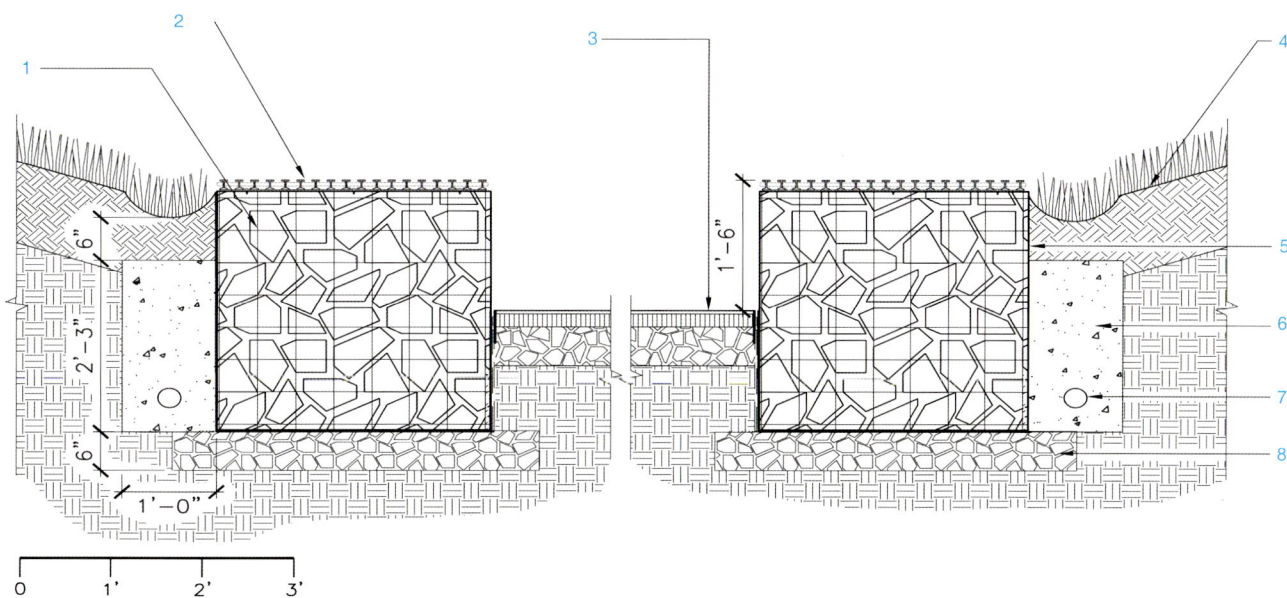

铁路边缘的带金属帽的墙

1. 金属筐　　5. 土工布
2. 帽　　　　6. 碎石路
3. 铁路阶梯　7. 穿孔排水管
4. 本地植物阶梯　8. 压实地基

237

灌溉池和周围植物

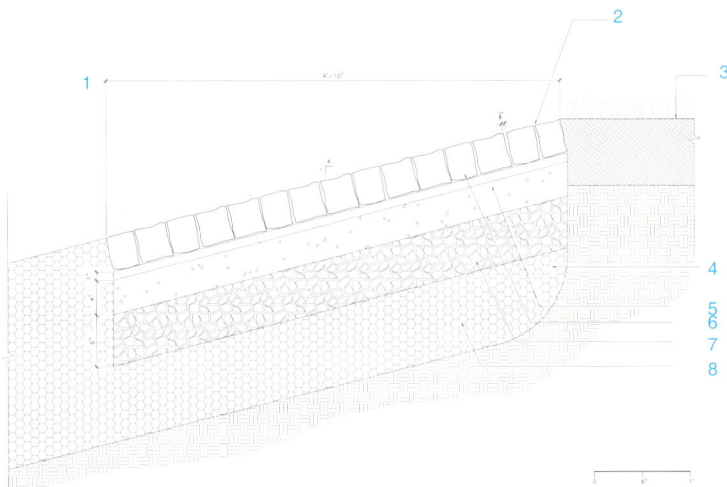

湖边鹅卵石

1. 水位
2. 缝隙
3. 已修整斜坡草坪
4. 95% 压实路基
5. 灰泥路面
6. 就地回收的鹅卵石
7. 98% 压实的混合基础
8. 粘土防渗层

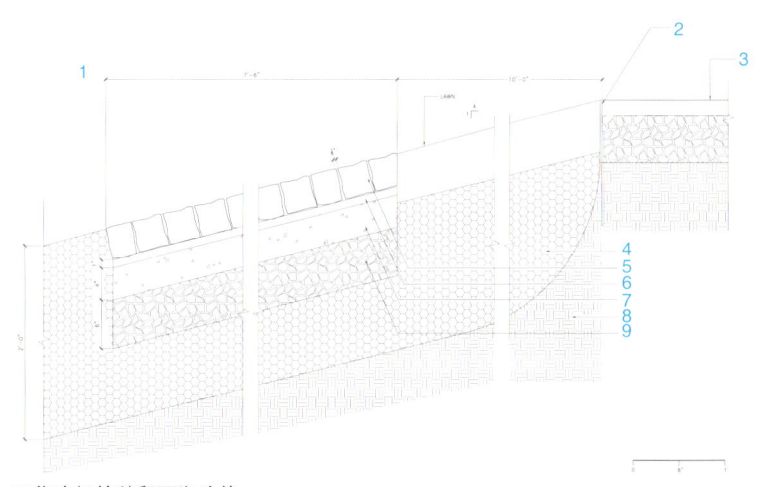

17 街广场的鹅卵石湖边缘

1. 水位
2. 金属边缘类型 1
3. 修整后的草坪斜坡
4. 防渗层
5. 就地回收的鹅卵石
6. 灰泥路面
7. 混凝土板
8. 98% 压实的混合基础
9. 聚合基础最低 98% 压实

草坪台阶

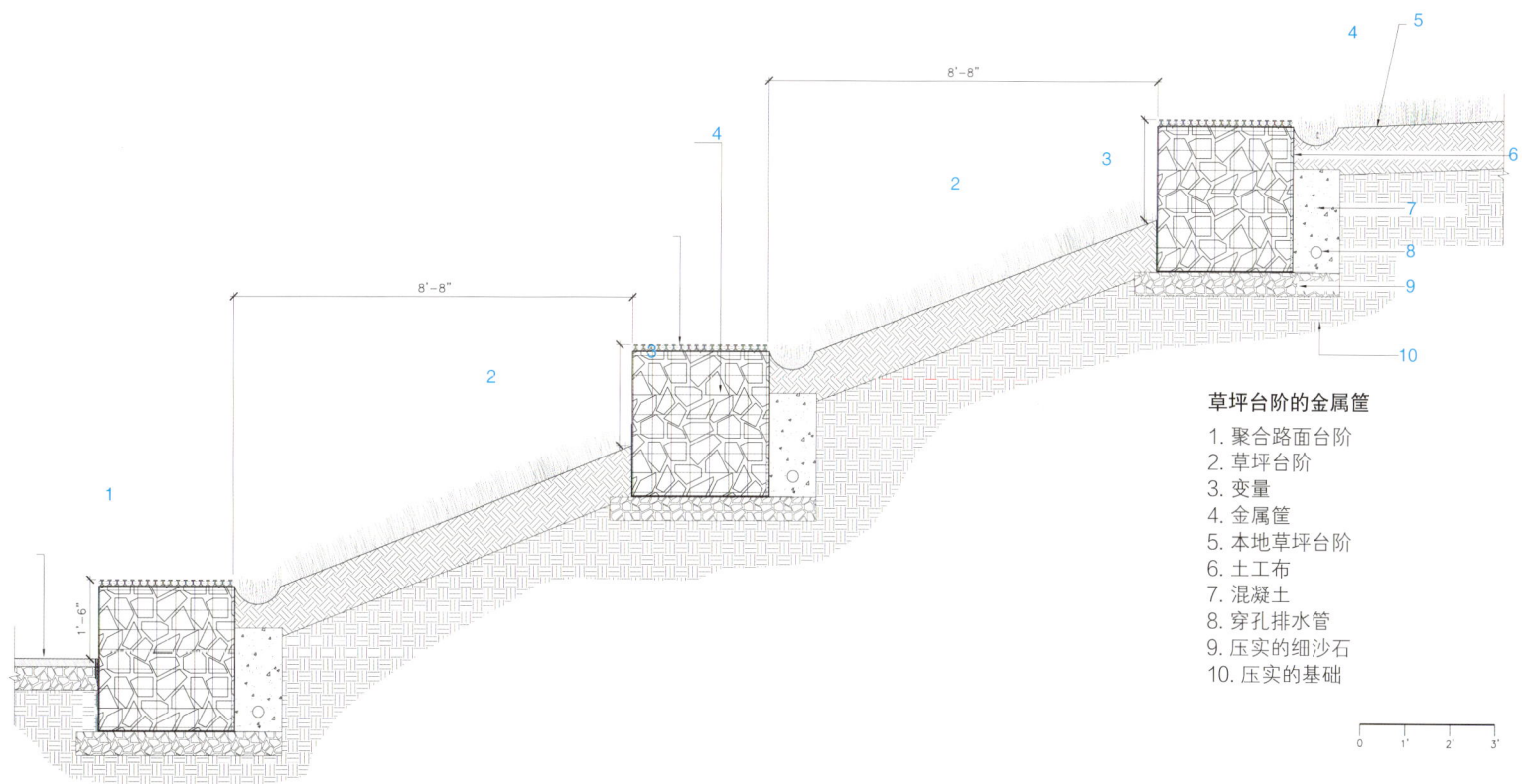

草坪台阶的金属筐

1. 聚合路面台阶
2. 草坪台阶
3. 变量
4. 金属筐
5. 本地草坪台阶
6. 土工布
7. 混凝土
8. 穿孔排水管
9. 压实的细沙石
10. 压实的基础

湖边座椅

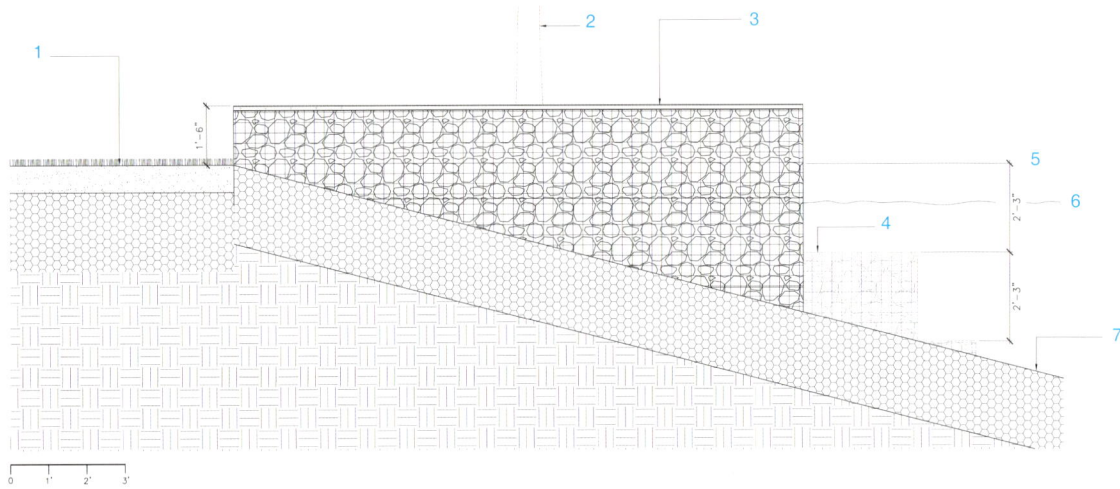

湖边树岛上的金属筐墙

1. 草坪台阶
2. 外部的树
3. 纤维玻璃帽位于金属筐上
4. 外部金属帽
5. 岛外树台阶
6. 湖面
7. 粘土防渗层

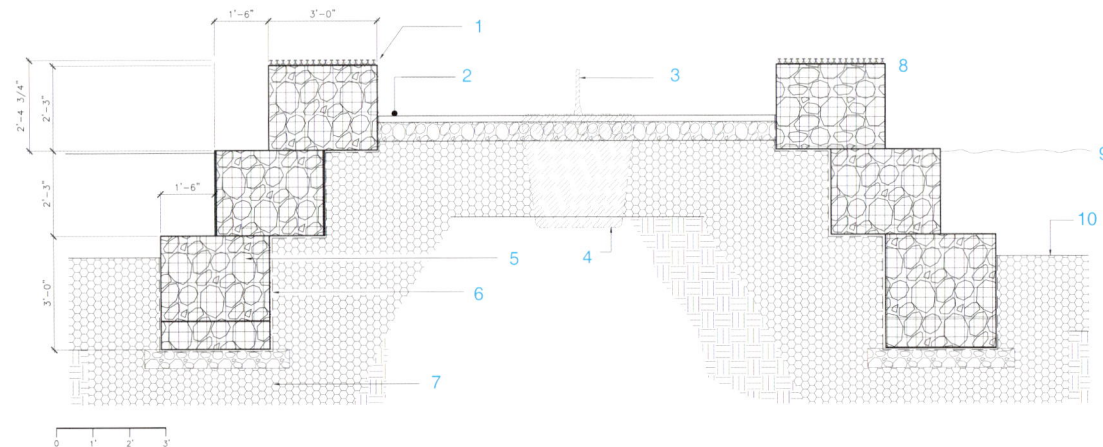

湖边树岛上的金属筐墙

1. 上有纤维玻璃帽的金属筐
2. 压实路面
3. 外部的树
4. 外部的树根球茎
5. 金属筐
6. 土工布
7. 粘土防渗层
8. 带金属帽的墙顶端
9. 湖水水面
10. 湖底

儿童游乐场

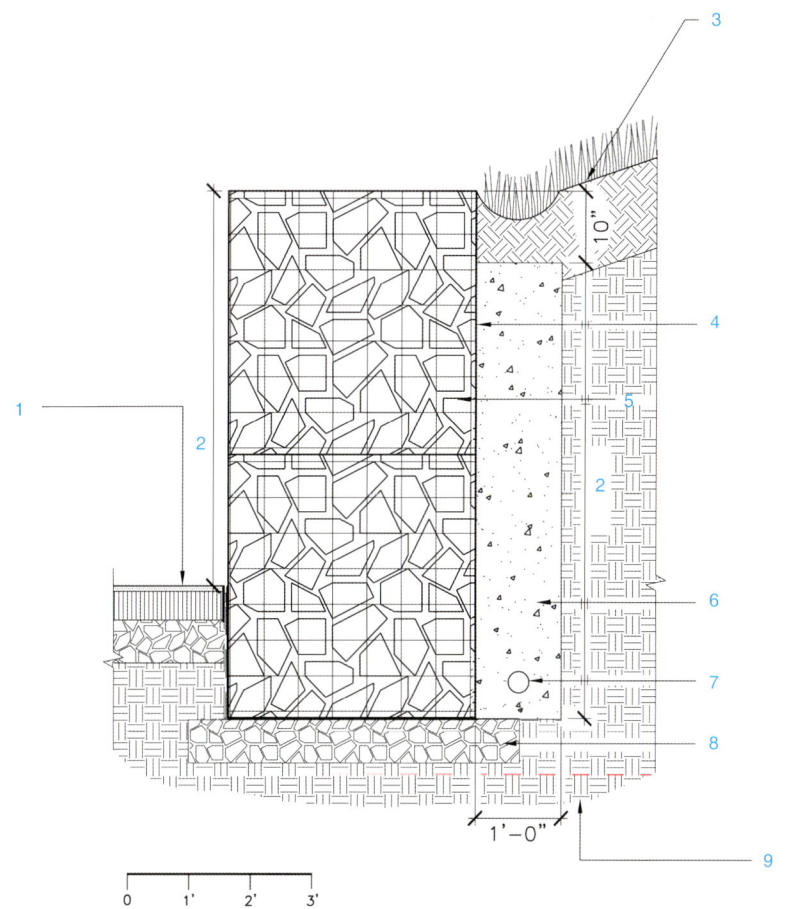

儿童游乐区的金属帽挡土墙

1. 本地植物
2. 变量
3. 本地草类
4. 土工布
5. 金属帽
6. 碎石路
7. 穿孔排水管
8. 压实地基
9. 压实路基

上图：雨后的树林环形区

对页上图：回收材料铺设的树林环形区

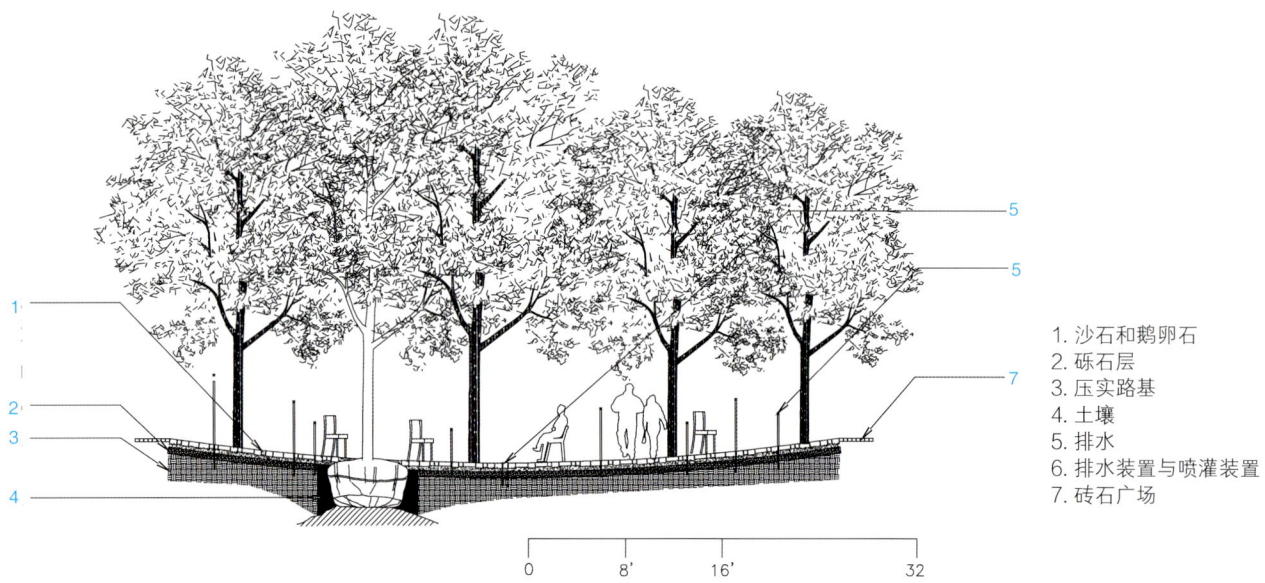

1. 沙石和鹅卵石
2. 砾石层
3. 压实路基
4. 土壤
5. 排水
6. 排水装置与喷灌装置
7. 砖石广场

0   8'   16'   32

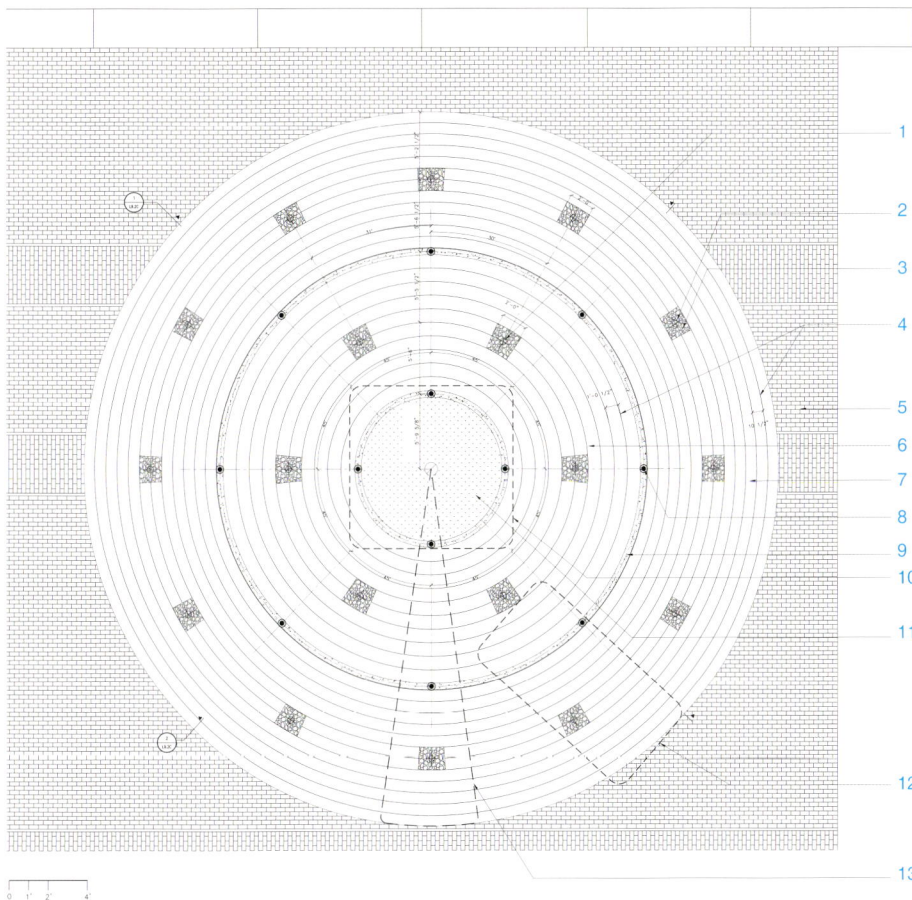

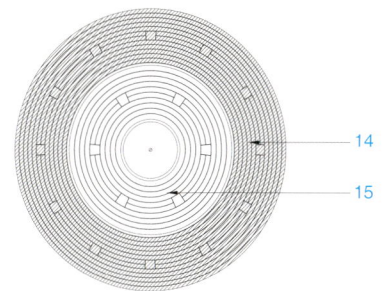

平面布局总图

1. 6 棵位于中间环的桦树
2. 12 棵桦树
3. 河边鹅卵石覆盖物
4. 同轴鹅卵石覆盖指南
5. 砖石广场
6. 回收鹅卵石覆盖物类型 A
7. 回收鹅卵石覆盖物类型 B
8. 灌溉水源
9. 混凝土河岸
10. 内环鹅卵石覆盖物类型 B
11. 种植面积
12. 外环鹅卵石覆盖物类型 A
13. 建筑实物模型
14. 外环
15. 内环

儿童游乐区

1. 填充
2. 现有台阶
3. 稳定的路面：人行道
4. 玩耍区混凝土座位墙
5. 山脉
6. 沙地铺设
7. 金属筐座位墙
8. 沥青路面
9. 输电线
10. 附属建筑物
11. 无线信号器

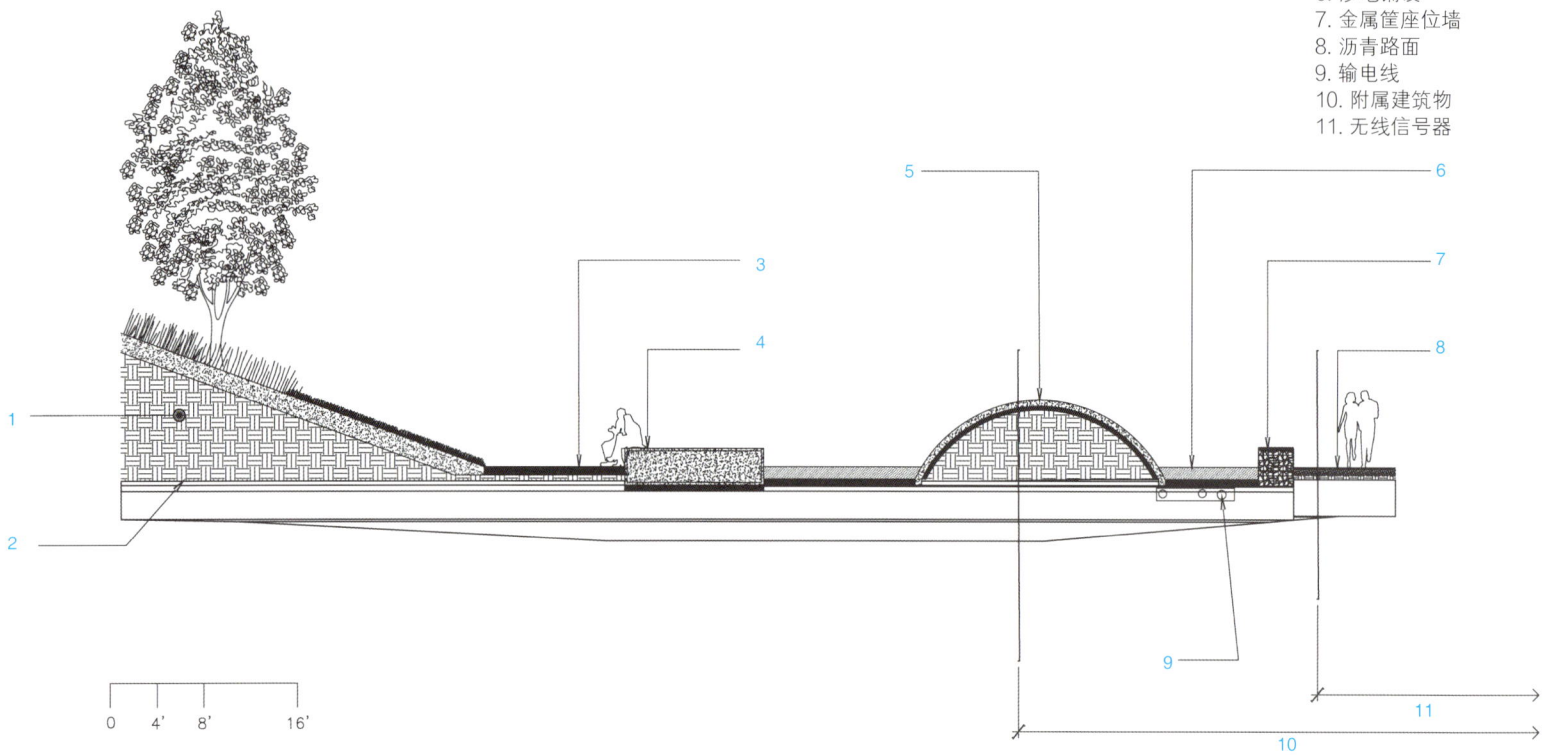

0 4' 8'   16'

儿童游乐区的"小山"

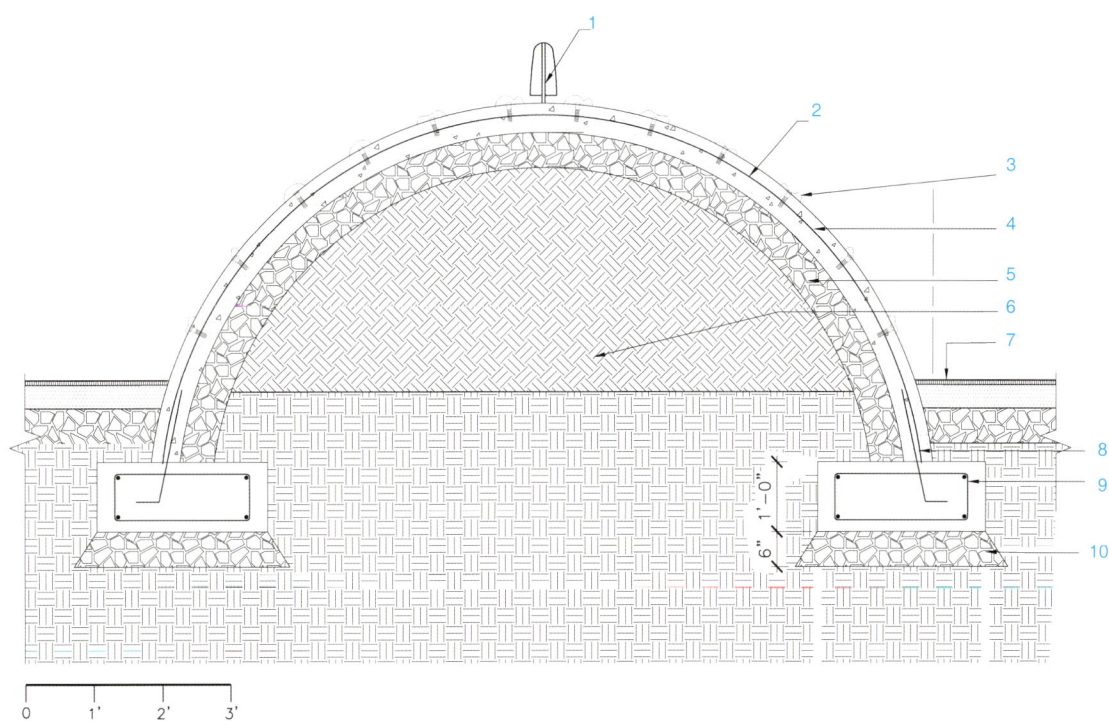

小山

1. 蓝铃
2. 攀爬路线
3. 带螺栓的把手
4. 混凝土
5. 碎石
6. 压实的清洁填充物
7. 表层安全图层
8. 连接处
9. 钢条把手上、下
10. 压实路面

该场地有大量的碎石和岩屑，为货栈创造干燥的环境。随着挖掘的开展，这些材料都经过分类、存储和积压，应用到金属筐的填充中。由于预算有限，场地的金属帽挡土墙理所当然的就地取材。

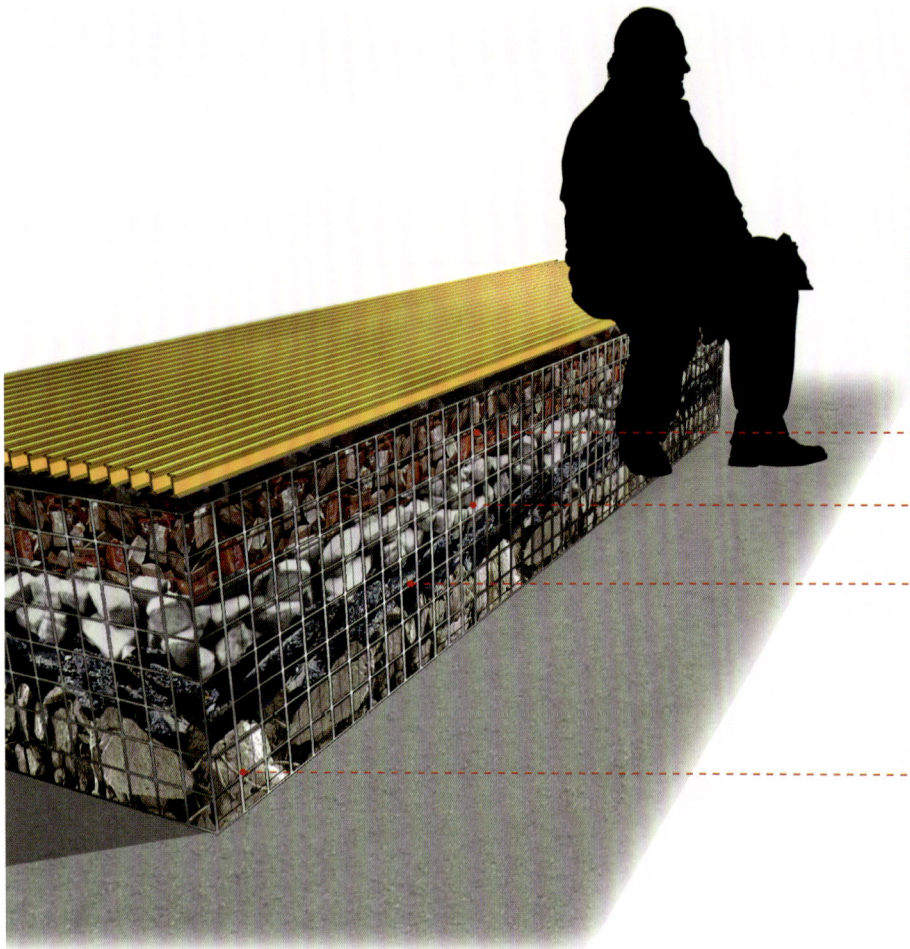

回收的砖

回收的石材

回收的沥青

回收的混凝土

回收材料

左上：由回收砖块制成的金属筐长椅
右上：由回收石材制成的金属筐长椅
下图：花园中的金属筐长椅
对页左下图：湖边的金属筐长椅
对页右下图：人行道边的金属筐长椅

人行道

台阶和金属长椅

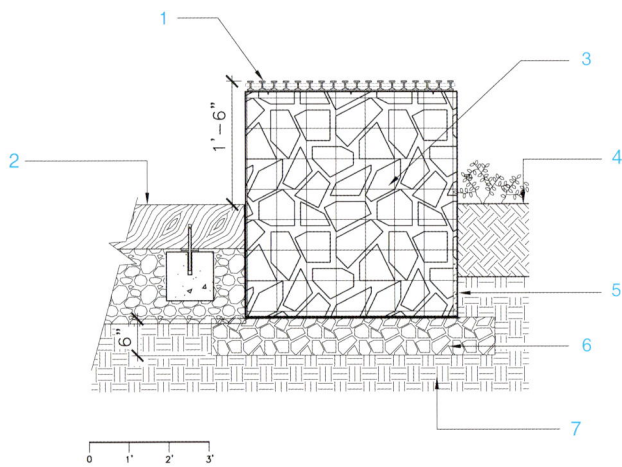

木板路上的金属筐挡土墙

1. 金属帽
2. 木板路
3. 金属筐
4. 植被
5. 土工布
6. 压实骨料
7. 压实路基

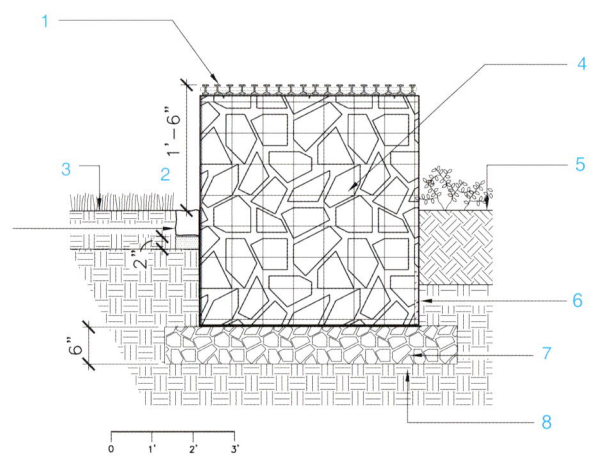

草坪和植被区的金属筐帽墙

1. 金属帽
2. 草坪
3. 带回收的鹅卵石的草坪
4. 金属筐
5. 植被
6. 土工布
7. 压实骨料
8. 压实路基

观景亭

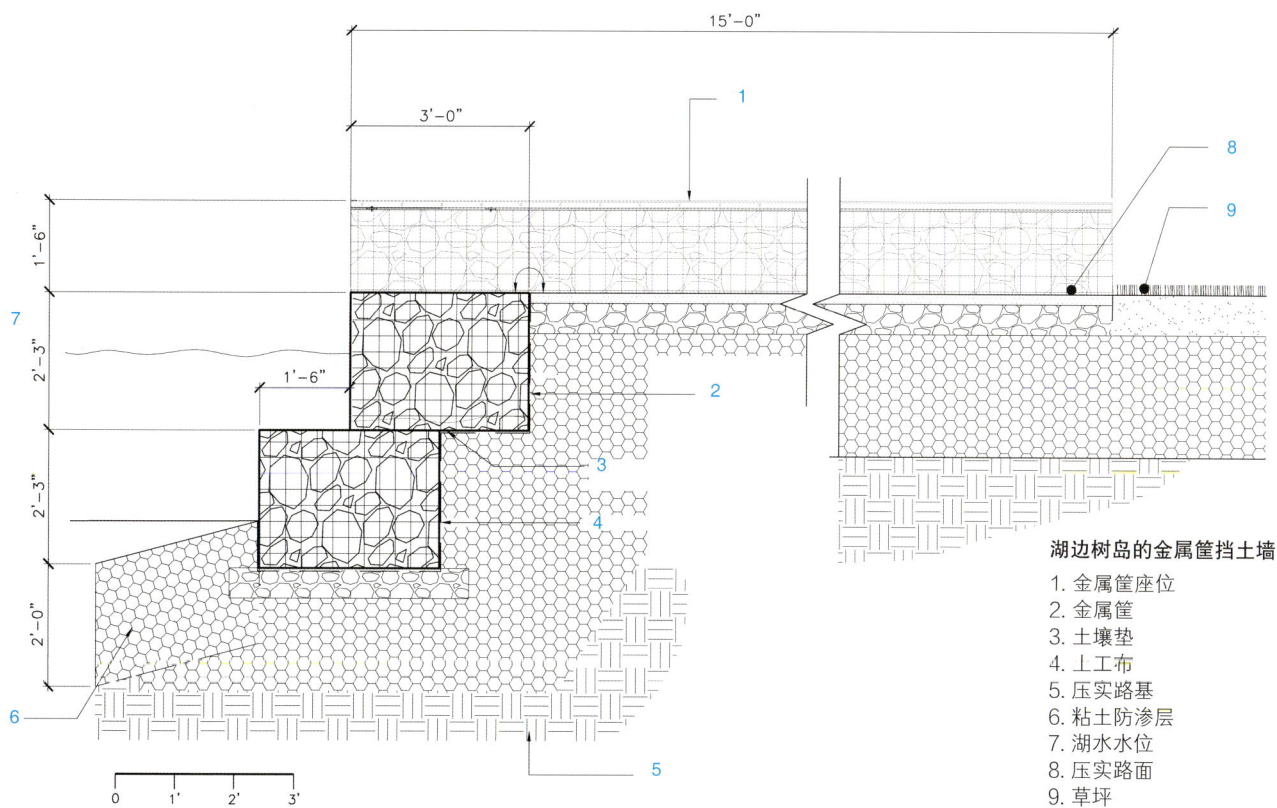

15'-0"

3'-0"

1'-6"

2'-3"

1'-6"

2'-3"

2'-0"

0 1' 2' 3'

湖边树岛的金属筐挡土墙

1. 金属筐座位
2. 金属筐
3. 土壤垫
4. 土工布
5. 压实路基
6. 粘土防渗层
7. 湖水水位
8. 压实路面
9. 草坪

上图：公园中慢跑的人们
下图：戏水的儿童
对页：小溪河过滤花园

左上图：人行道边的花园
右上图：草坪台阶
下图：游乐区的草坪
对页上图：滑板公园
对页下图：湖边慢跑的人

哈格里夫斯商城景观区

项目地点：本迪戈，澳大利亚

景观设计：rush/wright associates（迈克·怀特，凯瑟琳·拉什，斯凯·霍尔丹，安德鲁·纽金特，艾米莉·林，托马斯·辛塔帕里，理查德·明乐，托马斯·古奇）

竣工日期：2010 年

摄影师：彼得·班纳特，迈克·怀特

面积：5000 平方米

客户：本迪戈市政府

预算：650 万美元

哈格里夫斯商城区是本迪戈中部公共领域的新核心。创建了大量路边免费共享区域可供汽车、自行车和行人使用。据设想，哈格里夫斯商城将成为"兰布拉大道"的形式，人们在附近生活、工作和度过他们的大部分时间。

一条街的精髓在各个层面都体现新的设计理念。设计师恢复了树行、人行道区，以及供车辆、自行车和其他临时服务交通使用的清晰路径构成的传统街道形态。通道由液压护柱控制。

设计师严格探索街道设计类型学，从而获得了一种优选横截面，可以在公共广场将城市秩序从杂乱和疲惫的尝试状态中恢复。设计公司奉行"街道"而不是"广场"至上的设计原则，同时建立保持行人优先和排除长期交通阻塞的需要。

零售亭和公共设施作为大型公民标志结构已经一起被呈现。这些形式起源于最小的尺寸，然后向上投射为塔的形式，让人想起井架和当地的采矿基础设施。塔上悬挂着为下方商业空间提供的可伸缩遮阳帘，以及引人注目的悬臂式玻璃屏幕。

这些屏幕采用 Digiglass 公司生产的玻璃制成且含有印在玻璃夹层上的经当地艺术家挑选的日间图片。这些图片在夜间会呈现一种特别的景象，成为固定在悬臂内部钢结构上霓虹背光的半透明灯笼阴影。

这些屏幕还被设计有播放投影图片的功能。通过大量原型设计挑选的 Digiglass 夹层也能反射适量的光而成为投影面。在灯笼半透明性的冲突需求，白天外观和对视频以及其他动态或静态图像投射的

左上图：航拍城市景图
右上图：树景图。双列生长的植物为中国榆树，单列是昆士兰贝壳杉

适用性之间已达成谨慎的平衡。想象投放到屏幕上的总决赛或者世界杯会流畅播放，那来自于本迪戈美术馆和当地工匠艺术影像也一样可以较好的展示出来。

设计强调可持续性。公园是通过深思熟虑的路面和树坑设计实现雨水径流收集举措的杰出案例。

当地的极端气候要求商场的微气候在夏季应该最大限度地增加阴凉处，而在冬季则应尽可能地获取阳光。商场的排水方式可使全部路面径流收集到悬浮路面型材料下的大树穴里。这种方法使局部水灾得以缓解，并优化了树木的生长条件。中国落叶榆树在夏季为商场提供了三分之一的绿荫。项目的初步建立是在近期干旱接近尾声时进行的，但树木的生长已经超过了设计师的预期。

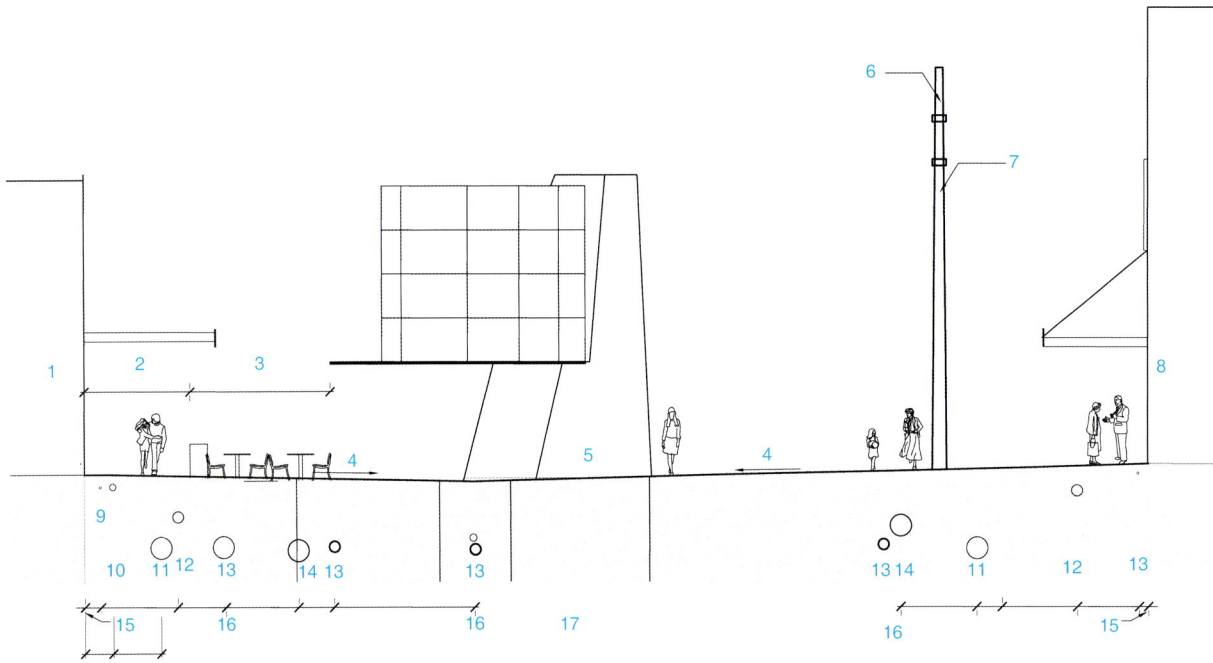

1. 哈德逊店
2. 人行道
3. 商业区
4. 下坡
5. 灯塔 / 亭
6. 高 11 米的灯柱
7. 拟设置 Catebary 照明设施
8. 基利安人行道
9. 通信管道
10. 煤气管道
11. 自来水总管道
12. 电力供应系统
13. 雨水
14. 下水道
15. 建筑立面
16. 青石路面
17. 哈考特花岗岩路面

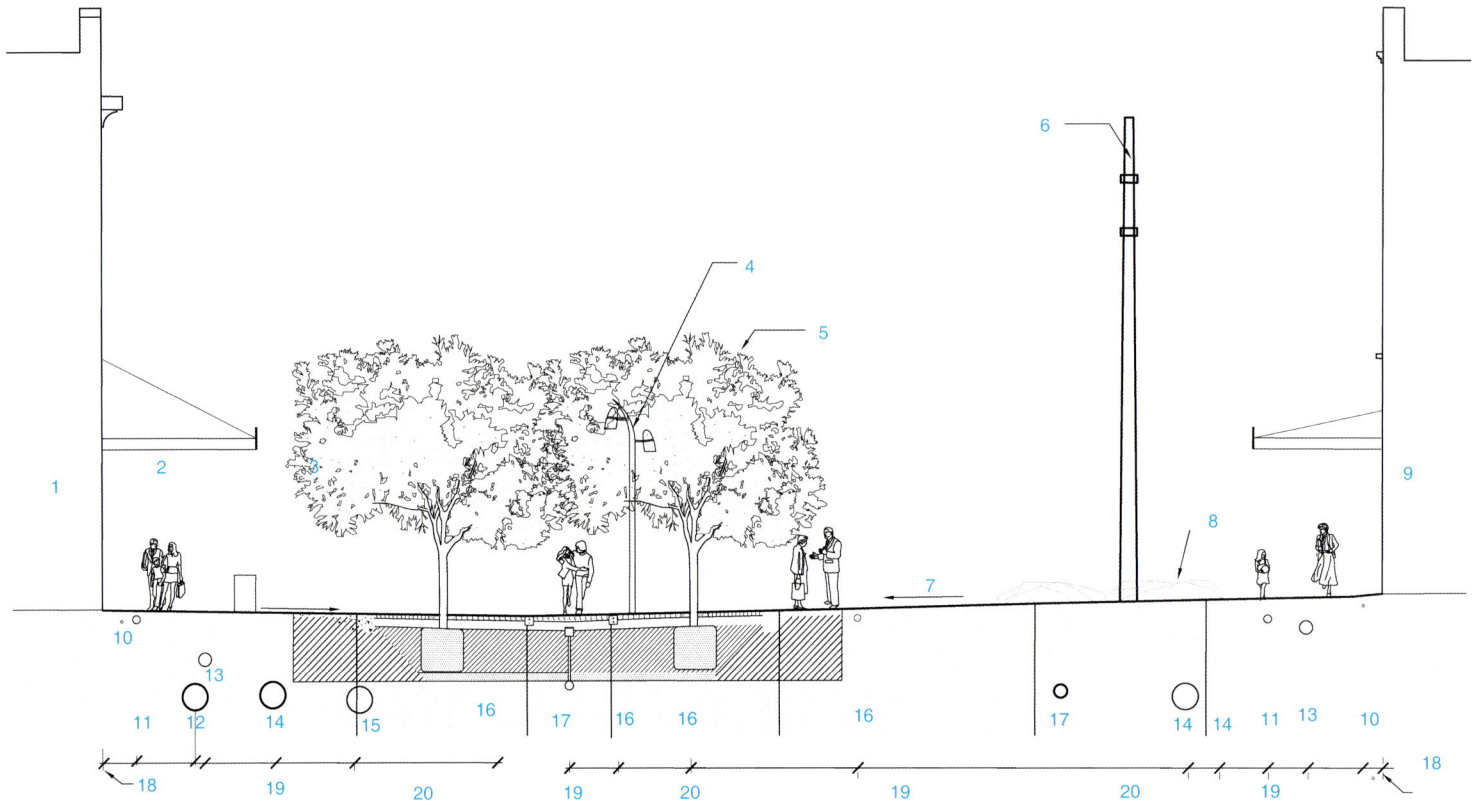

平面图：东西向 1：100

1. Ruffell 珠宝店
2. 人行道
3. 商贸区
4. 拟建 5 米高的照明设施
5. 大型阔叶树
6. 11 米高灯柱
7. 下坡
8. 石凳
9. Sens 珠宝店
10. 通信管道
11. 煤气管道
12. 自来水总管道
13. 电力供应系统
14. 雨水
15. 下水道
16. 电路管道
17. 雨水
18. 建筑立面
19. 青石路面
20. 哈考特花岗岩路面

上图：航拍哈格里夫斯商场
下图：购物城横截面图显示了整齐的照明设施与市政标志性建筑布局

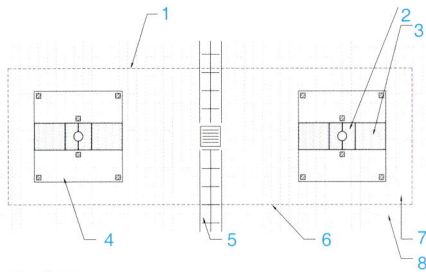

大型树坑平面细节图

1. 子结构参考土建图纸
2. 树池保护格栅"类型一"参考规范
3. 树池保护格栅"类型二"参考规范
4. 用于移植树木的可移动预制板材盖
5. 排水"V"型格栅
6. 树坑范围、延设区、悬置路面
7. 孔上铺路材料
8. 路面硬景观参照图

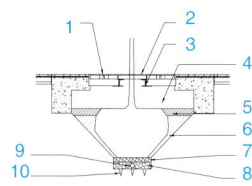

大型树坑剖面细节图 BB

1. 可移动预制混凝土板路面
2. 树坑上缘参考细节图
3. 树池保护格栅"类型一"
4. 雨水滞留下排孔
5. 150 毫米表土层
6. 底土层
7. 100 毫米过渡土层
8. 150 毫米排水层中的 2 毫米 -5 毫米细砾土
9. 下层土壤排水土木细节图
10. 150 毫米养护路基

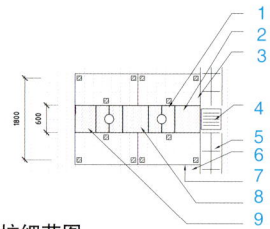

小型树坑细节图

1. 树池保护格栅"类型一"
2. 树池保护格栅"类型三"
3. 可移动加密铺路石预制混凝土板用于树木清理与维护入口
4. 树脂混凝土线性排水系统
5. 石质 V 型渠
6. 人行道
7. 树坑外围 / 滞留区
8. 树池保护格栅"类型四"
9. 树池保护格栅"类型五"

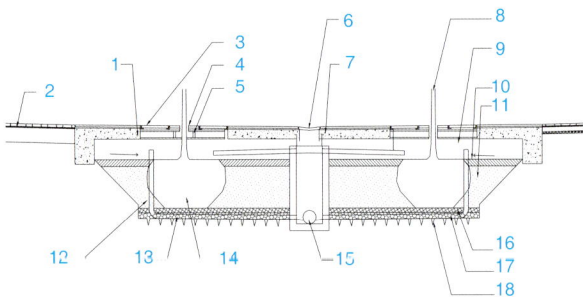

大型树坑剖面细节图 AA

1. 混凝土基脚、结构板土木细节图
2. 石砌路面参照硬景观图
3. 树池保护格栅"类型二"
4. 树池保护格栅"类型一"
5. 树坑外缘细节参照图
6. 供雨水流入的格栅下水道
7. 悬浮混凝土板路面
8. 市政委员会提供的老龄树
（"绿瓶"榉树）
9. 雨水滞留孔
10. 150 毫米地表土层
11. 底土层
12. 稳定树根团的镇重物
13. 下层土壤排水土木细节图
14. 根团最大面积
（直径 1,800 毫米）符合
悬板留孔设计
15. 雨水排水线路
16. 100 毫米土壤过渡层
17. 50 毫米排水层中的 2 毫米 -5 毫米细砾石层
18. 150 毫米养护路基

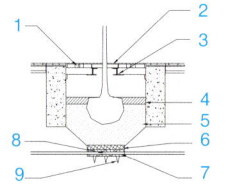

小型树坑剖面细节图 BB

1. 可移动预制混凝土板路面
2. 树池保护格栅"类型一"
3. 树坑外缘
4. 150 毫米地表土层
5. 底土层
6. 100 毫米过渡土层
7. 下层土壤排水土木详图
8. 150 毫米排水层中的
2 毫米 -5 毫米细砾石层
9. 150 毫米路基养护

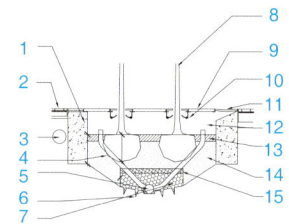

小型树坑剖面细节图 AA

1. 混凝土底脚结构与土木详图
2. 石砌路面
3. 现有总水管
4. 根团
5. 下层土壤排水土木工程详图
6. 150 毫米路基养护
7. 150 毫米细砾石疏水层
8. 市政委员会提供的老龄树（贝壳杉）
9. 树池保护格栅"类型三"
10. 树坑外缘
11. 格栅式雨水排水渠
12. 雨水生态调节池入水孔
13. 150 毫米表层土壤
14. 低土层
15. 100 毫米过渡土壤层

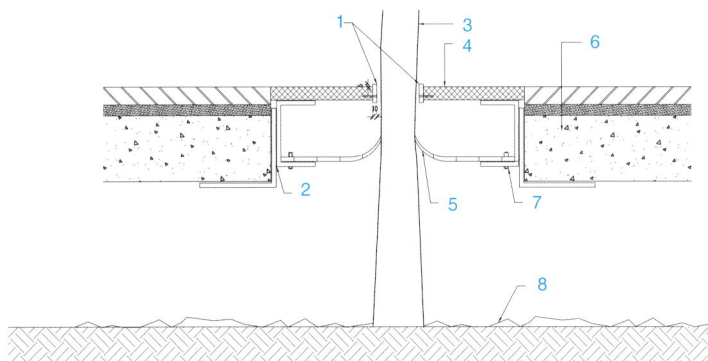

树坑外缘详图

1. 在三孔格栅外围设置三元乙丙橡胶护苗带，通过树干运动监控树木是否损毁
2. 氯化聚乙烯带有焊接镀锌网
3. 树干
4. 树池保护格栅"类型一"
5. 多孔橡胶"圈"防止残骸漏入滞留区，能满足树木成长及摆动需要
6. 预制板
7. 橡胶圈固定框架参照土建图
8. 深 25 毫米，直径为 20 毫米的总覆盖物典型网纱

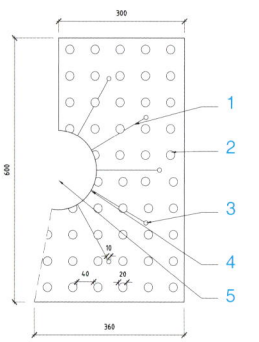

橡胶树坑缘——板

1. 橡胶圈分裂线可以保证树木成长及摆动
2. 多孔橡胶"圈"防止残骸漏入滞留区，能满足树木成长及摆动需要
3. 橡胶圈分裂线末端 10 毫米圆孔防止橡胶圈断裂
4. 橡胶圈的设计直径允许其在树干摆动幅度不超过 75 毫米时使用
5. 老龄树，树干卡尺变量

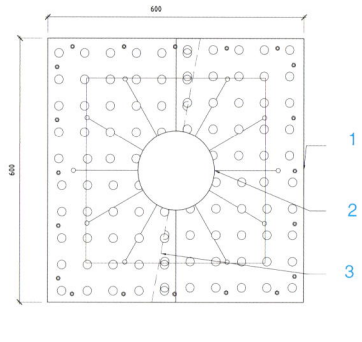

树坑橡胶圈——布置

1. 橡胶圈固定框架参照所附土建图
2. 老龄树，树干卡尺变量
3. 重叠部分多孔橡胶"圈"，防止残骸漏入滞留

上图：悬空树坑与雨水收集带
下图：在建中的悬空树坑

索引

AECOM

Nanjing XI Road 1717, 36th-38th Floor, Shanghai, Jingan District, Shanghai, China

AECOM's purpose is to create, enhance and sustain the world's built, natural and social environments.

They work with clients in more than 150 countries to design (including planning, architecture and engineering), build, finance, operate and maintain diverse types of infrastructure.

Their work embraces a range of markets, including buildings, energy, environment, facilities, government support, natural resources development, transportation, urban development, water.AECOM connects specialists across a global network to address complex challenges with broad vision, deep technical expertise and interdisciplinary insight, and deliver solutions that increase performance, quality and resilience for their clients.

ASPECT Studios

519 Jumen Road,Room 203, Shanghai, Peoples Republic of China

Tel:+86 21 5302 8555

ASPECT Studios is a design firm specialising in Landscape Architecture, Urban Design and Digital Media.

They are led by a team of nine Studio Directors who guide our Adelaide, Melbourne, Sydney, Shanghai and Digital Studios.

Colwell Shelor Landscape Architecture

4450 North 12th Street, Suite 228 Phoenix, Phoenix, Arizona 85014, United States

Tel: 602 633 2195

Colwell Shelor Landscape Architecture is a collaborative landscape architecture and urban design practice based in Phoenix, Arizona dedicated to the creation of meaningful, vibrant environments and landscapes that deeply reference the cultural and ecological requisites of each site. Founded in 2009 by landscape architect and architect Allison Colwell and landscape architect Michele Shelor, the firm's work is greatly varied in type and scale. Projects range from academic plazas, large civic complexes, and parks, to intimate domestic sanctuaries, each equally important in their own right. With each commission the firm makes every effort to

balance program with appropriate responses to the needs of inhabitants of the built and natural world, while aspiring to improve the relationship between people and the world they live in.

DE URBANISTEN

Jufferstraat 21

3011 XL Rotterdam, The Netherlands

Tel: 06 50 20 10 80

DE URBANISTEN is an innovative office for urban research and design based in Rotterdam, The Netherlands.

DE URBANISTEN is founded in 2008 by Florian Boer (1969) and Dirk van Peijpe (1962). The office consists of an international team of urban designers.

DE URBANISTEN has a broad experience in the fields of research, urban design and public space design. Designers of DE URBANISTEN practice an engaged polytechnical urbanism to improve the quality of life in our cities.

DE URBANISTEN are currently involved in a wide variety of projects ranging from water cycle–based urban plans to flood-defense research for entire cities and from strategic plans based on closing energy and material cycles to detailed public space design of watersquares.

DE URBANISTEN clients are project developers, housing corporations and governments. In all projects DE URBANISTEN closely collaborate with the relevant experts, such as engineers, process managers and costs experts.

LAND Milano srl

Via Varese 16 - 20121

Milan, Italy

Tel: +39 02 8069111

Fax: +39 02 80691137

LAND Milano sr, Landscape Architecture Nature Development is a group of professionals working in the field of landscape architecture, established in 1990 in Milan by Andreas Kipar and Giovanni Sala, where research and inter-disciplinarity are at the base of the working practice.

Over the years different professionals, such as landscape architects, agronomists, naturalists, environmental engineers, urban planners, designers and architects, have joined the group. From the open

space design, and the design of green areas to the landscaping in general, LAND Milano srl's approach on the project has always been extensive, through a reading of the territorial scale.

rush/wright associates

Level 4, 105 Queen Street, Melbourne 3000, Australia

Tel: +61.3.9600.4255

Fax: +61.3.6300 4266

rush/wright associates is an award-winning design practice based in Melbourne, Australia, offering consultancy services in landscape architecture, urban design and constructed ecology. Bringing together the extensive experience and design expertise of its Directors Catherine Rush and Michael Wright, the company has built its reputation on commitment to client service and innovative design outcomes.

They have extensive experience working with private and public sector client authorities, as well as Federal, State, and Local Government bodies in the design evolution and delivery of landscape and urban design projects at the complete range of scales. Their work internationally includes collaborations with offices in the United States, United Kingdom, New Zealand and the United Arab Emirates. In Australia, they are currently working in Victoria, Tasmania, the Australian Capital Territory and in New South Wales. In Asia, they are working in Vietnam, Laos and China. As a design practice, they offer a unique combination of services, focused on marrying client expectations with the best possible design solution and environmental principles. They have a demonstrated track-record in designing landscapes and urban design proposals that go beyond superficial formal gestures to embrace sustainability, community values and the new environmental agenda. These are vital issues for our time.

Sasaki

64 Pleasant Street

Watertown, MA 02472, United States

Tel: +1 617 926 3300

Fax: +1 617 924 2748

Collaboration is one of today's biggest buzzwords— but at Sasaki, it's at the core of what they do. They see it not just as a working style, but as one of the fundamentals of innovation. They think and work beyond boundaries to make new discoveries. They are diverse, curious, strategic, and inspired. Their practice comprises architecture, interior design, planning, urban design, landscape architecture, graphic design, and civil engineering, as well as financial planning and software development.

Among these disciplines, they collaborate in equilibrium. No one practice area is dominant over the others—and each is recognized nationally and internationally for professional excellence. On their project teams, practitioners from diverse backgrounds come together to create unique, contextual, enduring solutions. Their integrated approach yields rich ideas, surprising insights, unique partnerships, and a broad range of resources for their clients. This approach enables us to work seamlessly and successfully from planning to implementation.

While their disciplines offer depth of expertise, their studio structure engenders breadth, innovation, and interdisciplinary collaboration. The Campus Studio focuses on institutional work and the Urban Studio focuses on civic and commercial work. From their headquarters in Watertown, Massachusetts, They work in a variety of settings—locally, nationally, and globally. Their Shanghai office offers focused support and business development for their work in China. Their offices are vibrant and dynamic, featuring open workspaces that reflect their dedication to collaboration and facilitate a synergistic process.

SWA Group Sausalito Office

Dallas 2001 Irving Boulevard Suite 157 Dallas, Texas 75207-6603, United States
Tel:+1.214.954.0016
SWA Group Sausalito Office is a leading international landscape architecture, planning and urban design firm. Their projects have garnered over 800 awards. Their creative, studio-based offices are committed to design that results in beauty, sustainability and social well-being.

Atelier Jacqueline Osty & Associates

Tel: + 33 (0) 1.43.48.63.84
Atelier Jacqueline Osty & Associates is the continuity of the Agence Jacqueline Osty, created in 1985. After several years of great achievements to its credit – especially the Boulevard Richard Lenoir in Paris and the Parc Saint Pierre Amiens – the landscape architect Jacqueline Osty is given more numerous

and diverse projects. Her work is appreciated for its design, for its mastery of a form of the French landscape and particular attention paid to the multiplicity of uses in the public space.
Today the Atelier is not only working on the landscape, the heart of its business, but also in the field of urban planning and urbanism.

Tom Leader Studio

Tom Leader Studio 1015 Camelia Street Berkeley, CA 94710, United States
Tel: 510.524.3363
Tom Leader Studio was formed in March 2001 for the practice of landscape architecture. This international practice, with locations in Berkeley, CA; Minneapolis, MN; and Hong Kong, seeks to be an active, experimental atelier seeking a liaison between emerging ideas and practices and the concrete need for their realization in physical space. As the practice has grown, it has sought a balance between speculative work and the constructed work that is now being realized. Pool Pavilion Forest, in collaboration with artist James Turrell and Jim Jennings Architecture, was completed in 2007; in 2010 three significant projects were completed, including the 21-acre Railroad Park in downtown Birmingham, Alabama, and the Stanford School of Medicine and Stanford Academic Art Walk in Palo Alto, CA. The firm won in 2009 ASLA Honor Awards for Pool Pavilion Forest, Stabiae Archaeological Park in the Bay of Naples, Italy, and Park Merced in San Francisco. In 2010, Tom Leader Studio, Three Projects, edited by Jason Kenter, was published by Princeton Architectural Press. In 2012, Railroad Park won the ULI Amanda Burden Open Space Award. Most recently, in 2013 Stanford University School of Medicine was awarded the SCUP Excellence in Landscape Award.

Turenscape

Room 401, Innovation Center,Peking University Science Park,127-1, Zhongguancun North Street, Haidian District,Beijing , China
Tel: (86-10) 6296-7408
Turenscape was founded by Doctor and professor Kongjian Yu (Doctor of Design, GSD, Harvard University). It was officially recognized and certificated as a first-level design institute by the Chinese government. Having over 600 professionals, Turenscape is an integrated team that provides quality and holistic services in: architecture, landscape architecture, urban planning and design, and environmental design.

感谢辽宁省城乡建设规划设计院副院长王国庆先生在本书编著的过程中提出宝贵意见。

感谢为本书提供案例的设计事务所及拍摄图片的摄影师。

感谢为本书提供技术文字的美国新泽西州环境保护部门。